网络空间安全技术丛书

U0127586

花京华◎编著

开源架构实战

# 隐私计算

PRIVACY COMPUTING

OPEN SOURCE ARCHITECTURE IN PRACTICE

机械工业出版社
CHINA MACHINE PRESS

隐私计算是指在保护数据本身不对外泄露的前提下，实现数据共享、分析、计算、建模的技术集合，以达到对数据"可用、不可见"的目的。隐私计算涉及多个学科和技术体系，从实现所使用的技术上看，包含三个主要技术路线：联邦学习、安全多方计算和可信执行环境。

本书主要介绍联邦学习和安全多方计算两种技术路线，在讲解理论知识的基础上结合开源架构进行代码分析、安装和运行。第 1 章介绍隐私计算所需基础理论知识；第 2 章根据联邦学习建模流程结合开源框架 FATE 进行介绍；第 3~5 章介绍安全多方计算，包括不经意传输、秘密共享和混淆电路；第 6 章介绍具有特定功能的隐私计算协议，包括隐私集合求交和隐私信息检索；第 7 章介绍隐私保护的安全联合分析，分别介绍了 SMCQL 和 Conclave 两个框架，主要涉及联合分析过程的 SQL 计划优化和明密文混合运行。本书提供关联的开源架构源代码，获取方式见封底。

本书适合隐私计算入门从业者，以及需要快速搭建隐私计算产品的研发人员阅读学习。

**图书在版编目（CIP）数据**

隐私计算：开源架构实战 ／ 花京华编著 . —北京：机械工业出版社，2023.9
（网络空间安全技术丛书）
ISBN 978-7-111-73414-7

Ⅰ.①隐… Ⅱ.①花… Ⅲ.①计算机网络–网络安全 Ⅳ.①TP393.08

中国国家版本馆 CIP 数据核字（2023）第 116788 号

机械工业出版社（北京市百万庄大街 22 号 邮政编码 100037）
策划编辑：李晓波 责任编辑：李晓波 孙 业
责任校对：丁梦卓 张 征 责任印制：单爱军
北京虎彩文化传播有限公司印刷
2023 年 10 月第 1 版第 1 次印刷
184mm×260mm · 13.75 印张 · 340 千字
标准书号：ISBN 978-7-111-73414-7
定价：89.00 元

电话服务 网络服务
客服电话：010-88361066 机 工 官 网：www.cmpbook.com
010-88379833 机 工 官 博：weibo.com/cmp1952
010-68326294 金 书 网：www.golden-book.com
**封底无防伪标均为盗版** 机工教育服务网：www.cmpedu.com

# 出版说明

随着信息技术的快速发展，网络空间逐渐成为人类生活中一个不可或缺的新场域，并深入到了社会生活的方方面面，由此带来的网络空间安全问题也越来越受到重视。网络空间安全不仅关系到个体信息和资产安全，更关系到国家安全和社会稳定。一旦网络系统出现安全问题，那么将会造成难以估量的损失。从辩证角度来看，安全和发展是一体之两翼、驱动之双轮，安全是发展的前提，发展是安全的保障，安全和发展要同步推进，没有网络空间安全就没有国家安全。

为了维护我国网络空间的主权和利益，加快网络空间安全生态建设，促进网络空间安全技术发展，机械工业出版社邀请中国科学院、中国工程院、中国网络空间研究院、浙江大学、上海交通大学、华为及腾讯等全国网络空间安全领域具有雄厚技术力量的科研院所、高等院校、企事业单位的相关专家，成立了阵容强大的专家委员会，共同策划了这套"网络空间安全技术丛书"（以下简称"丛书"）。

本套丛书力求做到规划清晰、定位准确、内容精良、技术驱动，全面覆盖网络空间安全体系涉及的关键技术，包括网络空间安全、网络安全、系统安全、应用安全、业务安全和密码学等，以技术应用讲解为主，理论知识讲解为辅，做到"理实"结合。

与此同时，我们将持续关注网络空间安全前沿技术和最新成果，不断更新和拓展丛书选题，力争使该丛书能够及时反映网络空间安全领域的新方向、新发展、新技术和新应用，以提升我国网络空间的防护能力，助力我国实现网络强国的总体目标。

由于网络空间安全技术日新月异，而且涉及的领域非常广泛，本套丛书在选题遴选及优化和书稿创作及编审过程中难免存在疏漏和不足，诚恳希望各位读者提出宝贵意见，以利于丛书的不断精进。

机械工业出版社

隐私保护是近些年网络高速发展产生的热点之一，从"骚扰电话""诈骗短信"到"App 过度收集个人信息""大数据杀熟"，电信、互联网、移动互联网的发展在给人们带来便捷的同时也带来诸多信息泄露问题，人们对隐私泄露问题逐渐重视，对隐私保护的呼声也越来越高。而随着大数据和人工智能的发展，人们的任何信息，包括静态的身份证号、手机号、学历、人脸特征，以及动态的内容浏览、电商购物、出行轨迹等，都具有极大的商业价值，经常被大规模用于搜索、广告、推荐的模型训练，这些信息都以数据方式被各类 App 搜集、上传，然后存储在应用服务商的服务器中，相关行业在认识到数据产生的威力和价值后，对数据的需求急剧增加。虽然有很多数据存储和传输的保护技术，但数据只要被人所使用，就会存在大量的安全隐患。因此，全球多地政府都出台了各种法律法规来保护数据安全，促使数据持有机构承担法定责任，加强对敏感数据的安全保护。然而，这便产生了矛盾，一方面，人们希望个人隐私信息能被保护，另一方面，数据持有者希望能使用更多数据开发更大的商业价值。

隐私（保护）计算作为安全数据流通、安全释放数据价值的关键技术，解决了多方数据在流通中"计算过程"的安全性，真正实现了数据"可用、不可见"。因此，涉及数据流通场景的相关行业都对隐私计算产品和技术有极大需求，隐私计算技术得到了飞速发展。然而，由于隐私计算涵盖多个学科，且前期属于小众技术，虽然近几年开始逐渐落地，但相关从业人员仍较少，而且相应的中文技术资料、图书也不多。

编者于 2019 年开始从人工智能转入隐私计算领域，有一定的人工智能和大数据技术基础。然而，编者发现，很多由其他相关行业转入的从业者即使已在原领域达到资深或专家水平，仍能深刻感受到隐私计算技术体系的庞杂，想要完全熟悉隐私计算各个方向已有技术已经比较困难，更何况隐私计算技术还在不断发展，层出不穷的新技术、新概念让人应接不暇。特别是研发技术人员，在进行产品研发的同时，还要补齐理论知识，并抽时间学习最新的相关技术论文及开源框架。

本书基于行业相关研发人员情况并结合编者的研发经验进行编写，不仅对隐私计算技术的理论进行系统分类介绍，也考虑到了相应技术的历史发展路线和经典方法，兼顾了相应技术的开源可用性、易用性、普遍性。本书的目的是使相关技术人员能快速且较为全面地了解当前隐私计算的技术范畴，不同技术所能解决的隐私保护问题，以及开源框架所能达到的预期目标，最终能根据自身所遇到的实际场景选用合适的技术方案。

本书在理论部分的介绍中，重心在提炼其核心过程，注重算法或协议的原理、正确性及执行过程，而较少涉及算法的分析和理论证明，如大部分 MPC 协议在其原始论文中都会分析其计算和通信复杂度并给出安全证明，但这些不在本书的介绍范围之内，本书仅在一些章节中给出不同技术的简单分析对比。

在开源框架的内容中，除联邦学习的 FATE 框架做了详细介绍以外，对于其他开源框架，则注重它们与算法/协议过程的理论结合，给出核心的算法/协议的代码实现分析，并结合开源框架所提供的 examples 脚本、单元测试脚本、README 等文档介绍其运行和部署。

本书介绍的各类开源框架实现以 Python、C++、Java 语言为主。大部分框架可在 macOS 下进行开发，所有框架均可在 CentOS（CentOS 7 及以上版本）或 Ubuntu（Ubuntu 18 及以上版本）上进行部署。

- 对于 Python 项目，建议读者使用 Python 3.8 及以上版本，且对于不同框架，应创建不同的虚拟环境，框架依赖的其他安装包可使用 pip 进行安装，建议读者对 pip 配置国内镜像（如阿里云镜像）以加快下载和安装速度。
- 对于 C++项目，推荐使用 CMake 3.14 及以上版本进行管理，编译器使用 GCC 7.2 及以上版本，读者应当安装对应的开发工具集和常用系统库。另外，大部分 C++项目依赖于 Git 下载第三方库，推荐读者使用 Git 2.3.0 及以上版本。
- 对于 Java 项目，推荐使用 JRE/JDK 1.8 及以上版本，Java 使用 Maven 3.2 及以上版本进行项目管理，Maven 也可以通过配置国内镜像（如阿里云镜像）方式加速依赖包的下载。

部分开源项目支持通过拉取 Docker 镜像快速开始，推荐安装 Docker 20.10 及以上版本，Docker 也可以通过配置国内镜像（如阿里云镜像）方式加速镜像拉取。另外，FATE 可使用 Kubernetes 进行部署，有需要的读者可根据 FATE 推荐版本进行安装。

衷心希望本书能让读者获益，这也是对编者最大的支持和鼓励。由于隐私计算技术涉及范围较广，编者在本书编写过程中查阅了大量原始论文和部分英文教材，并结合论文中开源的代码实现对相应算法/协议细节进行分析，然而个人整理、总结和编写过程中难免存在纰漏或不完善之处，对于书中出现的任何错误或不准确的地方，欢迎读者批评指正。

编　者

# 目　录

# 第1章　隐私计算概述

近年来，大数据、移动互联网、人工智能技术蓬勃发展，给人们的生活带来了便捷和高效。目前，数字经济已成为我国经济增长的主要引擎之一。2019 年 10 月，党的十九届四中全会首次从国家发展战略高度，将"数据"定位为新型生产要素。随后，国务院陆续发布了多个政策文件，强调数据要素市场化配置，要求推进政府数据开发共享、提升数据资源价值，加强数据资源整合与安全保护，加快培育数据要素市场。

数据流通是释放数据要素价值的关键环节，数据流通的需求日益增加。然而，数据流通过程中的数据共享、发布、开发利用、价值挖掘等生产活动给数据安全和个人隐私保护带来了巨大挑战，甚至危及国家安全和社会利益。近几年，全球各地政府逐渐重视数据和个人信息保护，提出了一系列法律条例来规范和保护数据安全。其中，以 2018 年欧盟出台的《通用数据保护条例》（GDPR）为代表，对数据安全提出较为严苛的合规要求，且该法案生效后相关执法机构持续不断地开展了执法活动。面对严峻的合规监管态势，同时又面对信息化、智能化时代的数据使用及流通需求，如何安全合规地释放数据要素价值，成为当前社会的关注重点（来源：隐私计算联盟，中国信息通信研究院云计算与大数据研究所）。

目前，全球数据总量保持指数级增长，绝大多数仍分散在不同机构之中。随着数据安全合规的监管趋严，企业在考虑开放或使用数据时存在较大的合规压力和安全担忧，导致普遍的"数据孤岛"问题。如何安全、可靠地连接各个"数据孤岛"、打破机构之间的数据壁垒，是实现数据流通与共享、挖掘数据价值的重要课题。

隐私计算技术正是解决数据安全合规流通、打破"数据孤岛"、释放数据要素价值的有效方式，它也成为促进数据要素跨域流通、机构间数据共享、价值协作挖掘的核心技术。

## 1.1　隐私计算的定义与分类

隐私计算（Privacy Computing）是隐私保护计算（Privacy-Preserving Computing，PPC）的简称。2016 年，隐私计算概念在论文《隐私计算研究范畴及发展趋势》中被正式提出，它被定义为"面向隐私信息全生命周期保护的计算理论和方法，是隐私信息的所有权、管理权和使用权分离时隐私度量、隐私泄露代价、隐私保护与隐私分析复杂性的可计算模型与公理化系统"。通俗地讲，隐私计算是指在保护数据本身不对外泄露的前提下，实现数据共享、分析、计算、建模的技术集合，以达到对数据"可用、不可见"的目的。在充分保护数据和隐私安全的前提下，实现数据价值的转化和释放。

隐私计算技术不是某个特定的框架、协议或算法，也不是某种特定的计算或学习范式。

它是一系列技术的集合，其技术体系包括密码学、人工智能、大数据、安全多方计算（Secure Multi-Party Computation, SMPC/MPC）、联邦学习、可信执行环境和差分隐私。也可以将隐私计算技术看作一系列与其他技术融合所衍生的技术，它在传统的数据计算、统计分析、机器学习/深度学习、数据库查询等多个技术的基础上融合了可以保护数据隐私信息的技术和方法，使数据在共享、计算、分析、建模和查询过程中达到"可用、不可见"的目的。

隐私计算技术根据不同实现特性，可分为三个大的方向。

1）安全多方计算：国内或被称为多方安全计算，由图灵奖获得者姚期智院士于1982年通过提出和解答"百万富翁"问题而创立，是指在无可信第三方的情况下，多个参与方共同计算一个目标函数，并且保证每一方仅获取自己的计算结果，无法通过计算过程中的交互数据推测出其他任意一方的输入数据（除非函数本身可以由自己的输入和获得的输出推测出其他参与方的输入）。它涉及的技术包括混淆电路（Garbled Circuits, GC）、秘密共享/秘密分享（Secret Sharing, SS）、不经意传输（Oblivious Transfer, OT）、不经意随机访问机（Oblivious Random Access Machine, ORAM）、零知识证明（Zero Knowledge Proof）和密码学等。安全多方计算具有坚实的数学理论基础，也实现了过程和结果的定义。在安全多方计算中，数据通常以全密态方式进行计算，因此在实施过程中容易对数据的用途、用量进行管控，但是它带来的挑战是相对其他技术路线性能更低（主要的瓶颈在于计算过程的通信交互），虽然可以通过离线预计算和硬件加速方式缩短在线响应时间，但是对于性能要求较高的在线计算任务，目前MPC仍难以满足要求。

2）联邦学习（Federated Learning, FL）：又名联邦机器学习、联合学习、联盟学习等。联邦学习是在本地原始数据不出库的情况下，通过对中间加密数据的流通与处理来完成多方联合的机器学习训练。联邦学习参与方一般包括数据方、算法方、协调方、计算方、结果方、任务发起方等角色，根据参与计算的数据在数据方之间分布的情况不同，可以分为横向联邦学习、纵向联邦学习和联邦迁移学习。它涉及的技术包括分布式机器学习/深度学习、同态加密、差分隐私等。在同等级技术体系下，拆分学习也可被认为是另一种保护隐私的分布式机器学习技术实现方案。在联邦学习中，大部分计算是在本地明文下进行的，仅部分中间梯度参数在密态下进行交互计算，这种方式实现了数据隐私保护和数据计算效率的平衡，然而可能带来一些安全问题，如梯度交互计算可能带来的隐私泄露、半同态加密仅单向保护私钥持有者隐私、纵向联邦学习场景下交集信息被泄露等问题。另外，联邦学习的适用范围和关注点仅限于机器学习与深度学习，而不能作为通用性的隐私计算方案。

3）可信执行环境（Trusted Execution Environment, TEE）：可信执行环境是相对操作系统运行环境（Rich Execution Environment, REE）而言的，它通过软硬件方法在中央处理器中构建一个安全的区域（通常称为Enclave，"飞地"），保证其内部加载的程序和数据在机密性和完整性上得到保护。TEE是一个隔离的执行环境，为在设备上运行的受信任应用程序提供了比普通操作系统（Rich Operating System, Rich OS）更高级别的安全性以及比安全元件（Secure Element, SE）更多的功能。TEE理论上支持所有算法，可快速复用现有的各类数据计算、分析、建模等技术，具有极高的性能，且可达到和明文下一样的计算精度。主流的支持TEE的硬件平台包括Intel SGX、ARM TrustZone和AMD SEV。它涉及的技术包括远程/本地证明、数字签名、Lib OS等。TEE的一个主要问题是，当前主流的TEE芯片均来自国外厂商，因此，近两年，国内计算芯片厂商（海光、飞腾、鲲鹏等）也在积极推出自主实现的 TEE 功能。另外，TEE 宿主机有侧信道攻击风险，使用 TEE 方案时需要相信硬件信任根，目前，国产化 TEE 技术成熟度还需要时间验证。

主流的三个技术路线在不同维度（安全、性能、数据管控、开发周期）上均各有特点。在实际生产中，为规避不同技术的缺点，通常将各类技术融合以进行取长补短。多技术融合是产业实践过程的趋势，在实现具体隐私保护计算功能的同时，通常会辅助其他技术（如区块链、零知识证明、差分隐私）来增强隐私计算的安全性，确保隐私计算全流程的可记录、可验证、可追溯、可审计。

## 1.2　隐私计算技术理论基础

### 1.2.1　安全多方计算

在讨论安全多方计算（下文使用 MPC）之前，我们先讨论安全多方计算的设定，在 MPC 的所有参与者中，某些参与者可能会被一个敌手（攻击者）控制，在敌手控制下的参与者被称为被腐化方，它在协议执行过程中会遵循敌手的指令对协议进行攻击。一个安全的协议应经得起任何敌手的攻击。为了正式描述和证明一个协议是"安全"的，我们需要对 MPC 的安全性进行精准定义。

#### 1. 安全性

安全多方计算的安全性规范是通过一种理想世界/现实世界的范式（Ideal/Real Paradigm）来定义的。在理想世界中，存在一个可信的第三方（Trusted Third Party，TTP），每个参与方将各自的秘密数据通过安全信道提供给可信第三方，由第三方在联合的数据上进行函数的计算，在完成计算后，可信第三方把输出发送给各个参与方。由于在计算过程中，每个参与者唯一可执行的动作是将秘密数据发送给可信第三方，因此，攻击者唯一可执行的是选择被腐化参与者的输入，且攻击者除能获得计算结果以外，不能得到其他任何信息。

与理想世界相对应的是现实世界，现实世界中不存在可信第三方，参与者在没有任何外部节点帮助下参与协议执行，且部分参与者可能被攻击者"腐化"或存在合谋。因此，现实世界中的一个安全协议，需要经受它在现实世界的任意敌手的攻击，当在理想世界中存在同样敌手攻击时，敌手与诚实参与者在理想世界执行中的输入/输出数据的联合分布与现实世界执行中的输入/输出数据的联合分布在计算上不可区分，即在理想世界中模拟了现实世界的协议执行。

理想世界/现实世界范式是为了确保满足"安全性"所隐含的多个属性。

1）隐私：任何一方都不应该获取超过它规定的输出，特别是不应该从输出信息中获取其他合作方的输入信息。攻击者在理想世界中获取不到任何除被腐化方输出以外的其他信息，那么在现实世界中也同样如此。

2）正确性：保证每一方收到的输出都是正确的。诚实参与者在现实世界所得到的输出与理想世界从可信第三方得到的输出是相同的。

3）输入独立性：被腐化的参与者所选择的输入必须与诚实参与者输入无关。在理想世界的协议执行中，被腐化参与者在发送输入给可信第三方时，无法获取诚实参与者的任何输入信息。

4）保证输出：被腐化的参与者不应当具备阻止诚实参与者获取输出的能力。

5）公平性：当且仅当诚实参与者获取输出时，被腐化的参与者才能获取输出，即不存在被腐化参与者获取了输出而诚实参与者未获取输出的情况。在理想世界中，可信第三方总是将输出返回给所有参与者，因此可以保证输出和公平性。这也意味着在现实世界中，诚实参与者得到与理想世界同样的输出。

2. 参与者

我们需要对 MPC 的参与者进行定义：MPC 的参与者是指参与协议的各方，每个参与者可被抽象为具有概率多项式时间算法（Probabilistic Polynomial Time Algorithm，PPT Algorithm）的交互图灵机。根据协议执行过程中的敌手对参与者的控制能力/权利，可将被腐化参与者分为三种敌手类型。

1）半诚实敌手：这类参与者会按照协议的要求执行各个步骤。然而，半诚实敌手会设法获取所有协议执行过程中的信息（包括执行脚本和所有接收到的消息），并试图推导额外的隐私信息。

2）恶意敌手：这类参与者在执行协议过程中，完全按照攻击者的指令执行协议的各个步骤，不仅会将所有的输入、输出，以及中间结果泄露给攻击者，还会根据攻击者的意图改变输入信息、伪造中间及输出信息，甚至终止协议。

3）秘密敌手：这种类型的敌手可能对协议进行恶意攻击，一旦它发起攻击，有一定的概率会被检测到。如果没有被检测到，那么它就可能完成了一次成功的攻击（发起攻击是为了获取额外的信息）。

因此，根据安全多方计算协议中的不同参与者在现实世界的攻击行为，可将协议的安全模型进行如下划分。

1）半诚实模型（The Semi-Honest Model）：在协议执行时，参与者按照协议规定的流程执行，但是可能会被恶意攻击者监听并获取到在协议执行过程中自己的输入、输出，以及在协议运行过程中获得的信息。

2）恶意模型（The Malicious Model）：在协议执行时，攻击者可以利用在其控制下的参与者，通过不合法的输入或者恶意篡改输入等方法来分析诚实参与者的隐私信息，还可以通过提前终止和拒绝参与等方式导致协议终止。

另外，根据敌手何时及如何控制参与方，可以将敌手的腐化策略分为下列三种模型。

1）静态腐化模型（Static Corruption Model）：在该模型中，在协议开始之前，由敌手固定控制一组合作方。诚实的合作方始终是诚实的，腐化的合作方始终是腐化的。

2）自适应腐化模型（Adaptive Corruption Model）：敌手能够自主决定什么时间对哪个参与者进行腐化，需要注意的是，一旦一个参与者被腐化，它将始终保持腐化状态。

3）主动安全模型（Proactive Security Model）：诚实参与者可能在某一段时间被腐化，被腐化参与者也可能在某一段时间变为诚实参与者。主动安全模型是从一个可能存在入侵网络、服务或设备的外部敌手的角度来讲的，当网络被修复时，敌手失去了对机器的控制，被腐化的参与者变为诚实参与者。

在现实世界中，MPC 协议不是孤立运行的，通常是对协议进行模块序列化组合或与其他协议并行（运行）组合得到一个更大的协议来运行。

有研究证明，如果一个 MPC 协议在一个更大的协议中按序列运行，则它仍然遵守现实/理想世界范式，即存在一个可信第三方执行该协议并输出对应结果。这个理论被称为"模块化组合"，它允许使用安全子协议以模块化的方式构造更大的协议，以及分析一个使用 MPC 进行某些计算的更大的系统。

对于协议并行运行的情况，当有其他协议与当前协议并行运行时，若该协议不需要其他并行协议发送任何消息，则可将该假设称为协议的独立设定，它也是 MPC 安全性的基本安全定义。在独立设定下，一个并行运行的协议与可信第三方执行的行为一样。

最后，在一些其他场景中，MPC 协议可能与该协议的其他实例，或其他 MPC 协议，抑或其他不安全协议并行运行，协议实例可能需要与其他实例进行交互，此时该协议的运行可能是不安全的。协议在理想世界中不包含与其他协议（功能函数）的交互，而在现实世界中需要与另一个功能函数进行交互，与理想世界的模拟存在不同的执行条件（可将此时的现实世界称为混合世界）。在这种情况下，主流的方式是采用"通用组合"（Universal Composability）进行安全定义，在此定义下，任何被证明是安全的协议都被保证按照理想的行为执行，而不论它与其他任何协议是否并行执行。

MPC 的安全定义具有重要作用，具体地讲，如果一个 MPC 协议在现实世界是安全的，那么对于一个使用 MPC 协议的从业人员，他可以仅考虑该 MPC 协议在理想世界中的执行情况，即对于非密码学的 MPC 协议的使用者，可以不考虑 MPC 协议如何运行，或者该协议是否安全，因为理想模型对 MPC 的功能提供了更清晰和更简单的抽象。

尽管理想模型提供了简单的抽象，但有些情况下容易产生如下问题。

1）在现实世界中，敌手可能输入任何值，且 MPC 协议没有通用的解决方案来防止这种情况。例如，对于"百万富翁"问题，敌手可以任意输入被腐化参与者的财富量（比如直接输入最大值），那么敌手腐化方永远是"胜利"的一方。如果一个 MPC 协议的应用依赖于参与者的正确输入，那么需要通过其他技术增强/验证参与者输入的正确性。

2）MPC 协议仅保证计算过程安全，而无法保证输出安全。MPC 协议的输出结果在各参与者揭秘之后，给出的输出结果可能会透露其他参与者的输入信息。例如，需要计算两个参与者薪资的平均数，MPC 协议可以保证除输出平均薪资以外不会输出任何其他信息。但是，其中一个参与者完全可以根据自己的薪资和平均薪资，计算出另一个参与者的薪资。因此，使用 MPC 并不意味着所有信息都能受到保护。

在实践过程中，考虑到 MPC 的计算和通信开销问题，通常会以半诚实模型为主要安全设定。因此，本书中讨论的 MPC 协议也主要以半诚实模型的协议为主，虽然部分 MPC 协议可以同时支持半诚实和恶意安全性，但本书仍主要关注 MPC 协议的半诚实设定。

## 1.2.2 密码学

密码学是隐私计算技术的重要基础，在隐私计算的各个技术路线中经常被使用。密码学理论体系非常庞大且复杂，超出本书范围，感兴趣的读者可参考《现代密码学及其应用》等图书扩展学习，本节仅对密码学的基础知识和隐私计算中常用密码学原语进行简单介绍。

在 MPC 协议中，经常会使用两种数据加密方式：对称加密和非对称（公钥）加密。

1）对称加密是应用较早的加密算法，其技术成熟。因为加密和解密使用同一个密钥，所以它被称为对称加密。常见的对称加密算法有 DES、AES、IDEA 等。

2）非对称加密也叫作公钥加密。与对称加密不同的是，非对称加密算法需要两个密钥：公钥（public key）和私钥（private key），且二者成对出现。私钥被自己保存，不能对外泄露。公钥指的是公共的密钥，任何人都可以获得该密钥。通常使用公钥对数据进行加密，使用私钥进行解密。非对称加密还有另一种用法，即数字签名，使用私钥对数据进行签名，使用公钥进行验签。数字签名可以让公钥持有者验证私钥持有者的身份并且防止私钥持有者发布的内容被篡改。常见的非对称加密算法有 RSA、ElGamal、D-H、ECC 等。

**1. 椭圆曲线加密**

椭圆曲线加密是一种公钥加密技术，它常常与其他公钥加密算法结合以得到对应椭圆曲线版本加密算法。通常认为，椭圆曲线可以使用更短的密钥而达到更高的安全性。

椭圆曲线加密是将实数域上的椭圆曲线加法群限制在素数域内，基于离散对数困难问题构造的加密算法。实数域上的一个椭圆曲线通常可通过一个二元三次方程定义，以常用的 Weierstrass 椭圆曲线方程为例：

$$E = \{ (x,y) \in \mathbb{R}^2 \,|\, y^2 = x^3 + ax + b, 4a^3 + 27b^2 \neq 0 \}$$

其中，$a$、$b$ 为可配置参数。该椭圆曲线方程对应的所有解（二维平面在该方程对应曲线上所有的点）再加上一个无穷远处的点 $O$（群的单位元，0 点），构成该椭圆曲线的元素集合。在这些点的集合上，再定义对应的满足封闭、交换、结合性质的加法计算和逆元计算，即可构成椭圆曲线加法群。通过修改椭圆曲线不同的参数 $a$、$b$，即可得到不同的椭圆曲线群，如图 1-1 所示。

● 图 1-1　不同参数的椭圆曲线群

对于椭圆曲线上的两个点 $P$、$Q$，首先定义经过两个点的直线以及与椭圆曲线的交点 $R$，$P$ 与 $Q$ 在椭圆曲线上的加法结果为 $R$ 关于 $x$ 轴的对称点。这个加法操作定义包含了多种情况，如图 1-2 所示。

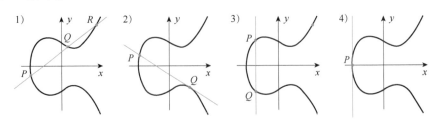

● 图 1-2　椭圆曲线四种不同点加法情况

1）$P$、$Q$ 不是切点且不互为逆元，则有第三个交点 $R$，此时 $P+Q=-R$。

2）$P$ 或 $Q$ 为切点（假设为 $Q$），此时 $P$ 与 $Q$ 连接后的线称为切线，则定义 $R=Q$，此时 $P+Q+Q=0$，即加法结果为 $P+Q=-Q$。

3）若 $P$ 与 $Q$ 的连线垂直于 $x$ 轴，此时连线与椭圆曲线没有交点，则认为交点位于无穷远处，即 $P+Q=O$。

4）若 $P=Q$，则此时认为连线为椭圆曲线在 $P$ 点的切线；若该切线与椭圆曲线有交点 $R$，则结果为 $-R$，否则认为交点为无穷远处点。

椭圆曲线的加法具体到实现上，则是先计算 $P$ 与 $Q$ 连线的斜率 $m=\dfrac{y_P-y_Q}{x_P-x_Q}$，然后根据韦达定理计算交点 $R$ 的坐标：

$$x_R=m^2-x_P-x_Q$$
$$y_R=y_P+m(x_R-x_P)$$

若 $P$ 和 $Q$ 为同一点，其斜率计算修改为 $m=\dfrac{3x_P^2+a}{2y_P}$（即 $y$ 在 $x$ 的导数），然后按照上式计算 $R$ 的坐标。

椭圆曲线的标量乘法（或称多倍点运算）可以通过点的多次相加实现，如 $nP$ 表示对 $n$ 个 $P$ 点进行加法：

$$nP=\underbrace{P+P+\cdots+P}_{n}$$

由于椭圆曲线加法群满足交换律和结合律，因此可通过 Double-and-Add 算法进行优化。

在将椭圆曲线加法群应用到加密时，通常需要将椭圆曲线的元素限制在一个素数域$\mathbb{F}_p$内，于是可基于其标量乘法构造离散对数难题。素数域的椭圆曲线定义如下：

$$E=\{(x,y)\in\mathbb{F}_p^2|y\equiv x^3+ax+b\bmod p,(a,b\in\mathbb{F}_p,4a^3+27b^2\neq 0\bmod p)\}\cup O$$

$a=-1$，$b=3$ 的一个素数域椭圆曲线点分布如图 1-3 所示。

对于定义在素数域$\mathbb{F}_p$上的椭圆曲线的点，其坐标的加法和标量乘法与实数域计算规则一样，但所有的计算均需要在素数域$\mathbb{F}_p$进行。如图 1-3 所示的 $P$ 点（16,20）与 $Q$ 点（41,120）的交点为 $R$（86，46），在素数域$\mathbb{F}_p$定义下的 $PQ$ 直线上 [素数域$\mathbb{F}_p$上的直线定义为所有满足 $ax+by+c\equiv 0$（$\bmod p$）的点]，其加法结果 $-R(86,81)$。

同样，根据加法计算规则，可得到素数域的标量乘法，当标量 $n$ 很大时，计算 $Q=nP$ 后，将 $Q$ 点作为公钥，$n$ 作为私钥，已知 $P$、$Q$ 计算 $n$ 就构造了素数域椭圆曲线的离散对数难题。显然，若 $n$ 定义在整数域，则 $P$ 的标量乘法所遍历得到的点集构成了该椭圆曲线的循环子群，为保证安全性，需要使 $P$ 的标量乘法覆盖的点足够多（子群的

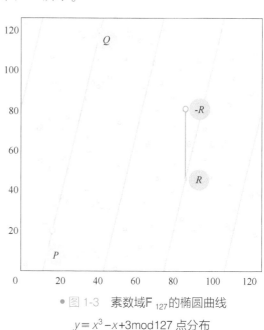

● 图 1-3　素数域$\mathbf{F}_{127}$的椭圆曲线

$y\equiv x^3-x+3\bmod 127$ 点分布

阶足够大），因此需要找到一个元素阶较高的基点。

寻找基点的一个简单方法是，首先根据椭圆曲线的阶 $N$ 确定子群的阶 $n$（需要为素数），计算余因子 $h=N/n$，然后在椭圆曲线中随机选择点 $P$，计算 $G=hP$，若 $G=O$，则重新选择点，否则点 $G$ 即为基点。

有多个主流的被认为安全的椭圆曲线及参数可供选择，如比特币签名中的椭圆曲线 secp256k1、curve25519 等；在开源框架 FATE 中，实现了扭曲爱德华曲线 Edwards25519。

**2. 密文计算**

若经过加密的密文可进行直接计算，则可将对应的加密技术称为同态加密。"同态"的概念来自于抽象代数中的同态映射，它是指两个代数系统（群/环/域）之间能保持运算的一类映射，即对于代数系统 $\{A;\cdot\}$ 和 $\{B;\times\}$，若经过某个映射 $F:A\rightarrow B$ 后，对 $\forall a,b\in A$，有 $F(A\cdot B)=F(A)\times F(B)$，则可称 $F$ 为 $A$ 到 $B$ 的同态映射。

若一个明文经过某种加密算法，其密文进行与明文"对应的"密文运算后，解密得到与明文运算相同的结果，则可认为该加密算法具有同态性质，即可对明文进行同态加密。同态加密根据支持的计算类型和支持程度，可分为三种类型：半同态加密（Partially Homomorphic Encryption，PHE）、近似全同态加密（SomeWhat Homomorphic Encryption，SWHE）和全同态加密（Fully Homomorphic Encryption，FHE）。

（1）半同态加密

半同态加密是指只支持加法或乘法运算的加密算法，可分别称为加法同态和乘法同态。常见的半同态加密算法包括 RSA、ElGamal、ECC-ElGamal、Paillier，其中 RSA 和 ElGamal 具有乘法同态性质，ECC-ElGamal 和 Paillier 具有加法同态性质。Paillier 是常用的一个半同态加密算法。它依赖于复合剩余类的困难问题构造，经过多年研究，已被证实非常可靠，且在多个开源隐私计算框架中经常被使用。下面将对 Paillier 原理做简要介绍。

一个 PHE 通常包含以下几个功能。

1）KeyGen()：密钥生成，用于产生加密数据的公钥 pk 和私钥 sk，以及一些公共参数（public parameter）。

2）Encrypt()：加密算法，使用 pk 对用户数据 $m$ 进行加密，得到密文（ciphertext）$c$。

3）Decrypt()：解密算法，使用 sk 对密文 $c$ 解密，得到数据原文（plaintext）$m$。

4）Add()：密文同态加法，输入两个密文 $c_1$、$c_2$，进行同态加运算。

5）ScalaMul()：密文同态标量乘法，输入 $c$ 和一个标量 $s$，计算 $c$ 与 $s$ 标量乘的结果。

对于 Paillier 加密，其各个算法功能的实现如下。

1）KeyGen()。随机生成两个独立的大素数 $p$ 和 $q$，满足 $\gcd(pq,(p-1)(q-1))=1$，且 $p$、$q$ 长度相等。计算 $n=pq$，$\lambda=\mathrm{lcm}(p-1,q-1)$，$\lambda=\lambda(n)$ 为 $n$ 的卡迈克尔函数，lcm 为最小公倍数。随机选择 $g\in\mathbb{Z}_{n^2}^*$，不妨设 $g=n+1$，并定义 $L$ 函数 $L(x)=\dfrac{x-1}{n}$，$\mu=(L(g^\lambda\bmod n^2))^{-1}\bmod n$。返回公钥 $(n,g)$ 和私钥 $(\lambda,\mu)$。

2）Encrypt$(\mathrm{pk},m)\rightarrow c$。输入明文消息 $m$，随机选择 $r\in\mathbb{Z}_n^*$，计算密文 $c=g^m r^n\bmod n^2$。

3）Decrypt$(c,\mathrm{sk})\rightarrow m$。输入密文消息 $c$，计算 $m=L(c^\lambda\bmod n^2)\mu\bmod n$。

解密的正确性可根据卡迈克尔函数性质 $r^{n\lambda}\equiv 1\bmod n^2$ 及二项式定理 $(1+x)^n\equiv 1+$

$nx \bmod n^2$ 推导验证。

由 $c^\lambda = g^{m\lambda} r^{n\lambda} \bmod n^2 = g^{m\lambda} \bmod n^2 \equiv 1 + mn\lambda \bmod n^2$ 及 $g^\lambda \equiv 1 + \lambda n \bmod n^2$，可得 $\dfrac{L(c^\lambda \bmod n^2)}{L(g^\lambda \bmod n^2)} \equiv$ $\dfrac{mn\lambda}{n\lambda} \equiv m \bmod n$。

4）$\mathrm{Add}(c_1, c_2) \to c$。输入密文 $c_1$、$c_2$，其密文加法被定义为 $c = c_1 \cdot c_2 \bmod b^2$。

正确性可验证：$c_1 \cdot c_2 = g^{m_1} r_1^n g^{m_2} r_2^n = g^{(m_1+m_2)}(r_1 r_2)^n \bmod n^2 = \mathrm{Encrypt}(\mathrm{pk}, m_1 + m_2)$。

5）$\mathrm{ScalaMul}(s, c_1) \to c_2$。输入密文 $c_1$ 和标量 $s$，其标量乘法被定义为 $c_2 = c_1^s \bmod n^2$。

正确性可验证：$c_1^s = g^{m_1 s} \bmod n^2 = \mathrm{Encrypt}(\mathrm{pk}, m_1 s)$。

（2）近似全同态加密

近似全同态加密（有限级数同态加密）[a]是同时支持密文加法和密文乘法的加密算法，但它往往仅能支持有限级数的密文乘法。近似全同态加密是大部分全同态加密的基础。全同态加密算法往往会在近似全同态加密方案上加入一个自举（Bootstraping）或渐进式的模数切换（Modulus Switching）。全同态加密算法起源于 2009 年 Gentry 提出的方案，通过对近似全同态加密算法加入自举操作，控制运算过程中噪声的增长。自举方法是指通过将解密过程本身转化为同态运算电路，并生成新的公私钥对，对原私钥和含有噪声的原密文进行加密，然后用原私钥的密文对原密文的密文进行解密的同态运算，其可得到不含噪声的新密文。

（3）全同态加密

Gentry 于 2009 年提出一种基于电路模型的全同态加密算法，它仅支持对每个比特进行加法和乘法同态运算（布尔运算）。目前主流的同态加密方案基于格上 LWE（Learning With Errors）/Ring-LWE（RLWE）问题构造，LWE/RLWE 都可以规约到基于格上的困难问题［如最短线性无关向量（SIVP）问题］，然而 LWE 问题中涉及矩阵与向量的乘法，计算较为复杂，而基于 RLWE 的问题仅涉及环上多项式的运算，具有更小的计算开销。因此，虽然主流的同态加密算法（如 BGV、BFV 等）都可同时基于 LWE/RLWE 构造，但在实现上会以 RLWE 为主。另外，Cheon 等人在 2017 年提出了一种浮点数的全同态加密方案——CKKS，该方案支持针对实数或复数的浮点数加法和乘法同态运算，得到的计算结果为近似值，它通常适用于机器学习模型训练等不需要精确结果的场景。

**3. 伪随机函数**

隐私计算中另一个被广泛使用的密码学原语为伪随机函数（Pseudo Random Function）。一个伪随机函数是一个形如 $y = F(k, x)$ 的确定性函数，其中 $k$ 是密钥空间 $K$ 的一个密钥，$x$ 是输入空间 $X$ 的一个元素，$y$ 是输出空间 $Y$ 上的一个元素。其安全性要求：给定一个随机密钥 $k$，函数 $F(k, \cdot)$ 应该看上去像一个定义在 $X$ 到 $Y$ 的随机函数。Oded 等人证明了通过伪随机数生成器可构造伪随机函数。

---

[a] 英文名称为 Somewhat Fully Homomorphic Encryption 或 Leveled Fully Homomorphic Encryption，本书将它们均看作近似全同态加密。

### 1.2.3　机器学习

从隐私计算根据其保护的计算过程来看，有一大类是隐私保护的机器学习。机器学习根据其学习方式通常可分为三种类型：监督学习、半监督学习和无监督学习。

监督学习是在给定带标签/标记训练数据下的学习方式，其目标是在给定的训练数据集中学习到一个模型（函数），当新数据出现时，可根据这个函数给出预测结果。常见的监督学习算法包括朴素贝叶斯、逻辑回归、线性回归、决策树、集成树、支持向量机、（深度）神经网络等。然而，很多实际问题中，因为对数据进行标记的代价有时很高，所以通常只能拿到少量标签数据和大量的无标签数据。半监督学习是在给定较少带标签训练数据和大量无标签数据下的学习方式，它使用无标签数据来获得数据结构更多的信息，其目标是要得到比单独使用带标签数据训练的监督学习技术更好的结果。常见的半监督学习策略包括 self-training、PU Learning、Co-training 等。无监督学习中的常见任务有聚类、表示学习和密度估计。这些任务都是希望在无明确提供的标签的情况下了解数据的内在结构。常见的无监督学习算法包括 k-means 聚类、主成分分析和自动编码器等。由于没有提供标签，因此在多数无监督学习算法中没有用于比较模型性能的具体方法。

在实际应用中，监督学习应用范围比较广，因此本节以监督学习为主对一些基本概念进行介绍。

**1. 损失函数**

监督学习通常给出带标签训练数据 $(x,y)$，$x$ 作为输入数据，通常由一个向量表示，向量的每个元素称为特征；$y$ 为模型需要学习的输出数据，通常也称为标签。训练数据一般由多条 $(x,y)$ 数据组成，每条 $(x,y)$ 数据被称为一个样本，所有样本的输入组成输入空间/特征空间 $X$，所有输出标签组成输出空间 $Y$。根据输出空间的分布，可将监督学习划分为分类模型和回归模型，分类模型通常根据输出标签 $y$ 的基数分为二分类模型和多分类模型。

因此，监督学习的目标是通过一个学习算法，在训练集 $X×Y$ 上找到一个模型 $f(x,w)$，使模型 $\hat{y}=f(x,w)$ 得到的预测值 $\hat{y}$ 与真实输出值 $y$ 一致。然而，模型的预测值 $\hat{y}$ 可能与 $y$ 一致或不一致。因此，需要使用一个损失函数来量化模型预测值 $\hat{y}$ 与真实值 $y$ 的差异（一般称 $\hat{y}-y$ 为残差）。损失函数 $L(y,f(x,w))$ 是一个非负实值函数，需要根据监督学习的任务类型进行不同定义。常用的损失函数包括 0-1 损失函数、平方损失函数、对数损失函数、交叉熵损失函数、合页损失函数等。然而，前面的损失函数仅仅是定义在训练数据集上的期望损失，通常被称为经验损失或经验风险，只有当样本数量趋于无穷大时，才可认为其损失是期望的损失（通常也被称为期望风险）。当模型参数复杂而训练数据较少时，可能会存在模型在训练数据上预测正确性很高，而在训练集外的未知数据集上预测正确性较低的现象，这种现象被称为"过拟合"。为了防止"过拟合"现象，通常会在经验损失基础上加入参数正则化项（正则化损失），限制模型参数对的复杂度，这个新的损失函数可称为结构化损失函数（或结构风险函数）。

**2. 梯度下降**

在定义了损失函数之后，便可以通过优化方法寻找模型参数 $w$，使损失值不断下降，损失值越低，则可认为模型预测值 $\hat{y}$ 与真实输出值 $y$ 之间的差异越小。一种常见的参数优化方法是梯度下降法，对于每次训练迭代，先计算损失函数对参数的梯度（一阶连续偏导数），用梯度的反方向（梯度的负数）乘以一定步长 lr（学习速率），对参数进行更新：

$$w_{t+1} = w - \text{lr} \times \frac{\partial L(y, f(x, w_t))}{\partial w_t}$$

步长 lr 可以固定为一个比率，也可以通过各类优化器计算得到一个自适应的比率。梯度下降按照训练样本的选取策略可分为随机梯度下降（每次随机选取一个样本）、批量梯度下降（每次使用所有样本）和小批量（mini batch）梯度下降（每次按顺序选取一批样本）。

在联邦学习中，有标签一方可直接计算梯度，在无标签一方，梯度必须在密态方式下计算，可通过有标签一方对残差进行同态加密并发送给无标签一方计算，也可以通过 MPC 方式联合计算。

**3. 深度学习**

深度学习是近年来非常流行的一种机器学习方法。与传统机器学习相比，深度学习主要采用深度神经网络作为特定模型结构，通过对网络结构的层结构、层连接方式、连接权重采样、单元结构、激活函数、学习策略、正则化等多种方式优化，实现远超传统机器学习的模型性能。多种经典的深度学习技术被广泛采用，包括卷积神经网络（Convolutional Neural Networks，CNN）、图卷积神经网络（GCN）、Dropout、Pooling、长短期记忆网络（Long Short-Term Memory，LSTM）、RNN、GRU、残差网络、DQN、DDQN、Batch Normalization、Layer Normalization、Attention、Transformer 等。

由于深度学习模型复杂、参数量大，而隐私计算中很多计算涉及密文计算，因此，在实际应用中，通常会使用网络层级更少、结构更为简单的神经网络，如 CNN、Dropout、Pooling、Batch Normalization、Layer Normalization 等。隐私计算中有多种实现方案，如在联邦学习中，通常首先会在参与方本地进行神经网络的前向计算，然后在协调节点上进行梯度计算，最后在各本地进行网络的反向传播。MPC 实现的深度神经网络则通常将模型参数和数据进行秘密共享，进行全密态的训练或预测。基于全同态加密的方案 CKKS 可直接在全密态下（数据加密或模型加密）进行网络的训练和预测，且可以满足模型和数据的完全分离。

# 第 2 章 联邦学习

联邦学习是目前隐私计算落地场景最多的技术之一。在各类传统机器学习/深度学习适用场景中，都有可能因为隐私安全和合法合规问题而无法直接应用，而联邦学习技术正是一种高效解决机器学习/深度学习中的隐私保护问题的方案。近几年，开源联邦学习框架百花齐放，为产业应用和学术研究提供了重要支撑。

本章首先介绍联邦学习的概念、发展、分类，以及常见的联邦学习框架，然后对目前行业应用广泛的开源联邦学习框架 FATE 进行详细的架构介绍，并对该框架中纵向联邦学习建模涉及的主要算法原理与工程实现做深入介绍。

## 2.1 联邦学习简介

联邦学习是一种分布式机器学习技术，它的目标是在保证数据隐私安全和合法合规的基础上，实现数据共享，共同构建机器学习模型。该技术的核心思想是通过在多个拥有本地数据的数据源之间进行分布式模型训练，在不需要交换本地个体或样本数据的前提下，仅通过交换模型参数或中间结果的方式，构建基于虚拟融合数据的全局模型，从而实现数据隐私保护和数据共享计算的平衡，即"数据可用不可见""数据不动，模型动"的应用新范式。

### 2.1.1 联邦学习的由来与发展

#### 1. 联邦学习的由来

人工智能自 1956 年在达特茅斯会议上被正式提出以来，经历了三轮发展浪潮。第三轮浪潮起源于深度学习技术，并实现了飞跃。人工智能技术不断发展，在不同前沿领域体现出强大活力。然而，现阶段人工智能技术的发展受到数据的限制。不同的机构、组织、企业拥有不同量级和异构的数据，这些数据难以整合，形成了一座座"数据孤岛"。当前以深度学习为核心的人工智能技术，囿于数据缺乏，无法在智慧零售、智慧金融、智慧医疗、智慧城市、智慧工业等更多生产生活领域大展拳脚。

大数据时代，公众对数据隐私更为敏感。为了加强数据监管和隐私保护，确保个人数据作为新型资产类别的法律效力，欧盟于 2018 年推行《通用数据保护条例》（GDPR）。我国也在不断完善相关法律法规以规范数据的使用，例如，2017 年实施《中华人民共和国网络安全法》，2019 年发布《互联网个人信息安全保护指南》，2020 年颁布《中共中央 国务院关于构建更加完善的要素市场化配置体制机制的意见》，2021 年施行《中华人民共和国个人信息保护法》等。这些法律法规都指出，数据拥有者需要接受监管，具有保护数据的义务，不得泄露数据。

一方面，"数据孤岛"和隐私问题的出现，使传统人工智能技术发展受限，大数据处理方法遭遇瓶颈；另一方面，各机构、企业、组织所拥有的海量数据有极大的潜在应用价值。于是，如何在满足数据隐私、安全和监管要求的前提下，利用多方异构数据进一步学习以推动人工智能的发展与落地，成为亟待解决的问题。保护隐私和数据安全的联邦学习技术应运而生。

**2. 联邦学习的发展**

联邦学习的技术理论基础可以追溯到分布式数据库（Distributed Database）关联规则（Association Rules）挖掘技术。1996 年，Cheung 等人首次提出在分布式数据库中实现关联规则挖掘。

2006 年，Yu 等人提出了在横向和纵向分割的数据上实现带有隐私保护的分布式支持向量机建模。

2012 年，王爽教授带领的团队首次提出分布式隐私保护下的在线机器学习等概念，并首次解决了医疗在线安全联邦学习问题。该团队提出的框架服务于多个国家级医疗健康网络，是联邦学习系统在构架层面上的突破。

2016 年，Google AI 团队提出联邦学习算法框架，并将它应用于移动互联网手机终端的隐私保护。

2019 年，微众银行 AI 团队提出联邦迁移学习（结合联邦学习和迁移学习）并发布 FATE 开源系统。

2020 年，李晓林教授首创知识联邦理论体系。

2021 年 3 月，IEEE 正式发布联邦学习首个国际标准 *IEEE Guide for Architectural Framework and Application of Federated Machine Learning*（IEEE 3652.1-2020）。

## 2.1.2 联邦学习与分布式机器学习

联邦学习可用于解决机器学习数据集在不同机构分布的问题，它本质上仍是一种分布式机器学习框架。

传统的分布式机器学习是为了解决机器学习在数据量大、计算量大、模型规模大的场景下，单机节点无法承载大量的数据信息和计算资源而提出的技术，它使用大规模的异构计算设备（如 GPU）和多机多卡集群进行并行训练，目标是协调和利用各分布式单机完成模型的快速迭代训练。分布式机器学习的两个主要并行模式如下。

1）数据并行：训练数据被划分为多个子集（也称为分片或者切片），然后将各子集置于多个计算节点中，之后并行地训练同一个模型。深度学习模型经常采用的分布式训练策略是数据并行，因为训练费时的一个重要原因是训练数据量很大，TensorFlow、PyTorch 和 MXNet 等主流机器学习框架均支持数据并行的分布式机器学习方法。数据并行的模型训练有两种策略：同步训练和异步训练，同步训练是指所有节点都是采用相同的模型参数来训练的，待所有节点的 mini batch 训练完成后，收集它们的梯度并取均值，然后执行模型的一次参数更新；异步训练则不同，各个节点完成一个 mini batch 训练之后，不需要等待其他节点，直接更新模型的参数。

2）模型并行：一个模型被分割为若干部分，然后将它们置于不同的计算节点中，每个计算节点仅负责它所持有的部分模型的训练。在深度学习中，模型并行有两种模型拆分策略：inter-layer 和 intra-layer，inter-layer 拆分将神经网络不同的层放置于不同的节点进行计算，intra-layer 则将一层 layer 中的矩阵运算拆分到不同节点。与数据并行不同，在模型并行的框架下，各个子模型之间的依赖关系非常强，因为某个子模型的输出可能是另一个子模型的输入，如果不进行中间计算结果的通信，则无法完成整个模型训练。

分布式机器学习按照其参数聚合与同步方式，主要存在两种架构模式：中心化的参数服务器（Parameter Server，PS）模式和无中心的环式（Ring）模式。

1）在 PS 模式中，集群中的节点被分为两类：Parameter Server 和 Worker，其中 Parameter Server 存放模型的参数，而 Worker 负责计算参数的梯度。在每个迭代过程，Worker 从 Parameter Server 中获得参数，然后将计算的梯度返回给 Parameter Server，Parameter Server 聚合从 Worker 传回的梯度，然后更新参数，并将新的参数广播给 Worker。参数在 Parameter Server 和 Worker 之间的更新既可以是同步的，又可以是异步的。

2）在 Ring 模式中，各个节点都是 Worker，没有中心节点来聚合所有 Worker 计算的梯度，典型的是百度提出的 Ring-AllReduce。在一个迭代过程，每个 Worker 完成自己的 mini batch 训练，计算出梯度，并将梯度传递给环中的下一个 Worker，同时它也接收来自上一个 Worker 的梯度。对于一个包含 $N$ 个 Worker 的环，各个 Worker 在收到其他 $N-1$ 个 Worker 的梯度后就可以更新模型参数。

联邦学习按照其应用场景，通常有两种架构，一种是中心化联邦（客户端/服务器）架构，另一种是去中心化联邦（对等计算）架构。在企业联合其多方用户进行联邦学习的场景中，一般采用客户端/服务器架构，企业作为服务器，协调所有客户端共同完成联邦学习建模。而在企业之间为解决"数据孤岛"和合规问题的联邦学习场景中，通常采用对等计算架构，各参与方需要将本地模型参数加密传输给其他参与方，以密态方式完成模型参数更新。

在不考虑算法实现的情况下，联邦学习与分布式机器学习的底层架构有一些相似之处，二者都需要考虑大数据量情况下的计算、通信、资源管理、模型参数更新等问题，但相对分布式机器学习，联邦学习需要考虑的问题更加复杂。例如：

1）由于数据分布在不同机构，联邦学习的通信通常发生在公网环境，因此需要考虑公网环境下的网络安全和容错性问题。

2）不同机构参与联邦学习的计算节点可能存在计算资源（CPU、内存、IO）不一致的问题（异质计算），因此需要更可靠的资源管理、调度、消息处理框架。

3）联邦学习的模型参数更新通常需要在密态下进行，模型的残差与梯度都以密文形式进行通信，因此，在相同规模数据下，需要消耗更多计算和通信资源。

### 2.1.3　联邦学习分类

联邦学习用于将散落的"数据孤岛"使用安全方式进行联合建模，因此可根据"数据孤岛"的数据划分方式对联邦学习分类。根据数据划分方式，通常可将联邦学习分为三类：

横向联邦学习、纵向联邦学习、联邦迁移学习。

### 1. 横向联邦学习

横向联邦学习用于参与方之间数据集存在较多特征重叠，但样本（实体）不一致的情况。此时，参与方之间对数据集进行特征对齐，取出具有共同特征的部分，即可进行横向联邦学习训练。

在客户端/服务器架构下，通常是由多个用户/设备的数据协同构建横向联邦学习模型，然而，传统机器学习中对数据集的独立同分布（IID）假设在横向联邦学习中可能不成立，不同用户/设备所采集/持有的数据的分布往往有较大差异，数据是非独立同分布（non-IID）的，即存在不同数据集之间样本可能是关联的情况，也存在相同特征在不同用户/设备上的所属分布是不同的情况。经典横向联邦学习算法在 non-IID 数据集上进行横向联邦学习将使模型性能大大降低，因此横向联邦学习在该架构下通常需要使用适应 non-IID 数据集的算法。为解决该问题，个性化联邦学习被提出，其主要目的是使持有不同数据集的用户/设备学习不同模型参数而非一个全局模型。个性化联邦学习方案可分为两类，一类是先共同训练全局模型，再在参与方本地额外训练，使本地模型具有个性化能力以适配它对应的数据分布；另一类是直接在本地训练个性化模型，可通过各参与方共享基础层的特征表达能力，在本地训练个性化层的参数解耦方式实现，也可基于相似性方法，在各客户端构建不同任务以学习不同特征表达，再通过多任务学习方式，在保护隐私的情况下捕捉模型之间的关系，使各参与方根据模型关系更新本地模型参数。

点对点架构下的横向联邦学习，通常适用于同行业的不同机构之间进行联合建模。例如两个不同地区的银行，它们的用户群体不同，但由于银行业务类似，因此都具有相同的用户特征，两家银行可将各自用户数据集进行特征对齐，然后共同训练横向联邦学习模型。

### 2. 纵向联邦学习

纵向联邦学习用于参与方之间样本存在较多重叠，但特征不一致的情况，它按照数据集维度对特征进行切分，在对参与方之间的样本进行对齐后，各参与方使用不同特征进行模型的联合训练。

纵向联邦学习通常适用于同一地区，但不同行业的机构进行联合建模，如具有相同用户群体的银行与电信运营商，它们覆盖同一地区的大部分用户，但银行通常包含用户的收入、支出等特征，而电信运营商持有用户通信记录、联系人等特征，可通过安全求交方式得到双方的共同用户，然后通过联合双方特征构建模型（如风控评级、反欺诈等），使联合模型具有更强的泛化能力。

### 3. 联邦迁移学习

联邦迁移学习适用于参与方之间同时存在较少特征重叠和样本重叠的情况，在不需要进行特征和样本对齐的前提下，以一方为源领域、另一方为目标领域的方式，使用迁移学习方式使双方构建共同的特征空间，然后通过联邦学习方式安全地找出相同样本在同一个特征空间的共同表达，这样，可使源领域和目标领域安全地学习同一个模型，同时将源领域的模型信息迁移到目标领域。

联邦迁移学习通常适用于不同地区的不同机构，如某地区的电信运营商和另一地区的银行，由于地区不同，双方具有较少的重叠样本，又由于所处行业不同，双方所持有的样本特征仅有少部分重叠（如用户人口统计特征），这时可通过联邦迁移学习解决某方标签样本少或数据规模小的问题。

联邦学习也可根据其数据持有方所处环境或场景分为 cross-silo（跨仓库）和 cross-device（跨设备）两种。cross-silo 面向的是企业级客户端和服务器，一般认为其中参与计算的节点环境稳定，具有充足的、稳定的计算和带宽资源，且参与计算的节点数量有限。cross-silo 同时支持横向联邦学习和纵向联邦学习。cross-device 则是面向各类移动设备和物联设备（IoT），其主要特点有参与计算的节点计算资源有限且不稳定，节点可能随时下线；节点数量众多，通常在万级别及以上。cross-device 以横向联邦学习为主。

## 2.2　联邦学习主要开源框架

联邦学习框架通常结合密码学、不经意传输、差分隐私等技术来实现安全多方分布式机器学习，其主要特点是在原始数据不出本地情况下仅对模型训练的中间结果进行信息交换以完成多方联合训练。因此，虽然有许多 MPC 框架专用于安全多方机器学习，但它们在技术原理和实现特点上与联邦学习有较大不同。本章主要关注以本地计算为主，通过密码学等技术少量交换中间信息以达到联合学习目的的联邦学习开源框架。从参与方数据的特征和样例重叠方面来看，联邦学习落地应用主要分为横向联邦和纵向联邦两大场景，围绕联邦机器学习的上下游任务，也可按照横向和纵向场景区分。不同开源框架在联邦学习的适用场景、整体建模流程解决能力、任务调度和管理、大数据处理能力上都有不同，在实际应用时，应综合考虑多方面因素以进行选型。

### 2.2.1　主要开源项目简介

联邦学习开源项目众多，主要来自于国内外各大厂商和大学，因此开源框架通常与其贡献方相关且各具特色。例如一些项目基于分布式深度学习框架构建，其 API 通常适配对应深度学习框架风格，部分项目也可实现机器学习框架无关的联邦学习，可适配多种机器学习/深度学习并作为后台计算框架等。有些开源项目主要以 MPC 和差分隐私为技术实现联邦学习或主要适用场景为跨设备的横向联邦学习，如 PySyft、Flower、TensorFlow Federated、OpenFL 等。另外，有些开源项目由于多种原因停止更新，虽然仍具有研究和学习价值，但在具体选型时需要谨慎考虑。本节从在 GitHub 上的指标、适用场景、支持算法、项目开源方等多个维度对主要联邦学习开源项目介绍。

#### 1. FATE

该项目由微众银行开源，当前在 GitHub 上有 4.8k stars，1.4k forks。FATE 是全球首个工业级联邦学习开源框架，可以让企业和机构在保护数据安全与数据隐私的前提下进行数据协作。FATE 项目使用 MPC 和同态加密技术来构建底层安全计算协议，以此支持不同种类的机器学习的安全计算，包括逻辑回归、基于树的算法、深度学习和迁移学习等。

该项目支持纵向和横向联邦学习、迁移学习，以及联邦学习的上下游各类任务，支持大数据系统进行分布式集群计算，并提供任务调度、资源管理、容器化部署能力，具有丰富的文档和活跃的社区，在国内较多企业中进行了应用落地，深受隐私计算开发者喜爱。

**2. FedML**

该项目由 FedML 公司开源（起源于美国南加州大学），当前在 GitHub 上有 2.4k stars，500+ forks。FedML 为机器学习构建了简单而通用的 API、SDK 与云服务，可以在任何地方以任何规模构建开放与协作人工智能应用。FedML 既支持"数据孤岛"的联邦学习，又支持通过 MLOps 和开源支持进行加速的分布式训练，涵盖前沿的学术界研究和工业级用例。

该项目发展迅速，社区活跃，在学术界被广泛使用。该项目针对不同场景和使用目的进行细分研发，包括如下内容。

1）FedML Cheetah：加速模型训练与用户友好的分布式训练。

2）FedML Octopus：在现实世界中模拟联邦学习，即使用单个进程模拟 FL、基于 MPI 的 FL 模拟器和基于 NCCL 的 FL 模拟器（最快）。

3）FedML Beehive：智能手机和物联网的跨设备联合学习，包括适用于 Android、iOS 和嵌入式 Linux 的边缘 SDK。

4）FedML MLOps：FedML 的机器学习操作管道，用于在任何地方以任何规模运行的 AI。

5）Model Serving：专注于为边缘人工智能提供更好的用户体验。

虽然该项目能同时适用于 cross-silo 和 cross-device 环境，以及横向与纵向数据划分场景，但从其主要架构和代码来看，其当前侧重点在于横向联邦学习下的 cross-silo 和 cross-device 环境。

**3. TensorFlow Federated**

该项目由 Google 开源，当前在 GitHub 上有 2k stars，500+ forks。TensorFlow Federated（TFF）用于对分散数据进行机器学习和其他计算。TFF 的开发是为了促进联合学习（FL）的开放式研究和实验。TFF 使人们能够跨多个参与客户端训练全局共享的模型，并让训练数据留存在本地。例如，TFF 可用于手机键盘的预测模型，但不会将敏感的输入数据上传到服务器。

该项目主要适用于横向的联邦学习任务，开发者可基于其模型和数据来模拟所包含的联合学习算法，还可实验新算法。该项目包含丰富的算法文档和示例，其中示例包含常见的横向 NLP 和 CV 联邦学习算法、联合分析、矩阵分解等。

**4. FederatedScope**

该项目由阿里巴巴开源，当前在 GitHub 上有 800+ stars，100+ forks。FederatedScope 是一个综合性联邦学习框架，它为学术界和工业界提供易用且可扩展的多种联邦学习任务。它以事件驱动为架构进行设计，为迅速发展的联邦学习集成了丰富的功能，目标是为提高安全和高效性构建易用的联邦学习平台。

该项目同时支持横向和纵向联邦学习任务，并提供多种人工智能的细分场景算法，包括 CV、NLP、图学习、矩阵分解（推荐系统）、多任务学习等。另外，该项目也提供了传统机器学习的特征工程、树模型和集成模型等算法。该项目可应对联邦学习中的异质性问题，如不同设备的计算和传输能力不同，对于不同的计算后端（PyTorch、TensorFlow），可采用统一的消息传输形式，对于开发者，该设计可提供较好的灵活性和易用性。

**5. PaddleFL**

该项目由百度开源，当前在 GitHub 上有 400+ stars，100+ forks。PaddleFL 是一个基于

PaddlePaddle 的开源联邦学习框架。研究人员可以很轻松地用 PaddleFL 复制和比较不同的联邦学习算法，开发人员可以在大规模分布式集群中比较容易地部署 PaddleFL 联邦学习系统。PaddleFL 提供很多种联邦学习策略（横向联邦学习、纵向联邦学习）及其在计算机视觉、自然语言处理、推荐算法等领域的应用。此外，PaddleFL 还将提供传统机器学习训练策略的应用，如多任务学习、联邦学习环境下的迁移学习。依靠 PaddlePaddle 的大规模分布式训练和 Kubernetes 对训练任务的弹性调度能力，PaddleFL 可以基于全栈开源软件轻松部署。

PaddleFL 中对横向联邦学习和纵向联邦学习提供两种解决方案：Data Parallel 和 Federated Learning with MPC（PFM）。通过 Data Parallel，各数据方可以基于经典的横向联邦学习策略（如 FedAvg、DPSGD 等）完成模型训练。PFM 是基于 MPC 实现的联邦学习方案。作为 PaddleFL 的一个重要组成部分，PFM 可以很好地支持联邦学习，包括横向联邦学习、纵向联邦学习和联邦迁移学习等多个场景。它既提供了可靠的安全性，又拥有可观的性能。

## 2.2.2 开源框架 FATE

FATE 是全球首个工业级联邦学习框架，也是国内应用落地最多的联邦学习框架之一。该框架中的 FederatedML 模块包含了完整的联邦学习建模所需算法，所有模块均采用去耦的模块化方法开发，以增强模块的可扩展性。具体来说，该框架提供的算法模块如下。

1）联邦统计：包括隐私交集计算、PSI 指标、皮尔逊相关系数、并集计算等。

2）联邦特征工程：包括联邦采样、联邦切分、联邦特征分箱、联邦特征选择等。

3）联邦机器学习算法：包括横向和纵向的联邦 LR、XGBoost、DNN、迁移学习等。

4）模型评估：提供对二分类、多分类、回归模型的评估，提供多方和单方运行模式的模型对比评估。

5）安全协议：提供了多种安全协议，以进行更安全的多方交互计算。

FATE 提供单方（Standalone）运行模式和多方运行模式，通过 Docker 方式部署，可快速对 FATE 进行试用。以 Standalone 模式为例，运行：

```
export version=1.8.0
#拉取镜像
docker pull ccr.ccs.tencentyun.com/federatedai/standalone_fate:${version}
#重新打标签
docker tag ccr.ccs.tencentyun.com/federatedai/standalone_fate:${version}
federatedai/standalone_fate:${version}
#创建容器并运行
docker run -d --name standalone_fate -p 8080:8080 federatedai/standalone_fate:${version}
#查看容器
docker ps -a | grep standalone_fate
```

在完成容器启动后，可进入容器运行示例：

```
#进入容器
docker exec -it $(docker ps -aqf "name=standalone_fate") bash
#初始化环境
source bin/init_env.sh
#运行 toy example
```

```
flow test toy -gid 10000 -hid 10000
#运行成功后显示内容
success to calculate secure_sum, it is 2000.0
```

也可对算法模块进行单元测试：

```
#运行单元测试
fate_testunittest federatedml --yes
#测试成功后显示内容
there are 0 failed test
```

FATE 可快速进入开发模式。以 PyCharm 为例，首先将源码复制到本地：

```
git clone git@ github.com:FederatedAI/FATE.git
```

然后使用 PyCharm 打开项目，分别右击 fateflow/python 和 python 两个目录，在弹出的快捷菜单中依次选择菜单项 Mark Directory as→Sources Root，将它们标记为代码根目录，运行"pip3 install -r python/requirements.txt"命令安装依赖，启动 fateflow/python/fate_flow/fate_flow_server.py，此时可能会抛出异常：

```
Errno loading yaml file config from /xxx/xxx/python/conf/service_conf.yaml failed
```

这是由于未配置 FATE_PROJECT_BASE 系统环境变量。在 PyCharm 菜单中，依次选择 Run→Edit Configurations，选中 fate_flow_server，并在 Environment 的 Environment variables 中添加 FATE_PROJECT_BASE=/xxx/xxx/FATE（即 FATE 项目根目录），再次启动 fateflow/python/fate_flow/fate_flow_server.py，控制台将显示：

```
FATE Flow grpc server start successfully
FATE Flow http server start...
```

上面显示内容表示 Fate Flow 服务端启动成功。在完成 Fate Flow 服务端启动后，可以通过 API 提交任务以运行联邦学习算法。为方便与 Fate Flow 服务端交互，可运行"pip3 install fate-client=1.8.0"命令来安装 fate-client 客户端，也可直接运行"flow test toy -gid 10000 -hid 10000"命令来测试 toy 示例。

## 2.2.3　开源框架 FederatedScope

FederatedScope 作为一个综合性联邦学习框架，提供了大量的联邦学习应用和研究的基础算法实现，并兼顾了易用性和可扩展性。它包含如下内容。

1）个性化联邦学习（pFL）：客户端可指定模型架构和训练配置用于处理由不同数据集和异质系统资源的 non-IID 数据集。FederatedScope 框架提供多种直接可用的 pFL 算法。

2）联邦超参优化（HPO）：由于联邦学习需要多个参与方进行多轮通信，因此超参优化的成本将非常高。FederatedScope 框架提供了多种适用于联邦学习的超参优化算法。

3）隐私攻击：隐私攻击算法可方便用于验证联邦学习系统和算法的隐私保护强度。

4）图联邦学习：图数据大量存在，图联邦学习可联合多个子图数据训练全局的图模型。

5）推荐算法：隐私保护相关法律法规的实施对现实世界影响越来越大，推荐系统将逐渐使用隐私保护的方式进行算法训练。FederatedScope 框架中提供了多个推荐系统标准数据集和适用于推荐系统的联邦学习算法。

6）差分隐私：与需要大量计算资源的加密算法不同，差分隐私是一个经济且灵活的隐私保护技术，它在数据库查询中有大量应用，在联邦学习任务中的应用逐渐增长。

该框架为用户提供了端到端的联邦学习示例，可根据以下方式快速启动 FederatedScope：

```
git clone https://github.com/alibaba/FederatedScope.git
cd FederatedScope
pip install .
```

FederatedScope 提供的 Standalone 模式在单个设备中模拟多个参与方（服务端和客户端）。在完成框架安装后，可使用 Standalone 模式快速运行示例：

```
python federatedscope/main.py --cfg scripts/example_configs/femnist.yaml
```

打开 scripts/example_configs/femnist.yaml 配置文件（建议在第 10 行中加入 client_num：10 参数，避免超出内存范围使用），可看到如下主要配置参数：

```
use_gpu: True
device: 0
early_stop:
  patience: 5
seed: 12345
federate:
  mode: standalone
  total_round_num: 300
  sample_client_rate: 0.2
  client_num: 10
data:
  root: data/
  type:femnist
  splits: [0.6,0.2,0.2]
  subsample: 0.05
  transform: [['ToTensor'], ['Normalize', {'mean': [0.1307], 'std': [0.3081]}]]
dataloader:
  batch_size: 10
model:
  type:convnet2
  hidden: 2048
  out_channels: 62
train:
  local_update_steps: 1
  batch_or_epoch: epoch
  optimizer:
    lr: 0.01
    weight_decay: 0.0
grad:
  grad_clip: 5.0
criterion:
  type:CrossEntropyLoss
trainer:
```

```
    type: cvtrainer
eval:
    freq: 10
    metrics: ['acc', 'correct']
```

该配置基本覆盖了联邦学习模型训练的整个流程，如对于数据集的配置，包括数据集存放目录、公开数据集类型（core/auxiliaries/data_builder.py 中提供的数十个数据集）、切分比率、采样比率和数据归一化等（具体数据配置可参考 core.configs.cfg_data.extend_data_cfg），然后可在数据加载器中配置批大小，模型配置包含模型类型、隐藏层大小、输出通道、训练策略和优化器等，用户可根据需求修改对应配置以满足不同的联邦学习训练需要。

除使用配置文件直接启动以外，也可在开发模式下，创建配置类实例，根据实际场景需求修改配置实例属性，再实例化一个 StandaloneRunner，传入配置并运行。以纵向逻辑回归为例，该框架提供了一个测试脚本 tests/test_vertical_fl.py。启动该测试脚本，终端将得到如下日志：

```
Testing vFLTest.test_vFL
  (logging:124) INFO: the current machine is at 127.0.0.1
  (logging:126) INFO: the current dir is /xxx/FederatedScope/tests
  (logging:127) INFO: the output dir is exp/FedAvg_lr_on_vertical_fl_data_lr0.05_lstep1
  (splitter_builder:79) WARNING: Splitter  not found or not used.
  (utils:143) INFO: The device information file is not provided
  (fed_runner:166) INFO: Server has been set up ...
  (fed_runner:214) INFO: Client 1 has been set up ...
  (fed_runner:214) INFO: Client 2 has been set up ...
  (vertical_server:106) INFO: ----------- Starting a new training round (Round #1) ----
...
  (vertical_server:102) INFO: {'Role': 'Server #', 'Round': 5, 'Results_weighted_avg': {'test_
loss': 0.568201, 'test_acc': 0.69, 'test_total': 100.0}, 'Results_avg': {' test_loss':
0.568201, 'test_acc': 0.69, 'test_total': 100.0}, 'Results_fairness': {'test_loss': 0.568201,
'test_acc': 0.69, 'test_total': 100.0}}
  (vertical_server:106) INFO: ----------- Starting a new training round (Round #5) --
...
  (vertical_server:119) INFO: {'Role': 'Server #', 'Round': 30, 'Results_weighted_avg': {'test_
loss': 0.377689, 'test_acc': 0.9,'test_total': 100.0},'Results_avg': {'test_loss': 0.377689,
'test_acc': 0.9,'test_total': 100.0},'Results_fairness': {'test_loss': 0.377689, 'test_acc':
0.9,'test_total': 100.0}}
  (monitor:338) INFO: We will compress the file eval_results.raw into a .gz file, and delete the
old one
  (monitor:193) WARNING: You have not tracked the workers' system metrics in $outdir$/system_
metrics.log, we will skip the merging.Plz check whether you do not want to call monitor.finish_
fl()
-------------------------------------------------------------------
Ran 1 test in 4.841s
OK
{'server_global_eval': {'test_loss': 0.3776886390927329, 'test_acc': 0.9, 'test_total': 100}}
```

在 Standalone 模式下，该框架可在数秒内完成对 MNIST 数据集的 30 轮纵向逻辑回归训练，并取得 90% 的准确率。

FederatedScope 中的分布式模式表示运行多个程序来构建 FL 项目，其中每个程序都充当参与者（服务端或客户端），实例化其模型并加载其数据。对于分布式运行，需要指定配置中的联邦学习模式 federate.mode 为 distributed，且需要指定各自角色、当前客户端/服务端的 IP 地址和端口。以 XGB 为例，通过运行以下脚本，启动 1 个服务端和两个客户端，完成分布式的联邦 XGB 训练。

```
python federatedscope/main.py --cfg scripts/distributed_scripts/distributed_configs/dis-
tributed_xgb_server.yaml
python federatedscope/main.py --cfg scripts/distributed_scripts/distributed_configs/dis-
tributed_xgb_client_1.yaml
python federatedscope/main.py --cfg scripts/distributed_scripts/distributed_configs/dis-
tributed_xgb_client_2.yaml
```

### 2.2.4 开源框架 PaddleFL

PaddleFL 对横向联邦学习和纵向联邦学习采用完全不同的架构与运行方式。横向联邦学习包含两个阶段：编译和运行。编译阶段需要用户定义联邦学习策略、训练任务、分布式训练节点信息，然后通过 FL-Job-Generator 生成服务端和客户端运行的 FL-Jobs，FL-Jobs 被发送到组织和联邦参数服务器以进行联合训练。在运行阶段，包含用于参数安全聚合的联邦参数服务器 FL-Server，参与联合训练的每个组织都将有一个或多个与联邦参数服务器通信的 FL-Worker，还包含一个训练过程中起调度作用的 FLScheduler，在每个更新周期前，决定哪些 Worker 可以参与训练。PaddleFL 横向联邦学习的整体架构如图 2-1 所示。

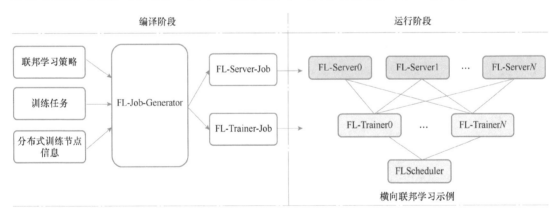

● 图 2-1 PaddleFL 横向联邦学习的整体架构

对于纵向联邦学习，PaddleFL 采用 MPC 实现安全训练和推理。PaddleFL 支持三方安全计算协议 ABY3 和两方计算协议 PrivC。基于 PrivC 的两方联邦学习主要支持线性/逻辑回归、DNN 模型。基于 ABY3 的三方联邦学习主要支持线性/逻辑回归、DNN、CNN、FM 等。

在 PaddleFL MPC 中，参与方可分为：输入方、计算方和结果方。输入方为训练数据与模型的持有方，负责加密数据和模型，并将它们发送到计算方（ABY3 协议使用三个计算节点、PrivC 协议使用两个计算节点）。计算方为训练的执行方，基于特定的多方安全计算协议完成训练任务。计算方只能得到加密后的数据和模型，以保证数据隐私安全。在计算结束后，结果方会拿到计算结果并恢复出明文数据。每个参与方可充当多个角色，如一个数据拥有方也可以作为计算方参与训练。PaddleFL 纵向联邦学习的整体架构如图 2-2 所示。

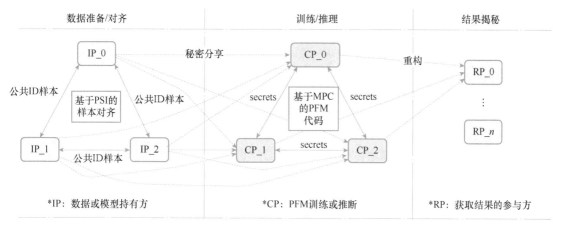

● 图 2-2　PaddleFL 纵向联邦学习的整体架构

PaddleFL 纵向联邦学习的整个训练过程包含三个阶段：数据准备/对齐（基于 OT 实现的 PSI）、训练/推理、结果揭秘。显然，该方式的第二和第三阶段与 MPC 实现的 PPML 方案基本相同，读者可参考第 4 章了解基于 MPC 实现的 PPML 方案。

## 2.3　FATE 架构分析

FATE 框架迭代速度较快，本书以 1.8.0 版本为基准进行介绍，其总体架构如图 2-3 所示。

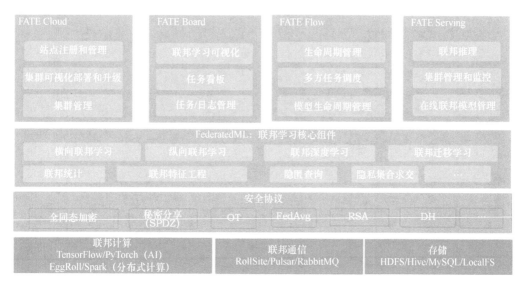

● 图 2-3　FATE 总体架构

从下到上分析总体架构图，可知：在架构底层，抽象和实现了联邦计算、联邦通信和存储三大基础功能。其中，联邦计算支持以 EggRoll（架构见图 2-4）和 Spark（架构见图 2-5）作为后端分布式计算引擎，并同时支持 Standalone 和 Cluster 两种工作模式；联邦通信支持分别以 RollSite、Pulsar 和 RabbitMQ 作为通信引擎，配合联邦计算引擎传输联邦学习过程中的数据和指令；在存储方面，支持以 HDFS、Hive、MySQL、LocalFS 作为存储引擎，支持框架从不同数据源导入数据以进行计算。这些功能对应代码在 FATE 框架 python/fate_arch 目录下。

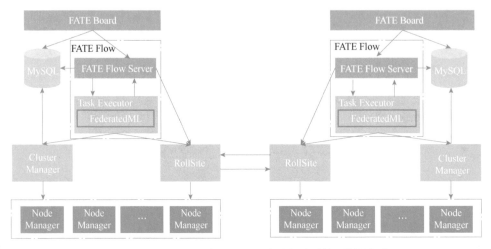

● 图 2-4　EggRoll 作为 FATE 后端分布式计算引擎的架构

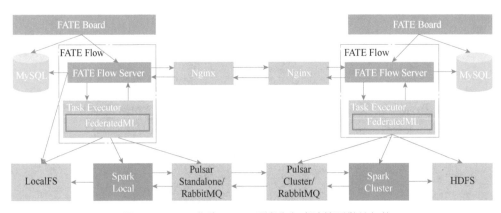

● 图 2-5　Spark 作为 FATE 后端分布式计算引擎的架构

图 2-3 的倒数第二层和第三层对应代码均在 python/federatedml 目录下，其中倒数第二层为安全协议层，提供全同态加密、秘密共享、OT、联邦聚合等联邦学习算法使用的通用安全协议；倒数第三层为联邦学习核心组件层，FATE 将不同算法以组件（Component）形式进行抽象设计，理解组件的设计和运行流程是理解 FATE 总体架构的关键。FATE 提供了建模流程中常用算法组件的横向联邦学习和纵向联邦学习实现，包括建模前期的数据集转换、数据集切分、特征分箱、特征筛选所需算法组件，用于模型训练的线性回归、逻辑回归、Boosting Tree 算法组件，以及模型评估及评分卡等组件。另外，还提供了深度学习、迁移学习、隐私集合求交（安全求交）、隐私信息检索等丰富的联邦学习算法组件。

最上层为联邦学习计算的辅助服务，相关代码均存在其他仓库。其中，FATE Cloud 为搭建联邦数据网络提供了标准的联邦基础实施能力、技术支撑能力；FATE Board 为联邦学习建模提供可视化界面，用于展示建模流程（如以 DAG 图方式展示工作流及任务运行状态）、算法训练的日志和模型可视化结果等；FATE Flow 为联邦学习提供任务分发、资源和作业调度、任务状态检测、模型运行信息追踪等核心功能；FATE Serving 为联邦学习模型在线推理部分，在使用 FATE 完成联邦建模等离线训练之后，可使用它进行单笔预测、多笔预测，以及包含多 host 预测在内的在线联合预测。

## 2.3.1　fate-arch 架构模块

该模块对 FATE 架构底层的联邦通信、存储、联邦计算进行了封装和不同引擎的具体实现，其目录结构如下：

```
# fate_arch % ls
__init__.py       __pycache__        _standalone.py      abc
common            computing          federation          metastore
protobuf          relation_ship.py   session             storage        tests
```

其中 abc 包含联邦计算（_computing.py/CTabelABC）、联邦通信（_federation.py/FederationABC）、存储（_storage.py/StorageTableMetaABC、StorageTableABC）、组件（_components.py/ComponentMeta、Component），对计算、通信和存储进行了统一抽象，以基础类+抽象方法形式存在。

computing 包含以 EggRoll、Spark、Standalone 三种计算引擎作为联邦学习后端计算引擎的具体实现，各实现均包含三个基础类文件：_csession.py、_table.py、_table.pyi。其中 _csession.py 中继承 CTabelABC 实现了不同计算引擎的 CSession 类，用于计算过程的会话管理；_table.py 中继承 CTabelABC 实现了不同计算引擎的 Table 类，用于实现不同计算引擎的 MapReduce 任务提交，覆盖了常用的 MapReduce 方法，方法列表如下：

```
copy(self)
save(self, address, partitions, schema, ** kwargs)
partitions(self)
map(self,func, ** kwargs)
mapValues(self, func, ** kwargs)
mapPartitions(self, func, use_previous_behavior=True,
preserves_partitioning=False, ** kwargs)
mapReducePartitions(self, mapper, reducer, ** kwargs)
applyPartitions(self, func, ** kwargs)
glom(self, ** kwargs)
sample(self, * , fraction: typing.Optional[ float] = None, num:
typing.Optional[ int] = None, seed=None)
filter(self,func, ** kwargs)
flatMap(self, func, ** kwargs)
reduce(self,func, ** kwargs)
collect(self, ** kwargs)
take(self, n=1, ** kwargs)
first(self, ** kwargs)
```

```
count(self, ** kwargs)
join(self, other: "Table",func=None, ** kwargs)
subtractByKey(self, other: "Table", ** kwargs)
union(self, other: "Table",func=None, ** kwargs)
```

_table.pyi 主要用于对_table.py 中的方法进行类型检查，无特殊逻辑。

federation 包含以 EggRoll（RollSite）、Pulsar、RabbitMQ、Standalone 为联邦通信引擎的具体实现，定义了传输变量类 trasfer_variable.py/Variable，并将该类用于在联邦学习算法中区分需要传输的具体变量实例。EggRoll 仅适用于以 EggRoll 为后端计算引擎的场景，在算法使用联邦通信时，将需要传输或接收的表或对象的 meta 信息发送给 RollSite Server 端，RollSite Server 端根据表或对象的 meta 信息获取具体需要发送或接收的数据，如图 2-4 所示。Pulsar、RabbitMQ 适用于以 Spark 为后端计算引擎的场景，框架首先通过各计算方和需要传输的变量名构建 Topic，然后使用 mapPartitionsWithIndex 函数将各分区数据发送至对应 Topic，最后利用 Pulsar、RabbitMQ 的镜像复制特性完成数据传输，如图 2-5 所示。在 Standalone 模式下，federation 实现并不进行具体数据传输，发送时仅将数据的 meta 信息根据规则存储至系统特定的表中以关联具体数据，接收时，从特定表中读取对应数据 meta 信息，根据 meta 信息，即可得到具体数据，从而模拟了多方数据交互的通信过程。

storage 包含以 EggRoll、HDFS、Hive、MySQL、LocalFS 等外部数据库或文件系统作为存储引擎的具体实现，FATE 中联邦学习组件通常以 namespace、name 来定位具体数据表。由于需要接入的外部存储类型多样，无法统一使用 namespace、name 进行表达，如连接数据库需要连接地址、用户密码、库、表等信息，而文件系统则仅需要给出数据所在路径，因此，FATE 使用 AddressABC 来解耦不同外部存储引擎对具体数据（表）的路径定义，不同外部存储引擎的路径具体定义实现位于 fate_arch/common/address.py。在完成 Address 定义后，不同存储引擎主要通过_session.py 和_table.py 两个文件来实现数据表操作，其中_session.py 用于提供数据表连接、断开、实例化等方法，而_table.py 主要提供 put、collect、exist、count、save 等具体的数据操作。

session 包括_parties.py 和_session.py 两个脚本，其中_parties.py 主要定义了联邦学习计算参与方的角色及 ID 信息，并提供 local_party、all_party、role_to_party 等常用方法以方便获取角色信息。_session.py 脚本以单例模式提供全局 Session 实例，用于在系统初始化时，根据运行时配置信息初始化联邦计算、联邦通信、存储的具体后端引擎。另外，也可以通过全局 Session 实例在联邦学习系统中方便地获取具体的计算、通信、存储引擎的 Session 实例。

以上 5 个组件为 fate-arch 核心组成部分。除此之外，common 包括常用的 utils 脚本；metastore 包含用于定义数据库表模型 ORM 框架基础类；protobuf 包含 FATE federation 传输变量、serving 服务等数据变量、gRPC 服务的 proto 文件，以及 grpc_tools 生成的 pb2 和 gRPC Python 脚本；tests 包含简单的测试脚本。另外，_standalone.py 文件定义了 Standalone 模式下的数据表 MapReduce操作，relation_ship.py 文件定义了不同计算引擎所适配的通信、存储引擎的关系配置。

## 2.3.2　FATE Flow 调度模块

该模块主要用于联邦学习算法作业提交、调度、运行（重跑）、监测、模型保存等，并围绕算法作业整体运行流程提供资源管理及协调、算法组件注册、合作权限管理、模型发布、模型注册中心等辅助功能。该模块在 FATE 代码中以 git submodule 形式存在，需要通过"git submodule update --init --recursive"命令拉取源码。

FATE Flow 将建模流程中包含的多个算法组件定义的作业称为 job，将单个算法组件所运行的任务称为 task，并根据 DSL 和 conf 对提交的 job 进行描述。DSL 用于描述 job 运行所需的算法组件、算法组件输入/输出的数据及模型、各组件之间的依赖关系，是对整个作业流程的描述；conf 用于描述 job 运行时的联邦通信、联邦计算、存储引擎的配置，以及 job 运行时的参与方角色及 ID、算法组件运行时的参数等。

一个典型的 DSL 配置文件通常由多个组件组成，每个组件由 input 和 output 指定输入与输出，在 input 和 output 配置内部，使用 model 和 data 分别指定为模型与数据，使用 isometric_model 指定上游模型，使用 xxx.data 和 xxx.model 分别指定依赖的某个组件输出的数据与模型，当指定输入模型时，当前组件通常仅进行 transform 或 predict 操作，并通常使用 Reader 组件作为流程的第一个组件来读取数据，然后将数据输入建模流程其他各个组件形成整体 DSL 配置，示例如下：

```
{
    "components": {
        "reader_0": {
            "module": "Reader",
            "output": {
                "data": [
                    "data"
                ]
            }
        },
        ...
        "xxx_0": {
            "module": "XXX",
            "input": {
                "data": {
                    "data": [
                        "${component_x.data}"
                    ]
                },
                "isometric_model": [
                    "${component_x.model}"
                ]
            },
            "output": {
            "data": [
                    "data"
                ],
                "model": [
                    "model"
                ]
            }
        },
```

```
    "xxx_1": {
        "module": "XXX",
        "input": {
            "data": {
                "data": [
                    "${component_x.data}"
                ]
            },
            "model": [
                "${component_x.model}"
            ]
        },
        "output": {
        "data": [
                "data"
            ]
        }
    }
}
```

一个典型的 conf 配置包含 DSL 版本、发起方、所有参与方、作业运行参数、算法组件参数。其中，作业运行参数指定联邦学习后端引擎运行和提交时的相关配置；算法组件参数可以在 common 内配置多方公共参数，也可以在 role 内根据角色、参与方下标设定不同算法组件参数，示例如下：

```
{
    "dsl_version": "2",
    "initiator": {"role": "guest","party_id": 9999},
    "role": {
        "guest": [9999],
        "host": [10000],
        "arbiter": [10000]
    },
    "job_parameters": {
        "common": {
            "task_parallelism": 2,
            "computing_partitions": 8,
            "eggroll_run": {
                "eggroll.session.processors.per.node": 2,
                ...
            },
            "spark_run": {
                "num-executors": 1,
                ...
            }
        }
    },
    "component_parameters": {
        "common": {
```

```
        "intersect_0": {
            "intersect_method": "raw",
            ...
        },
        "hetero_lr_0": {
            "penalty": "L2",
        ...
        }
    },
    "role": {
        "guest": {
            "0": {
                "reader_0": {
                    "table": {
                        "name": "xxx",
                        "namespace": "xxx"
                    }
                },
                "dataio_0": {
                    "with_label": true,
                    ...
                }
            }
        },
        "host": {
            "0": {
                "reader_0": {
                    "table": {
                        "name": "xxx",
                        "namespace": "xxx"
                    }
                },
                "dataio_0": {
                    "with_label": false,
                    ...
                }
            }
        }
    }
}
```

在完成建模流程的 DSL 与 conf 配置后,可通过 API 或 fate-client 命令行方式提交到 FATE Flow 服务端以运行作业。FATE Flow 服务端接收 DSL 与 conf 配置后进行调度和运行。下面结合代码、流程图、逻辑架构图(见图 2-6),对核心调度逻辑进行如下简要描述。

1)服务端 job_app.submit_job 收到 DSL 与 conf 配置后,将 DSL 与 conf 配置提交至 dag_scheduler.DAGScheduler#submit,DAGScheduler 对配置进行参数校验,实例化 job 类及 job 运行时公共参数类 RunParameters,进行运行时参数校验及生成公共参数模板,使用 federated_scheduler.FederatedScheduler#create_job 向各参与方发送创建 job 请求。

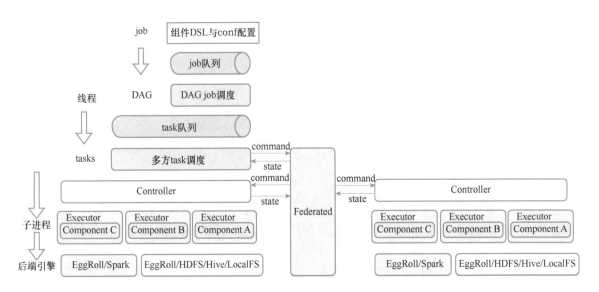

● 图 2-6　FATE Flow 的 job 运行逻辑

2）各参与方服务端 scheduling_apps.party_app.create_job 收到创建 job 请求后，job_con-troller.JobController#create_job 执行创建 job 流程，首先按照本方后端引擎参数更新 job 运行参数，将 job 状态设置为 Waitting，并将最终 job 持久化（Job Queue），然后通过 job_controller.JobController#initialize_tasks 将 job 按照算法组件实例化为多个 task，对所有 task 进行初始化，设置状态为 Waitting 并持久化（Task Queue）。

3）dag_scheduler.DAGScheduler#run_do 间隔一定时间执行任务，对等待状态的 job 进行调度：取出发起方的 Waitting 状态任务并按时间排序，按照先入先出策略取出第一个 job，dag_scheduler.DAGScheduler#schedule_waitting_jobs 检查任务准备状态和申请资源 federated_scheduler.FederatedScheduler#resource_for_job，确认成功后，向各参与方请求启动任务。各参与方 party_app.start_job 收到启动任务请求后，更新任务状态为 Running 并持久化。

4）dag_scheduler.DAGScheduler#run_do 继续对运行状态的 job 进行调度：取出发起方的 Running 状态 job，进行 task 级别调度。

① 取出发起方 task，收集所有参与方的 task 状态，根据规则计算 task 联邦状态，细节可参考 task_scheduler.TaskScheduler#calculate_multi_party_task_status。

② 若 task 联邦状态变更，则更新发起方 task 状态，并发送给各参与方（各参与方维护自身 task 状态和发起方 task 状态），若 task 联邦状态为 waitting，则加入 waitting_task 列表。

③ 对 waitting_task 列表检查，判断所依赖上游 task 是否成功，如果成功，则调用 task_scheduler.TaskScheduler#start_task 以向各参与方申请运行 task 的资源，若申请成功，则各参与方启动 task。

④ 各参与方服务端 party_app.start_task 接收到启动 task 请求，调用 task_controllcr.Task-Controller#start_task 启动任务，流程包括：

● 根据 job 配置生成 task 运行配置信息；

● 构建后端计算引擎 Backend 对象，生成 session_id 和 federation_session_id，实例化

task 运行参数，通过 Python 调用命令行以子进程方式启动 task。

⑤ 根据 task 调度结果，更新 job 状态，并计算 job 运行进度，更新 job 信息。

对于其他情况的 job（如处于准备状态但因资源问题未启动、需要"重跑"、结束）进行的调度，限于篇幅，不再赘述。

FATE Flow 模块目录（fateflow/python/fate_flow）结构：

```
# fate_flow % ls
CODE_STYLE.text        apps                  controller         entity
fate_flow_client.py    model                 protobuf           settings.py
utils
__init__.py            component_env_utils   db                 errors
fate_flow_server.py    operation             scheduler          tests
worker
__pycache__            components            detection          external
manager                pipelined_model       scheduling_apps    tools
```

其中 apps、scheduling_apps 两个目录为 FATE Flow 所有的 HTTP 服务接口。FATE Flow 使用 Flask 作为 Web 服务框架，在 fateflow/python/fate_flow/apps/__init__.py 中统一定义了 Flask 服务启动前需要向注册的所有 Web 服务接口和 Web 服务访问相关的 headers 校验。

apps、scheduling_apps 中的 Web 服务处理程序仅包含输入参数预处理及校验、输出数据封装，具体的业务处理逻辑主要包含在 controller 与 manager 两个目录中，如上文提及的 job 提交与启动、task 启动、资源申请等需要同步返回的服务，另外也包括 job、party、数据、表、metrics、资源等信息查询服务。任务创建、调度、启停、执行等异步逻辑主要包含在 scheduler 目录下。job 与 task 持久化相关 CURD 操作和 tracking 信息查询则包含在 operation 目录下。

FATE Flow 在 1.7 版本后，开始支持多版本组件包同时存在，job DSL 中定义的各组件均有组件提供者（provider），组件提供者提供唯一确定组件的名称和版本。components 目录中提供了多个用于操作数据和模型的组件，如数据上传、下载、导入 job（reader），以及模型导入和存储等组件。FATE Flow 启动时通过向 ProviderManager 注册，由 fate_flow_provider 提供 fate_flow/components 中的组件、default_fate_provider 提供 federatedml/components 下的组件。

db 目录包含了 FATE Flow 运行时 ORM 框架定义的各类持久化对象和各类需要持久化的配置，如 job、task、metrics、model_info、output_data_info，以及各引擎注册、资源、运行时配置等。最后，FATE Flow 提供 Worker 方式来封装不同 Python 模块、进程的启动及运行过程，目前包括四种类型 Worker：task_executor、task_initializer、provider_registrar、dependence_upload，这些 Worker 都定义在 worker 目录中，且由 fate_flow.manager.worker_manager.WorkerManager 管理 Worker 的启动。

worker/task_executor.py 为所有算法组件的进程启动模块，该脚本中的 TaskExecutor 类继承 BaseWorker 类，其 run 方法为算法组件运行入口，主要运行流程如下：首先解析命令行参数，从数据库中获取各 provider 注册的组件并载入内存，获取运行时基础引擎；其次进入子类（TaskExecutor）_run_方法，根据所解析的命令行参数，获取 job、task 运行参数，初始化算法组件 Tracking 对象和运行期间的 session 对象，根据 DSL 对应算法组件配置的输入 data 与 model 参数，实例化算法组件的输入数据表和模型；最后通过 importlib 库动态导入算法组件运行类并实例化，执行算法组件 run 方法，运行成功后，保存算法组件输出数据表和模型，更新算法组件对应 task 状态为"成功"。

### 2.3.3 FederatedML 算法模块

FederatedML 为 FATE 核心算法模块，包含 FATE 所有的联邦学习、秘密共享、OT、密码等算法，其目录结构如下：

```
#federatedml % ls
__init__.py               ensemble                local_baseline
optim                     statistic               transfer_variable
__pycache__               evaluation              model_base.py
param                     test                    unsupervised_learning
callbacks                 feature                 model_selection
protobuf                  toy_example             util
cipher_compressor         framework               nn
secure_information_retrieval  transfer_conf.yaml
components                linear_model            one_vs_rest
secureprotol              transfer_learning
```

其中 model_base.py 为各算法组件的基类，该类的 run 方法被 TaskExecutor 动态生成的对象调用，该方法主要流程：首先反序列化输入模型（若当前 task 为重试，则进入重试逻辑），然后根据 DSL 中当前算法的输入数据配置 train_data、validate_data、test_data、data，根据输入模型，配置 model、isometric_model，并结合运行时 job_runtime_conf 配置 stepwise、warm_start、cv 等参数，按顺序生成算法组件运行函数 fit、predict、transform，最后保存运行期间摘要数据。

components 包含所有算法组件的 meta 定义，2.4 节和 2.5 节中介绍的算法组件的 meta 定义均可在该目录下找到；param 包含算法组件参数定义；transfer_variable 包含算法组件运行时需要进行 federation 传输的变量定义；framework 包含联邦学习过程中 mini batch 训练数据生成、梯度聚合、loss 同步等脚本；secureprotol 包含各类安全协议，如秘密共享、OT、加密算法等；optim 包含梯度下降优化器相关算法；protobuf 包含算法组件导出模型序列化定义；其余目录主要包含各类算法组件，不再赘述。FederatedML 所含算法结构图如图 2-7 所示。

### 2.3.4 FATE Board 可视化模块

FATE Board 为 FATE 提供的联邦学习建模可视化工具，旨在帮助用户简单而高效地理解与探索模型。使用 FATE Board 可实时跟踪算法组件运行全过程、跟踪日志详情，并提供可视化的任务管理，在前端即可获取模型参数、模型运行结果、输出日志等。

在编译 FATE Board 后端服务前，需要先编译前端资源，即进入 fateboard/resources-front-end，执行以下命令（需要确保已安装 npm）：

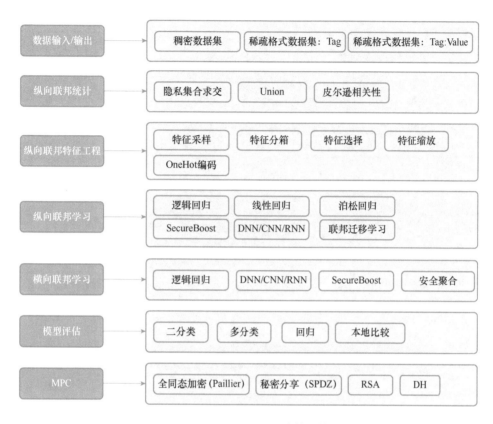

● 图 2-7 FederatedML 所含算法结构图

```
#fateboard/resources-front-end % sudo npm install -g cnpm
--registry=https://registry.npm.taobao.org
npm WARN deprecated uuid@ 3.4.0: Please upgrade  to version 7 or higher.  Older versions may
use Math.random() in certain circumstances, which is known to be problematic.  See https://
v8.dev/blog/math-random for details.
npm WARN deprecated request@ 2.88.2: request has been deprecated, see https://github.com/re-
quest/request/issues/3142
npm WARN deprecated har-validator@ 5.1.5: this library is no longer supported
/usr/local/bin/cnpm -> /usr/local/lib/node_modules/cnpm/bin/cnpm
+cnpm@ 7.1.1
added 845 packages from 994 contributors in 17.817s
#fateboard/resources-front-end % npm run build
>aisp-scvmadm-web@ 3.9.0 build
/Users/jinghua/workspace/python/FATE/fateboard/resources-front-end
> node build/build.js
...
Entrypoints:
  app (2.78 MiB)
      static/js/runtime.b66e6689.js
      static/js/chunk-elementUI.d215448d.js
```

```
static/js/chunk-libs.508ec575.js
static/js/app.dceb1ef2.js
Build complete.

Tip: built files are meant to be served over an HTTP server.
Opening index.html over file:// won't work.
```

如上出现"Build complete"，即表示编译前端资源完成。然后，重新进入 fateboard 目录并使用"mvn clean package -DskipTests"命令编译后端服务模块，最终编译产出 target/fateboard-1.8.0.jar。

完成所有编译后，执行：

```
#fateboard % Java
-Dspring.config.location=src/main/resources/application.properties
-Dssh_config_file=FATE-Board/src/main/resources/ -Xmx2048m -Xms2048m
-XX:+HeapDumpOnOutOfMemoryError -jar target/fateboard-1.8.0.jar
```

在浏览器中输入 http://localhost：8080，进入 FATE Board 登录页面，输入默认账号 admin 和密码 admin，即可打开 FATE Board Web 页面。图 2-8 为 FATE Board 下的 job 管理页面。

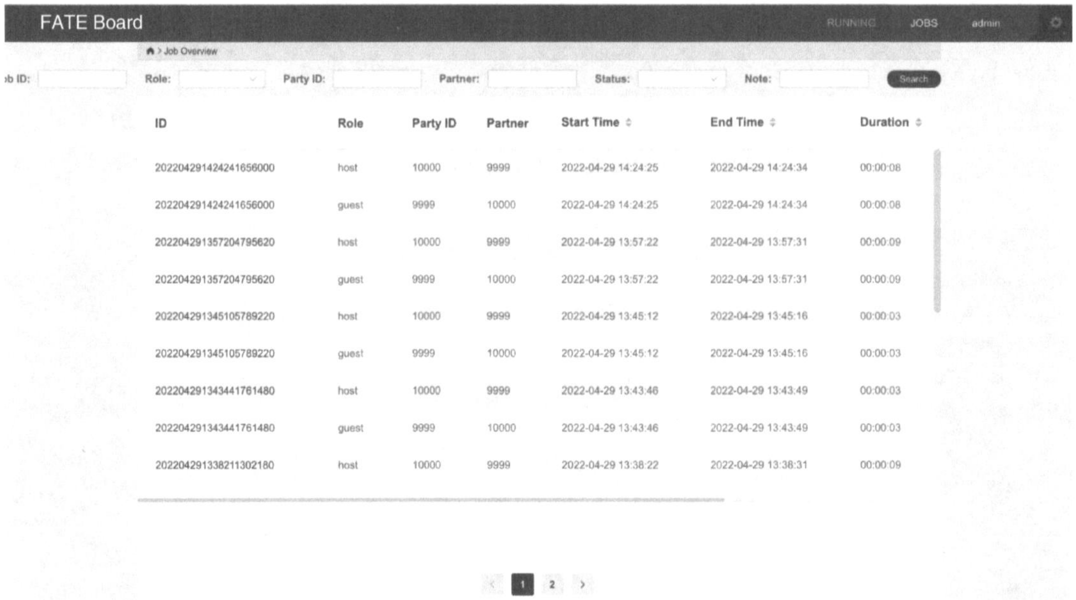

● 图 2-8　FATE Board 下的 job 管理页面

单击其中一个 job 的 ID，进入 job 详情页面，如图 2-9 所示，左侧为 job 摘要信息，包括 job 状态、运行参与方、执行相关时间等信息，单击"dashboard"按钮可查看该 job 运行相关日志，中间为 job 的 DAG 图，右侧为 DAG 图中选中组件的参数信息，单击"view the outputs"按钮可查看被选中组件的输出模型、数据和日志，如图 2-10 所示为安全求交模块输出信息。

● 图 2-9　FATE Board 下的 job 详情页面

● 图 2-10　FATE Board 中的安全求交模块输出信息

## 2.3.5　FATE Serving 在线服务模块

　　FATE Serving 是 FATE 的在线服务模块，在使用 FATE 进行联邦建模之后，可以使用 FATE Serving 进行单笔预测、批量预测和模型管理等功能。其功能架构如图 2-11 所示。

● 图 2-11　FATE Serving 功能架构图

## 2.3.6　Docker-Compose 与 Kubernetes 部署

　　FATE 支持使用 Docker-Compose 进行部署，通过 Docker-Compose，可以方便地使用 YAML 文件配置对应容器。

　　准备工作：

　　1）两个主机（物理机或者虚拟机，都安装 CentOS 7 系统）。

　　2）所有主机安装 Docker 18 及以上版本。

　　3）所有主机安装 Docker-Compose 1.24 及以上版本。

　　4）部署机可以联网，所以主机之间可以网络互通。

　　5）运行机已经下载 FATE 的各组件镜像（离线方式构建镜像可参考构建镜像文档）。

　　以 FATE 1.8.0 为例，在两台主机中准备 FATE 工作目录/data/projects/fate，根据需要创建一个组为 docker 的 fate 用户（也可以不创建 fate 用户，后续自定义部署中将会说明），然后在其中一台机器（如 192.168.0.104）中下载 KubeFATE 安装软件，并修改用于部署的.env 文件。

```
# /data/projects/fate$ wget
https://github.com/FederatedAI/KubeFATE/releases/download/v1.8.0/kubefate-docker-compose-
v1.8.0.tar.gz
```

```
# /data/projects/fate$ tar -xvf kubefate-docker-compose-v1.8.0.tar.gz
# /data/projects/fate$ cd docker-deploy/
docker_deploy.sh  generate_config.sh  images  parties.conf  README.md
README_zh.md  serving_template  test.sh  training_template
### 使用 vi 命令修改 .env 文件,修改后的最终 .env 文件通过 cat 命令查看
# /data/projects/fate/docker-deploy$ cat .env
RegistryURI=hub.c.163.com
TAG=1.8.0-release
SERVING_TAG=2.0.4-release

# PREFIX: namespace on the registry's server.
# RegistryURI: address of the local registry
# TAG: tag of module images.
```

根据实际机器 IP 地址和需要配置的 PartyID 情况,配置 parties.conf 文件,如下:

```
# /data/projects/fate/docker-deploy$ cat parties.conf
#!/bin/bash
user=fate
dir=/data/projects/fate
party_list=(10000 9999)
party_ip_list=(192.168.0.104 192.168.0.103)
serving_ip_list=(192.168.0.104 192.168.0.103)

# backend could be eggroll, spark_rabbitmq and spark_pulsar spark_local_pulsar
backend=eggroll

# true if you need python-nn else false, the default value will be false
enabled_nn=false

# default
exchangeip=

# modify if you are going to use an external db
mysql_ip=mysql
mysql_user=fate
mysql_password=fate_dev
mysql_db=fate_flow

# modify if you are going to use an external redis
redis_ip=redis
redis_port=6379
redis_password=fate_dev

name_node=hdfs://namenode:9000

# Define fateboard login information
fateboard_username=admin
fateboard_password=admin
```

最后运行 ./generate_config.sh 命令,将会生成一个 outputs 目录,该目录中包含各方的离线训练 confs-xxxx.tar 和在线服务 serving-xxxx.tar 的 docker-compose 配置文件。

```
/data/projects/fate/docker-deploy/outputs$ ls
confs-10000.tar  confs-9999.tar  serving-10000.tar  serving-9999.tar
```

此时，若两台主机均确定使用 fate 用户进行一键部署，无自定义需求，那么直接运行"sh ./docker_deploy.sh all"，将在两台机器自动部署。部署完成后，可到对应机器通过"docker ps"命令验证。

若需要使用自定义部署，如将 docker-compose.yml 文件中的 fate-python、eggroll、fate-serving、mysql、redis 等容器分别部署在不同机器上，或已有 mysql、redis 容器，或按照公司规范使用专有用户名，或暂时不需要部署 client、serving 等各类特殊场景，那么可在 parties.conf 中修改 mysql、redis 配置，并将 confs-xxxx.tar、serving-xxxx.tar 分别发送到对应 PartyID 的/data/projects/fate 目录下并解压缩。对应作者当前配置，将 confs-10000.tar 和 serving-10000.tar 复制到/data/projects/fate 并分别解压缩，将 confs-9999.tar 和 serving-9999.tar 通过 scp 命令发送到 192.168.0.103：/data/projects/fate/并分别解压缩。在解压缩后，按照实际需求，修改/data/projects/fate/confs-10000 目录下 docker-compose.yml 文件，并手动执行"docker-compose up -d"命令即可。

在完成部署后，需要验证部署服务是否正常运行，选择其中某个节点（如 10000 节点）并进入容器内部，提交 toy_example 进行测试。

```
# /data/projects/fate/confs-10000$ docker exec -it confs10000_client_1 bash
root @ 1c39e3ecb328:/data/projects/fate # flow test toy --guest-party-id 10000 --host-party-
id 9999
toy test job 202205030352296425760 is waiting
toy test job 202205030352296425760 is running
...
[INFO] [2022-05-03 03:52:46,882] [202205030352296425760] [64:140627710580544] - [secure_add_
guest.run] [line:96]: begin to init parameters of secure add example guest
[INFO] [2022-05-03 03:52:46,882] [202205030352296425760] [64:140627710580544] - [secure_add_
guest.run] [line:100]: begin to make guest data
[INFO] [2022-05-03 03:52:47,336] [202205030352296425760] [64:140627710580544] - [secure_add_
guest.run] [line:103]: split data into two random parts
[INFO] [2022-05-03 03:52:49,005] [202205030352296425760] [64:140627710580544] - [secure_add_
guest.run] [line:106]: share one random part data to host
[INFO] [2022-05-03 03:52:49,009][202205030352296425760] [64:140627710580544] - [secure_add_
guest.run] [line:109]: get share of one random part data from host
[INFO] [2022-05-03 03:53:14,593] [202205030352296425760] [64:140627710580544] - [secure_add_
guest.run] [line:112]: begin to get sum of guest and host
[INFO] [2022-05-03 03:53:15,449] [202205030352296425760] [64:140627710580544] - [secure_add_
guest.run] [line:115]: receive host sum from guest
[INFO] [2022-05-03 03:53:16,270] [202205030352296425760] [64:140627710580544] - [secure_add_
guest.run] [line:122]: success to calculate secure_sum, it is 2000.0000000000002
```

可见，验证 FATE 离线训练服务成功运行，而对于在线 Serving-Service 部分，同样可参考官方文档进行验证，不再赘述。

FATE 也支持使用 Kubernetes 部署，FATE 集群使用 KubeFATE 进行 FATE 集群编排，提供管理 API 给 FATE Cloud 以进行总体调控管理。

环境准备：

1）Kubernetes 1.21.7 及以上版本；

2）Ingress-Nginx 1.0.5 及以上版本；

3）通过 https://github.com/FederatedAI/KubeFATE/releases/download/v1.8.0/kubefate-k8s-v1.8.0.tar.gz 下载 KubeFATE 离线安装包 kubefate-k8s-v1.8.0.tar.gz，先解压缩，然后进入 kubefate 目录，执行"kubectl apply -f ./rbac-config.yaml"命令，创建 KubeFATE 相关 Namespace、ServiceCount、Secret 等资源，修改./kubefate.yaml 中的 Ingress 配置域名，作者配置了 kubefate.k8s.com，紧接着执行"kubectl apply -f ./kubefate.yaml"命令部署 KubeFATE，并验证 Pod、SVC、Ingress 是否部署成功。

```
# /data/projects/fate/kubefate$ kubectl get pod -n kube-fate
NAME                          READY   STATUS    RESTARTS   AGE
kubefate-7fb9966b78-dxqcq     1/1     Running   0          29s
mariadb-85bdbf895c-9s6fv      1/1     Running   0          29s
# /data/projects/fate/kubefate$ kubectl get svc -n kube-fate
NAME       TYPE        CLUSTER-IP       EXTERNAL-IP    PORT(S)     AGE
kubefate   ClusterIP   10.96.2.25       <none>         8080/TCP    2m24s
mariadb    ClusterIP   10.105.227.151   <none>         3306/TCP    2m24s
# /data/projects/fate/kubefate$ kubectl get ingress -n kube-fate
NAME       CLASS    HOSTS              ADDRESS         PORTS    AGE
kubefate   nginx    kubefate.k8s.com   192.168.0.104   80       2m42s
```

也可以通过浏览器访问 kubefate.k8s.com（需要在浏览器所属机器中修改 hosts 文件，加入该域名与 KubeFATE 所在服务器 IP 地址的映射），页面将返回消息：{"msg":"kubefate run Success"}。

```
### 创建 KubeFATE 多方联邦计算节点
### 首先创建命名空间
# /data/projects/fate/kubefate$ kubectl create namespace fate-9999
namespace/fate-9999 created
根据 cluster.yml 配置使用 kubefate 命令创建 9999 节点集群
# /data/projects/fate/kubefate$./kubefate cluster install -f ./cluster.yaml
create job Success, job id=bd2151d3-7440-43c2-b0b3-41bc8a38032c
# /data/projects/fate/kubefate$./kubefate job describe
bd2151d3-7440-43c2-b0b3-41bc8a38032c
UUID          bd2151d3-7440-43c2-b0b3-41bc8a38032c
StartTime     2022-05-03 10:24:19
EndTime       0001-01-01 00:00:00
Duration      19s
Status        Running
Creator       admin
ClusterId     9d9b358d-55b6-4c45-be37-a7ec176ce43d
States        - update job status to Running
...
SubJobs client ModuleStatus: Available, SubJobStatus: Success, Duration:9s,
StartTime: 2022-05-03 06:53:22, EndTime: 2022-05-03 06:53:31
...
```

在完成 KubeFATE 部署后，可以使用不同 namespace 部署 FATE 集群，例如创建 PartyID = 9999 的集群，需要先创建对应 namespace，然后根据实际情况修改 cluster.yaml 中的配置，如作者将 FATE Board 和 Jupyter Notebook 对应 Ingress 域名配置为 party9999.fateboard.k8s.com、 party9999.notebook.k8s.com。

创建 10000 节点的过程和 9999 节点类似，不再赘述。在利用 Kubernetes 完成集群部署后，可使用配置的域名在浏览器进行访问。可分别访问 http://party9999.fateboard.k8s.com 和 http://party9999.notebook.k8s.com（同样需要修改 hosts 文件加入域名及 IP 地址映射）。其中 FATE Board 的用户名和密码均默认为 admin，也可以在 cluster.yaml 中修改。表示 FATE Board 与 Jupyter Notebook 配置成功的页面分别如图 2-12、图 2-13 所示。

● 图 2-12　FATE Board 配置成功的页面

● 图 2-13　Jupyter Notebook 配置成功的页面

## 2.4　FATE 联邦特征工程

### 2.4.1　特征分箱

特征分箱（也称为数据分箱），用于对连续变量进行离散化以减少观测误差，离散化后可以通过特定编码将所有特征变换到相似尺度上。特征分箱后可以带来多个好处，包括：可以将缺失值与正常值统一处理，引入非线性以提升模型表达能力，对异常数据有更强的鲁棒性且离散化后简化了逻辑回归模型的作用，提升模型稳定性，降低模型过拟合风险。

**1. 组件 meta 定义**

1）纵向特征分箱：federatedml/components/hetero_feature_binning.py。

2）横向特征分箱：federatedml/components/homo_feature_binning.py。

**2. 组件简介**

FATE 同时提供横向和纵向两种联邦模式的特征分箱，可以配置连续数值型特征和 category 类型特征，离散化仅对连续数值型特征进行处理。分箱算法首先计算连续数值型特征的分箱切分点，保存切分点信息，然后根据参数判断是否需要统计分箱的 WOE、IV 信息，以及是否对原始数据进行基于 bin_num 或 WOE 的编码。

Guest 和 Host 方可分别使用不同分箱方式。通过配置 method 参数，可以使组件运行不同的分箱模式，包括下列 3 种。

（1）等频分箱

FATE 采用分布式 Greenwald-Khanna Summary 算法近似计算分位数方式实现等频分箱。主要的算法实现在 quantile_binning.QuantileBinning._fit_split_point 方法中。算法首先对每个分区数据计算各特征的分位数摘要信息 QuantileSummaries，然后将所有分区的摘要信息进行合并，得到所有特征的分位数摘要信息，最后根据分箱参数计算切分点，并对数据集所有数据计算分箱号。计算分位数摘要信息 QuantileSummaries 过程主要包含下列三步。

1）数据快速插入 head_sampled。

2）判断 head_sampled 大小是否超出阈值，若超出阈值，则将 head_sampled 数据逐个与 sampled 数据进行对比，根据误差率计算 $\Delta$，将三元组 $(v, g = 1, \Delta)$ 作为一个摘要，并与 sampled 数据进行合并。主要代码如下：

```
def _insert_head_buffer(self):
    if not len(self.head_sampled):  # 如果 head_sampled 为空
        return
    current_count = self.count
    sorted_head = sorted(self.head_sampled)
    head_len = len(sorted_head)
    sample_len = len(self.sampled)
    new_sampled = []
    sample_idx = 0
    ops_idx = 0
    while ops_idx < head_len:
        current_sample = sorted_head[ops_idx]
        while sample_idx < sample_len and self.sampled[sample_idx][0] <= current_sample:
            new_sampled.append(self.sampled[sample_idx])
            sample_idx += 1
        current_count += 1
        # If it is the first one to insert or if it is the last one
        if not new_sampled or (sample_idx == sample_len and
                               ops_idx == head_len - 1):
            delta = 0
        else:
            delta = math.floor(2 * self.error * current_count)
```

```
        new_sampled.append((current_sample, 1, delta))
        ops_idx += 1

    new_sampled += self.sampled[sample_idx:]
    self.sampled = new_sampled
    self.head_sampled = []
    self.count = current_count
```

3）判断 sampled 大小是否超出压缩阈值，若超出，则对 sampled 进行压缩。从最后一个元素开始往前压缩，根据边界条件性质，$r_{\min}(v_i) = g_i + r_{\min}(v_{i-1})$，$r_{\max}(v_i) = \sum_{j=0}^{i} g_i + \Delta_i$，使用 sum_g_delta 累计计算分箱 summary 的下界，若新元素的 g+sum_g_delta 的结果在压缩阈值内，则新元素仍在同一个摘要中，否则建立一个新的摘要并加入摘要列表，最后完成所有摘要压缩，并逆转摘要列表。主要的压缩代码如下：

```
def _compress_immut(self, merge_threshold):
    if not self.sampled:
        return self.sampled

    res = []
    # Start from the last element
    head = self.sampled[-1]
    sum_g_delta = head[1] + head[2]
    i = len(self.sampled) - 2  # Do not merge the last element
    while i >= 1:
        this_sample = self.sampled[i]
        if this_sample[1] + sum_g_delta < merge_threshold:
            head = (head[0], head[1] + this_sample[1], head[2])
            sum_g_delta += this_sample[1]
        else:
            res.append(head)
            head = this_sample
            sum_g_delta = head[1] + head[2]
        i -= 1
    res.append(head)

    # If head of current sample is smaller than this new res's head
    # Add current head into res
    current_head = self.sampled[0]
    if current_head[0] <= head[0] and len(self.sampled) > 1:
        res.append(current_head)
    # Python do not support prepend, thus, use reverse instead
    res.reverse()
    return res
```

完成摘要列表构建后，即可通过分箱个数计算百分位列表，在摘要列表中查询对应切分点。

（2）等距分箱

FATE 使用变量统计组件计算连续数值型特征的 min、max 值，并按照分箱个数均匀切分得到切分点以实现等距分箱。等距分箱计算过程较为简单，不进行详述。

（3）最优分箱

当设置为最优分箱时，host 被设置为等频分箱，guest 先根据最优分箱的 init_bucket_method 参数进行等频或等距分箱，初始分箱个数由 init_bin_nums 确定，然后判断 metric_method 参数值，当为 IV、Gini、Chi_Square 时，进行合并最优分箱，当为 KS 时，进行切分最优分箱。

对于合并最优分箱模式，运行 OptimalBinning.merge_optimal_binning，通过设定每个分箱最小样本比率参数 min_bin_pct、最大样本比率参数 max_bin_pct 和是否单个分箱必须为混合分箱（分箱同时包含 $y=0$ 与 $y=1$ 样本）的 mixture 参数，计算分箱需要满足的约束条件。约束条件主要有四个：相邻分箱是否存在混合分箱（mixture）、单个分箱是否为混合分箱（single_mixture）、相邻分箱是否存在样本个数小于最小分箱样本个数（small_size）、单个分箱样本个数是否小于最小分箱样本个数（single_small_size），不满足条件的分箱将与相邻分箱进行合并，分箱合并顺序根据 metric_method 指定，支持将 IV、Gini、Chi_Square 作为合并优先级的度量指标。在代码中进行分箱合并的三个主要函数如下。

1）_add_heap_nodes（constraint=‘xxx’）：对于计算好 event_num 和 non_event_num 的分箱列表，根据约束条件，找出不满足条件的分箱，并将左右相邻分箱按照 metric_method 指定的度量方式计算度量值以构建最小堆。

```
def _add_heap_nodes(constraint=None):
    LOGGER.debug("Add heap nodes, constraint: {}, dict_length:
{}".format(constraint, len(bucket_dict)))
    this_non_mixture_num = 0
    this_small_size_num = 0
    # Make bucket satisfy mixture condition

    for i in range(len(bucket_dict)):
        left_bucket = bucket_dict[i]
        right_bucket = bucket_dict.get(left_bucket.right_neighbor_idx)
        if left_bucket.right_neighbor_idx == i:
            raise RuntimeError("left_bucket's right neighbor == itself")
        if not left_bucket.is_mixed:
            this_non_mixture_num += 1

        if left_bucket.total_count < min_item_num:
            this_small_size_num += 1

        if right_bucket is None:
            continue
        # Violate maximum items constraint
        if left_bucket.total_count + right_bucket.total_count > max_item_num:
            continue

        ...#其他各约束条件检查
        heap_node = heap.heap_node_factory(optimal_param, left_bucket=left_bucket,
right_bucket=right_bucket)
        min_heap.insert(heap_node)
    return min_heap, this_non_mixture_num, this_small_size_num
```

2）_merge_heap（constraint='xxx'，aim_var=yyy）：从最小堆弹出节点元素，将节点对应的左右分箱进行合并，得到新分箱，对新分箱根据约束条件判断是否重新插入最小堆，循环该合并过程，直到堆为空或对应约束条件全部满足为止。代码如下：

```
def _merge_heap(constraint=None, aim_var=0):
    next_id = max(bucket_dict.keys()) + 1
    while aim_var > 0 and not min_heap.is_empty:
        min_node = min_heap.pop()
        left_bucket = min_node.left_bucket
        right_bucket = min_node.right_bucket

        # Some buckets may be already merged
        if left_bucket.idx not in bucket_dict or right_bucket.idx not in bucket_dict:
            continue
        new_bucket=bucket_info.Bucket(idx=next_id,
adjustment_factor=optimal_param.adjustment_factor)
        new_bucket = _init_new_bucket(new_bucket, min_node)
        bucket_dict[next_id] = new_bucket
        del bucket_dict[left_bucket.idx]
        del bucket_dict[right_bucket.idx]
        min_heap.remove_empty_node(left_bucket.idx)
        min_heap.remove_empty_node(right_bucket.idx)

        aim_var = _aim_vars_decrease(constraint, new_bucket, left_bucket, right_bucket, aim_
var)
        _add_node_from_new_bucket(new_bucket, constraint)
        next_id += 1
    return min_heap, aim_var
```

3）_update_bucket_info（b_dict）：按照分箱切分点值重新排序分箱列表。

在完成以上分箱合并后，按照分箱度量指标再次进行所有分箱的合并，使最终分箱个数为 FeatureBiningParam 中指定的 bin_num。代码如下：

```
def _update_bucket_info(b_dict):
    """
    update bucket information
    """
    order_dict = dict()
    for bucket_idx, item in b_dict.items():
        order_dict[bucket_idx] = item.left_bound

    sorted_order_dict = sorted(order_dict.items(), key=operator.itemgetter(1))

    start_idx = 0
    for item in sorted_order_dict:
        bucket_idx = item[0]
        if start_idx == bucket_idx:
            start_idx += 1
            continue

        b_dict[start_idx] = b_dict[bucket_idx]
```

```
    b_dict[start_idx].idx = start_idx
    start_idx += 1
    del b_dict[bucket_idx]

bucket_num = len(b_dict)
for i in range(bucket_num):
    if i == 0:
        b_dict[i].set_left_neighbor(None)
        b_dict[i].set_right_neighbor(i + 1)
    else:
        b_dict[i].set_left_neighbor(i - 1)
        b_dict[i].set_right_neighbor(i + 1)
b_dict[bucket_num - 1].set_right_neighbor(None)
return b_dict
```

当为切分最优分箱模式时，运行 OptimalBinning.split_optimal_binning 函数，对初始分箱列表计算最佳 KS 值所属分箱索引，并加入候选最优分箱索引列表 res_split_index，接着将初始分箱列表切分为左右两个列表，然后以递归的方式继续对左右子分箱列表进行最佳 KS 计算和分箱列表切分，直到 res_split_index 达到 FeatureBiningParam 中指定的 bin_num 为止，得到所有最佳分箱切分点后，以 res_split_index 对应分箱为锚对初始分箱列表从左到右执行分箱合并的_merge_buckets 函数，得到合并后的特征最优分箱。

在完成分箱后，算法组件会根据样本标签对各特征分箱计算统计指标，包括响应/非响应样本个数及比率、分箱 WOE、分箱 IV、特征 IV 等。其中信息价值（Information Value，IV）用来表示特征对目标预测的贡献程度，即特征的预测能力，一般来说，IV 值越高，该特征的预测能力越强，信息贡献程度越高。每个分箱首先计算出 WOE 值（Weight Of Evidence，证据权重）：

$$\text{WOE}_i = \ln \frac{\#\text{Bad}_i + \text{Adjustment}/\#\text{Bad}_t}{\#\text{Good}_i + \text{Adjustment}/\#\text{Good}_t} = \ln \frac{\text{BadRate}_i}{\text{GoodRate}_i}$$

其中#$\text{Bad}_i$ 为第 $i$ 个分箱中响应（$Y=1$）样本的数量，#$\text{Bad}_t$ 为所有响应样本数量，#$\text{Good}_i$ 为第 $i$ 个分箱中非响应（$Y=0$）样本的数量，#$\text{Good}_t$ 为所有非响应样本数量，Adjustment 为可配置参数，当分箱中响应样本或非响应样本个数为 0 时才起作用。在计算得到每个分箱 WOE 后，可计算每个分箱 IV 值 $\text{IV}_i$，将所有分箱 IV 值求和即得到当前特征的 IV 值，计算过程如下：

$$\text{IV}_i = (\text{BadRate}_i - \text{GoodRate}_i) \times \text{WOE}_i$$

$$\text{IV} = \sum_i \text{IV}_i$$

在 Guest 方完成以上统计指标计算较容易，对于 Host 方特征，则需要进行联邦计算。首先将样本标签信息进行 OneHot 编码并通过 Paillier 打包加密发送到 Host 方，Host 方完成各分箱响应/非响应样本密文求和统计，得到的密文结果重新返回给 Guest 方，Guest 方进行解密后即可计算其余 WOE 与 IV 指标。

最后，组件提供 category_names 与 category_indexes 参数来指定哪些特征不需要进行离散化处理，transform_params 用于配置哪些特征需要进行编码转换，以及进行何种编码转换。另外，需要注意当前版本对不同参与方和不同数据集处理逻辑的不一致与限制：只支持在

Guest 方进行 WOE 编码，最优分箱不支持缺失值与多分类数据集。

## 2.4.2 特征归一化

特征归一化（或称数据归一化、特征缩放）是特征工程的一项基础工作，不同特征往往具有不同的量纲和量纲单位，对于某些机器学习算法，若没有进行特征归一化，则目标函数无法合适运作。图 2-14 为分类算法使用梯度下降法寻找最优目标过程，图 2-14a 为建模原始数据，由于未进行特征归一化，因此梯度下降过程中更加曲折，而图 2-14b 对原始数据进行了特征归一化，过程则更加平缓。为了消除特征之间的量纲影响，需要进行特征归一化处理，保证特征具有相似的尺度，使模型有更快的收敛速度。

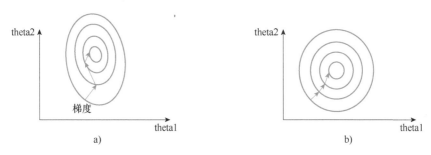

● 图 2-14　分类算法使用梯度下降法寻找最优目标过程

**1. 组件 meta 定义**

1）纵向特征归一化：federatedml/components/feature_scale.py。

2）横向特征归一化：与纵向特征归一化一致。

**2. 组件简介**

FATE 特征归一化组件通过 method 参数，使组件执行标准归一化（Z-Score 标准化）或 Min-Max 归一化（线性归一化）模式。

（1）标准归一化

标准归一化将数值缩放到 0 附近，且数值服从均值为 0，标准差为 1 的正态分布，归一化函数如下：

$$x' = \frac{x-\mu}{\sigma}$$

其中 $\mu$ 为特征 $x$ 的均值，$\sigma$ 为特征 $x$ 的标准差。在 FATE 中，也可以通过设置参数 with_mean = False 将 $\mu$ 强制设置为 0，通过设置参数 with_std = False，将 $\sigma$ 强制设置为 1。

在 FATE 中，先通过变量统计摘要组件计算所有特征的统计信息，其中包括均值和标准差，当标准差 $<10^{-6}$ 时，将强制设置标准差为 1，然后使用 mapValues 方法运行以上归一化函数。

（2）Min-Max 归一化

Min-Max 归一化将数值线性缩放到某个范围，转换函数如下：

$$x' = \frac{x-\min(x)}{\max(x)-\min(x)}$$

在 FATE 中，通过 mode 参数，可以改变上述函数中 $\max(x)$ 和 $\min(x)$ 的计算方式，当 mode=normal 时，为正常计算，当 mode=cap 时，设置 feat_upper 和 feat_lower 作为特征百分位数阈值，对应的具体百分位值作为 $\max(x)$ 和 $\min(x)$ 的结果。该算法实现较为简单，不再赘述。

## 2.4.3 特征筛选

特征筛选（又称特征选择、变量选择或变量子集选择）是为了构建模型而选择相关特征子集的过程，使用特征选择技术，可以简化模型、缩短训练时间、降低过拟合，其前提假设是训练数据包含许多冗余或无关特征，因而移除这些特征不会导致丢失信息。主要的特征选择算法有三类：包装法、过滤类方法和嵌入类方法。包装法使用预测模型贪心搜索最优特征子集；过滤类方法采用各类统计指标对特征进行排名并根据经验设定指标阈值过滤特征；嵌入类方法使用模型训练过程用到的特征选择技术，如 LASSO 方法。

**1. 组件 meta 定义**

1）纵向特征筛选：federatedml/components/hetero_feature_selection.py。

2）横向特征筛选：未提供。

**2. 组件简介**

FATE 中的特征筛选组件主要使用过滤类方法，结合工厂模式，根据 filter_methods 参数生成不同过滤器实例，特别的，对于统计过滤、PSI 过滤、SBT 过滤、变异系数过滤等，均通过适配器模式获取过滤器上游模型的度量指标，生成通用的 IsoModelFilter 过滤器。主要过滤器介绍如下。

（1）Unique-value 过滤器

根据特征变量的最大值和最小值之差是否小于所设定阈值判断是否过滤，该过滤器依赖的 isometric_model 为 DataStatistics 组件。

（2）IV 过滤器

根据特征变量的 IV 值判断是否过滤，过滤判断方式有以下三种。

1）阈值模式：过滤 IV 值小于特定阈值的特征。

2）Top-$K$ 模式：根据 IV 值从大到小对特征排序，选取 Top-$K$ 个特征。

3）Top-百分位模式：根据 IV 值从大到小对特征排序，选取 Top 百分位的特征 IV 过滤器支持以 One-VS-Rest 模式计算的多分类 IV 值，由于 One-VS-Rest 模式每个特征都会计算出与标签个数同样多的 IV 值，因此需要计算唯一的用于过滤器的 IV 判定值，FATE 提供多标签 IV 值选取唯一 IV 值的三种计算机制：最大值、最小值、平均值。

（3）统计值过滤器

统计值过滤器依赖 DataStatistics 组件模型结果，支持将特征的 sum、mean、stddev、median、min、max、missing_ratio、missing_count、skewness、kurtosis、cofficient_of_variance 共 11 个度量值作为过滤指标。

（4）PSI 过滤器

群体稳定性指标（Population Stability Index，PSI）用于衡量两个数据集分布差异，通常先将数据集进行等距分箱，得到各分箱对应正样本实际占比 $A_i$ 和期望占比 $E_i$，然后计算，计算公式如下：

$$\text{PSI} = \sum_{i=1}^{n} (A_i - E_i) \times \ln \frac{A_i}{E_i}$$

主要有两个应用场景：第一是模型训练通常采用特定时期的样本，模型上线后，随着时间推移，样本分布可能发生变化，导致模型预测值与实际值偏差逐渐增大，此时可采用 PSI 指标衡量模型预测值与实际值偏差大小；第二是得到训练集和测试集后，可以通过 PSI 指标衡量单个特征的稳定性，若特征 PSI 值过大，则说明该特征不稳定，不适用于后续模型训练。

（5）相关系数过滤器

相关系数是最早由统计学家卡尔·皮尔逊设计的统计指标，是研究变量之间线性相关程度的量，一般用字母 $r$ 表示。由于研究对象的不同，因此相关系数有多种定义方式，较为常用的是皮尔逊相关系数。计算公式如下：

$$\rho_{X,Y} = \frac{\text{cov}(X,Y)}{\sigma_X \sigma_Y} = \frac{E[(X-\mu_X)(Y-\mu_Y)]}{\sigma_X \sigma_Y} = E\left[\left(\frac{X-\mu_X}{\sigma_X} \cdot \frac{Y-\mu_Y}{\sigma_Y}\right)\right]$$

令 $\tilde{X} = \dfrac{X-\mu_X}{\sigma_X}$，$\tilde{Y} = \dfrac{Y-\mu_Y}{\sigma_Y}$，则 $\rho_{X,Y} = E[\tilde{X} \cdot \tilde{Y}]$。

在 FATE 中，由 statistic/correlation/hetero_pearson.py 中的 HeteroPearson 类实现纵向皮尔逊相关系数计算，整体过程分为以下三步。

1）Guest、Host 双方使用 self._standardized 对本地特征进行标准归一化。

2）计算本地特征之间的相关系数。

3）Guest 和 Host 通过 SPDZ 协议的安全乘法计算双方交叉特征的内积 $\tilde{X} \cdot \tilde{Y}$，得到对应两个特征的相关系数。

FATE 中实现的 SPDZ 协议的安全乘法流程如图 2-15 所示。主要代码如下：

```
def dot(self, other: 'FixedPointTensor', target_name=None):
    spdz = self.get_spdz()
    if target_name is None:
        target_name = NamingService.get_instance().next()

    a, b, c = beaver_triplets(a_tensor=self.value, b_tensor=other.value, dot=table_dot,
    q_field=self.q_field, he_key_pair=(spdz.public_key, spdz.private_key),communicator=spdz.
    communicator, name=target_name)

    x_add_a = (self + a).rescontruct(f"{target_name}_confuse_x")
    y_add_b = (other + b).rescontruct(f"{target_name}_confuse_y")
    cross = c - table_dot_mod(a, y_add_b, self.q_field) - table_dot_mod(x_add_a, b, self.q_
    field)
    if spdz.party_idx == 0:
        cross += table_dot_mod(x_add_a, y_add_b, self.q_field)
    cross = cross % self.q_field
    cross = self.endec.truncate(cross, self.get_spdz().party_idx)
    share = fixedpoint_numpy.FixedPointTensor(cross, self.q_field, self.endec, target_name)
    return share
```

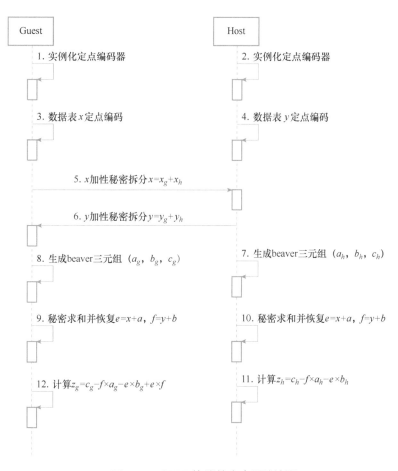

● 图 2-15　SPDZ 协议的安全乘法流程

假定 Guest 方数据表为 $x$，Host 方数据表为 $y$，其中定点编码器用于将数据表中的浮点数通过缩放转换为定点数编码并映射到环上，首先分别将双方数据进行加性秘密拆分，得到 $x$ 和 $y$ 的秘密份额，然后通过离线阶段 beaver 三元组生成 $a$、$b$、$c$ 的秘密份额，对 $x$、$y$ 的秘密份额进行掩盖：

$$z = (a-(a+x))(b-(b+y)) = (a-e)(b-f)$$

在双方的秘密份额上，可构造乘法协议：

$$z_g = c_g - a_g f - b_g e + ef$$
$$z_h = c_h - a_h f - b_h e$$
$$z = z_g + z_h = c_g + c_h - (a_g + a_h)f - (b_g + b_h)e + ef$$
$$= ab - af - be + ef$$
$$= (a-e)(b-f) = xy$$

在 FATE 中，beaver 三元组的 $c_g$ 和 $c_h$ 使用同态加密方案得到，基本思路是对跨计算节点的秘密份额乘法使用 Paillier 加密其中一个操作数，发送到另一方并与另一个操作数相乘，然后进行加法分享（广义上可称为不经意线性函数评估，即 OLE）：

$$\llbracket c_g \rrbracket + \llbracket c_h \rrbracket = ( a_g b_g + \llbracket a_h \rrbracket b_g + \llbracket r_h \rrbracket - r_g ) + ( a_h b_h + \llbracket a_g \rrbracket b_h + \llbracket r_g \rrbracket - r_h )$$

$$= ( a_g + b_g ) ( a_h + b_h ) = ab$$

代码实现在 spdz.beaver_triples.he.beaver_triplets：

```
def beaver_triplets(a_tensor, b_tensor, dot, q_field, he_key_pair, communicator: Communicator,
name):
    public_key, private_key = he_key_pair
    a = rand_tensor(q_field, a_tensor)
    b = rand_tensor(q_field, b_tensor)
    def _cross(self_index, other_index):
        LOGGER.debug(f"_cross: a={a}, b={b}")
        _c = dot(a, b)   ### 计算 a_g·b_g 或 a_h·b_h，此处使用 dot 是计算皮尔逊相关系数
### 的需要，若计算秘密值乘法，则此处改为 a*b
        encrypted_a = encrypt_tensor(a, public_key)
        communicator.remote_encrypted_tensor(encrypted=encrypted_a, tag=
    f"{name}_a_{self_index}")
        r = urand_tensor(q_field, _c)
        _p, (ea,) = communicator.get_encrypted_tensors(tag=f"{name}_a_{other_index}")
        eab = dot(ea, b) ### 计算[[a_g]]·b_h 或[[a_h]]·b_g
        eab += r   ### 对 eab 进行加法分享，即[[a_g]]·b_h+[[r_g]]或[[a_h]]·b_g+[[r_h]]
        _c -= r   ### 计算 a_g·b_g-r_g 或 a_h·b_h-r_h
        communicator.remote_encrypted_cross_tensor(encrypted=eab,
         parties=_p,tag=f"{name}_cross_a_{other_index}_b_{self_index}")
        crosses = communicator.get_encrypted_cross_tensors(
                tag=f"{name}_cross_a_{self_index}_b_{other_index}")
        for eab in crosses:
### 对其他方返回的密态加法分享份额[[a_g]]·b_h+[[r_h]]]或[[a_h]]·b_g+[[r_g]]]进行解密，
### 计算[[c_g]]或[[c_h]]
            _c += decrypt_tensor(eab, private_key, [object])
        return _c
    c = _cross(communicator.party_idx, 1 - communicator.party_idx)
    return a, b, c % q_field
```

由于数据在秘密拆分时进行了缩放，因此两个数相乘后的结果进行了两次缩放，于是需要进行一次截断（truncate）以降低缩放因子，最后，双方通过求和揭秘即可得到 $x \times y$ 的结果。

使用 beaver 三元组进行安全乘法的实现在 spdz.tensor.fixedpoint_table.FixedPointTensor 的 dot 函数，逻辑较为简单，不再详述。由于相关性计算的 SPDZ 协议的计算时间可能较长，因此建议在进行相关性计算之前先进行采样以降低样本数量。

（6）VIF 过滤器

方差膨胀系数（Variance Inflation Factor，VIF）是用于衡量多元线性回归模型中多重共线性严重程度的一种度量指标。多重共线性是指自变量之间的线性相关性，即一个自变量可以是其他一个或几个自变量的线性组合。其计算公式为

$$\text{VIF}_i = \frac{1}{1 - R_i^2} = \frac{M_{ii}}{|P|}$$

其中 $R_i^2$ 为以第 $i$ 个自变量作为因变量，其他自变量不变时进行线性回归拟合得到的模型的拟合优度；$|P|$ 为相关系数矩阵的行列式；$M_{ii}$ 为第 $i$ 个变量在相关系数矩阵中对应的余

子式。

FATE 特征筛选组件还提供其他过滤器，如变异系数、各聚合统计指标、XGBoost 变量重要性等过滤器。不同过滤器由于其依赖模型实现原因，可能支持或不支持多 Host 节点，由于篇幅有限，不再一一详述。

### 2.4.4　特征编码

对于部分机器学习算法，输入的特征必须是数值型的（连续数值型或离散数值型），如线性回归、逻辑回归、神经网络等模型，而在实际场景中，除数值型特征以外，还可能存在字符型特征（有序字符型或无序字符型），因此，对于字符型特征，需要首先进行特征编码，才能进入后续算法训练。

**1. 组件 meta 定义**

1）纵向特征编码：federatedml/components/onehot_encoder.py。

2）横向特征编码：federatedml/components/homo_onehot_encoder.py。

**2. 组件简介**

FATE 同时提供横向和纵向两种联邦模式的特征分箱，并可以根据需求配置需要进行特征编码的特征，对于进入特征编码的特征，特征值类型必须为离散型或字符型。因此，如果连续型特征需要进行特征编码，则可以先通过特征分箱进行离散化转换（将 transform_type 设置为 bin_num），再接入特征编码组件，否则会抛出异常。特征编码整体实现较为简单，不再详述。

## 2.5　FATE 联邦机器学习模型

### 2.5.1　逻辑回归

逻辑回归是一种广义的线性回归模型，虽被称为回归模型，但其实是二分类模型。该算法定义为给定输入 $\boldsymbol{x}_i$ 和参数 $\boldsymbol{\theta}$，输出

$$y_i = \frac{1}{1 + \exp^{-\boldsymbol{\theta}^{\mathrm{T}} \boldsymbol{x}_i}}$$

假定样本有 $p$ 个特征，则输入 $\boldsymbol{x}_i = (x_i^1, x_i^2, \cdots, x_i^p, 1)$ 和参数 $\boldsymbol{\theta} = (\theta_1, \theta_2, \cdots, \theta_p, b)$ 均为 $p+1$ 维的列向量，其中 $b$ 为逻辑回归的截断参数。在给定数据集后，可通过最大似然估计法得到最大似然函数，并将它作为目标函数，然后通常迭代方式使用（批量）随机梯度下降等优化算法更新参数，使模型参数 $\boldsymbol{\theta}$ 收敛。对于 $y$ 值，有两种定义，分别为 $\{-1,1\}$ 和 $\{0,1\}$，当 $y \in \{0,1\}$ 时，其目标函数和梯度方向如下（由于篇幅有限，忽略具体推导过程）

$$\mathrm{Loss} = -\frac{1}{N}\Big( \sum_{i=1}^{N} y_i(\boldsymbol{\theta}^{\mathrm{T}} \boldsymbol{x}_i) - \ln(1 + \exp^{\boldsymbol{\theta}^{\mathrm{T}} \boldsymbol{x}_i}) \Big) \tag{2-1}$$

$$g = \nabla_{\boldsymbol{\theta}} \mathrm{Loss} = \frac{1}{N} \sum_{i=1}^{N} (f(\boldsymbol{x}_i) - y_i) \times \boldsymbol{x}_i \tag{2-2}$$

当定义 $y \in \{-1,1\}$ 时，对应目标函数与梯度方向如下

$$\text{Loss} = \frac{1}{N} \sum_{i=1}^{N} \ln(1 + \exp^{-y_i \boldsymbol{\theta}^{\mathrm{T}} \boldsymbol{x}_i}) \tag{2-3}$$

$$g = \nabla_{\boldsymbol{\theta}} \text{Loss} = \frac{1}{N} \sum_{i=1}^{N} \left( \frac{1}{1 + \exp^{-y_i \boldsymbol{\theta}^{\mathrm{T}} \boldsymbol{x}_i}} - 1 \right) \times y_i \boldsymbol{x}_i \tag{2-4}$$

在得到梯度方向之后，可通过优化器计算步长，得到需要更新的梯度，第 $t+1$ 次迭代更新参数为

$$\theta^{t+1} = \theta^t - \delta g$$

以上目标函数 Loss 只考虑了模型偏差，根据奥卡姆剃刀原则，通常在目标函数的偏差基础上加上对参数正则化的方差部分以期提升模型实际预测性能，目标函数加入正则化后也需要修正对应梯度方向公式，由于篇幅有限，不再赘述。

在 FATE 中，同时实现了纵向逻辑回归和横向逻辑回归，且对于纵向逻辑回归，有两种实现：有可信第三方（Arbiter）的实现，其主要原理参考 *Private federated learning on vertically partitioned data via entity resolution and additively homomorphic encryption*；无可信第三方的实现，其主要原理参考 *When Homomorphic Encryption Marries Secret Sharing：Secure Large-Scale Sparse Logistic Regression and Applications in Risk Control*。

**1. 组件 meta 定义**

1）有可信第三方纵向 LR：federatedml/components/hetero_lr.py。

2）无可信第三方纵向 LR：federatedml/components/hetero_sshe_lr.py。

3）横向 LR：federatedml/components/homo_lr.py。

**2. 组件简介**

在纵向逻辑回归训练过程中，参数 $\boldsymbol{\theta}$ 按照数据纵向切分方式也被分成两部分，一部分是 Guest 方持有的特征对应权重 $\theta_\text{g}$ 和截断 $b$，另一部分是 Host 方持有的特征对应权重 $\theta_\text{h}$。在训练过程中，需要在不透露 Guest 方标签信息 $y$ 的前提下同时更新 $\theta_\text{g}$、$\theta_\text{h}$、$b$，以及计算当前目标函数值 Loss。

在有可信第三方的纵向逻辑回归论文中，使用了 $y \in \{-1,1\}$ 的标签定义形式的损失函数推导，并根据 $\log(1+\exp^{-z})$ 在零点泰勒展开，得

$$\log(1+\exp^{-z}) = \log2 - \frac{1}{2}z + \frac{1}{8}z^2 - \frac{1}{194}z^4 + O(z^6) \tag{2-5}$$

为了同时兼顾联邦学习的模型精度和计算效率，对式（2-3）按照式（2-5）进行二阶泰勒近似展开，得（$y_i^2 = 1$，约去）

$$l(\theta) \approx \frac{1}{N} \sum_{i=1}^{N} \left( \log2 - \frac{1}{2} y_i \theta^{\mathrm{T}} x_i + \frac{1}{8} (\theta^{\mathrm{T}} x_i)^2 \right) \tag{2-6}$$

根据式（2-6），对参数 $\theta$ 计算梯度，得

$$\text{grad} = \nabla_{\theta} l = \frac{1}{N} \sum_{i=1}^{N} \underbrace{\left( \frac{1}{4} \theta^{\mathrm{T}} x_i - \frac{1}{2} y_i \right)}_{\text{fore\_gradient}} \times x_i \tag{2-7}$$

FATE 算法组件实现中存在两个阶段：初始化阶段和训练阶段，其中初始化阶段主要进行如下操作。

1）对于 Guest 方数据，将标签 $y \in \{0,1\}$ 转换成 $y \in \{-1,1\}$。

2）由可信第三方生成 Paillier 公、私钥，将公钥分发给 Guest 和 Host，用于后续的模型参数加密。

3）根据算法配置，初始化 batch_generator，用于管理 mini batch 数据集生成实例、计算 batch 个数、同步 batch_info、根据是否需要进行 batch 混淆生成进行不同的数据准备。

4）Host 方样本个数校验。

5）Guest 将异步梯度计算标志同步给 Host，并判断是否热启动和初始化模型参数。

纵向逻辑回归组件初始化流程如图 2-16 所示。

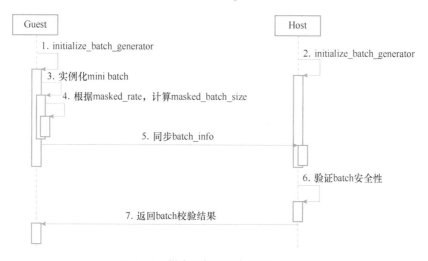

● 图 2-16　纵向逻辑回归组件初始化流程

训练阶段则根据设置的最大迭代次数进行循环训练，直至收敛或达到最大迭代次数 max_iter 为止，每次迭代按照 mini batch 对象计算的 batch_num 进行循环，每个 batch 根据 mini batch 对象生成批训练所需数据。

Guest 和 Host 双方准备好当前 batch 训练数据后，即可进行样本梯度计算，而在梯度计算之前，需要根据式（2-7）计算每个样本的 fore_gradient，由于 Host 方没有标签信息，因此该部分需要由 Guest 方计算或 Guest 方辅助计算。在 FATE 实现中，对二者都进行了实现，当只有一个 Host 方时，采用 Guest 方辅助的异步计算方式，即 Guest 方将它所持特征计算的 fore_gradient 通过 Paillier 加密发送给 Host 方，而 Host 方将它所持特征的 1/4 forward 部分通过 Paillier 发送给 Guest 方，通过公式推导，可知最终双方计算结果即为梯度方向，Guest 方梯度方向计算：

$$[\![\text{fore\_gradient}]\!]_g = \underbrace{\left(\frac{1}{4}\theta_g x_g - \frac{1}{2}y\right)x_g}_{\text{Guest}} + \underbrace{[\![\frac{1}{4}\theta_h x_h]\!]x_g}_{\text{Host}} = \left(\frac{1}{4}(\theta_g x_g + [\![\theta_h x_h]\!]) - \frac{1}{2}y\right)x_g \qquad (2\text{-}8)$$

Host 方 fore_gradient 计算：

$$[\![\text{fore\_gradient}]\!]_h = \underbrace{[\![\frac{1}{4}\theta_g x_g - \frac{1}{2}y]\!]x_h}_{\text{Guest}} + \underbrace{\frac{1}{4}\theta_h x_h x_h}_{\text{Host}} = \left(\frac{1}{4}([\![\theta_g x_g]\!] + \theta_h x_h) - [\![\frac{1}{2}y]\!]\right)x_h \qquad (2\text{-}9)$$

而当有多个 Host 方时，可采用中心化的梯度方向计算，将所有 Host 方（H）所持特征的 1/4 forward 加密发送给 Guest 方，由 Guest 方进行汇总计算：

$$[\![\text{fore\_gradient}]\!] = \frac{1}{4}\theta_g x_g + \sum_{h \in H}\left[\!\left[\frac{1}{4}\theta_h x_h\right]\!\right] - \frac{1}{2}y \qquad (2\text{-}10)$$

然后，将密态的 fore_gradient 分别发送给各 Host 方计算。另外，为了增强安全性，在发送前，对密文进行了混淆，通过对每个 $[\![\text{fore\_gradient}]\!]$ 乘上随机数的 $n$（Paillier 参数 $n = pq$）次方（根据卡迈克尔函数性质，该操作不影响密文解密正确性），使相同明文具有不同密文。

在 Guest 和 Host 方均得到 fore_gradient 之后，即可计算各方的每个样本所拥有对应特征的梯度，各方对所有样本梯度进行聚合，即得到当前参与方对应特征的梯度下降方向 $[\![\text{grad}]\!]_g$、$[\![\text{grad}]\!]_h$，最后，在各方将其梯度方向发送给可信第三方进行解密、拼接、计算步长后，可信第三方将最终的明文梯度发送给各方以进行对应特征参数的更新。

由于 Host 方可得到本方数据的明文梯度，因此对于式（2-7），可计算 Host 梯度

$$\text{grad}_h = \frac{1}{N}\sum_{i=1}^{N}\text{fore\_gradient}_i \times x_{h,i} = X_h^T \times \text{fore\_gradient}$$

其中 $X_h^T$ 行大小为 Host 方特征个数，列大小为当前 batch 样本个数，fore_gradient 为 batch 样本个数 $|B|$，因此，可将上式看作一个非齐次线性方程，当满足 $\text{rank}(X_h^T) = |B|$ 时，可得到解析解：$\text{fore\_gradient} = (X_h X_h^T)^{-1}X_h\text{grad}_h$，又由 $y \in \{-1,1\}$，可推出当 $\text{fore\_gradient}_i > 0$ 时：

$$\frac{1}{4}\theta x_i - \frac{1}{2}y_i > 0 \Leftrightarrow \theta x_i > 2y_i \Leftrightarrow y_i = -1$$

同理可推出 $y = 1$ 的样本，造成标签泄露。

FATE 在使用中心化计算方式 fore_gradient 时，提供 batch 训练集混淆方案以解决该问题，Guest 方在生成当前 batch 训练集 $S$ 时，随机采样另一部分 masked batch 训练集并加入 $S$ 以得到 $S'$，然后将 $S'$ 对应 ID 发送给 Host 方以进行对应 forward 计算，而在接收到 Host 方的 forward 时，则根据 masked batch index 将对应样本的 Host 方 forward 设置为 0，然后计算所有 masked batch 样本的 fore_gradient 并发送给各 Host，则各 Host 方因为不能确定真实 fore_gradient 对应的训练样本集而无法反推标签信息。fore_gradient 中心化计算主要的交互流程示意图如图 2-17 所示。

FATE 中 Guest 方的 fore_gradient 中心化计算实现代码如下。

```
def _centralized_compute_gradient(self, data_instances, model_weights, cipher,
current_suffix, masked_index=None):
    self.host_forwards = self.get_host_forward(suffix=current_suffix)
    fore_gradient = self.half_d
    batch_size = data_instances.count()
    partial_masked_index_enc = None
    if masked_index:
        masked_index = masked_index.mapValues(lambda value: 0)
        masked_index_to_encrypt = masked_index.subtractByKey(self.half_d)
        partial_masked_index_enc = cipher.distribute_encrypt(masked_index_to_encrypt)
    for host_forward in self.host_forwards:
        if self.use_sample_weight:
```

```
    host_forward = data_instances.join(host_forward, lambda v, h: h * v.weight)
    fore_gradient = fore_gradient.join(host_forward, lambda x, y: x + y)
def _apply_obfuscate(val):
    val.apply_obfuscator()
    return val
fore_gradient = fore_gradient.mapValues(lambda val: _apply_obfuscate(val) / batch_size)
if partial_masked_index_enc:
    masked_fore_gradient = partial_masked_index_enc.union(fore_gradient)
    self.remote_fore_gradient(masked_fore_gradient, suffix=current_suffix)
else:
    self.remote_fore_gradient(fore_gradient, suffix=current_suffix)
unilateral_gradient = self.compute_gradient(data_instances, fore_gradient, model_
weights.fit_intercept, need_average=False)
    return unilateral_gradient
```

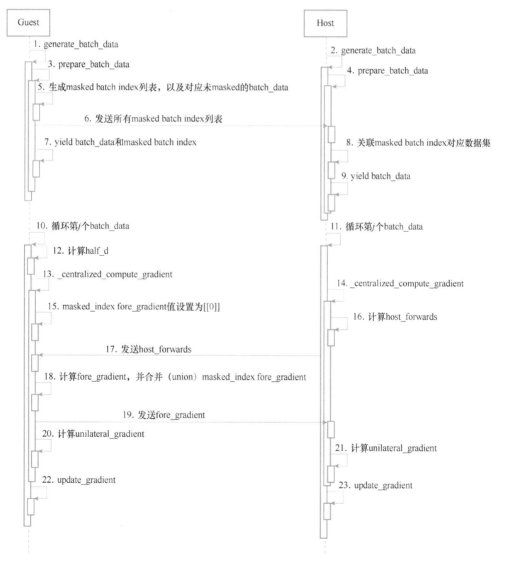

● 图 2-17　fore_gradient 中心化计算主要的交互流程

如上所示，通过联邦通信，获取各 Host 方的 forward，并将它们与 Guest 方的 forward 相加后，根据式（2-10），即可计算每个样本的 fore_gradient，对于 masked_index，则将其 fore_gradient 设置为 0 并进行加密（partial_masked_index_enc），与 fore_gradient 表合并（union）成一张表并发送给所有 Host 方，然后通过 self.compute_gradient 在各方计算对应特征的梯度（单方梯度）方向，得到 unilateral_gradient 表。self.compute_gradient 主要用于计算单个样本的单方梯度并进行聚合，实现如下。

```
def compute_gradient(self, data_instances, fore_gradient, fit_intercept,
need_average=True):
    is_sparse = data_overview.is_sparse_data(data_instances)
    LOGGER.debug("Use apply partitions")
    feat_join_grad = data_instances.join(fore_gradient, lambda d,
g: (d.features, g))
    f = functools.partial(self.__apply_cal_gradient,
                          fixed_point_encoder=self.fixed_point_encoder,
                          is_sparse=is_sparse)
    gradient_sum = feat_join_grad.applyPartitions(f)
    gradient_sum = gradient_sum.reduce(lambda x, y: x + y)
    if fit_intercept:
        bias_grad = fore_gradient.reduce(lambda x, y: x + y)
        gradient_sum = np.append(gradient_sum, bias_grad)
    if need_average:
        gradient = gradient_sum / data_instances.count()
    else:
        gradient = gradient_sum
    return gradient
```

上述代码首先将特征和 fore_gradient 连接（join）成一张表，接着通过 feat_join_grad.applyPartitions 对每个 partition 进行单个样本的单方梯度计算，然后通过 gradient_sum.reduce（lambda x，y：x + y）即可得到所有样本的单方梯度向量之和，进行平均后便得到最终单方梯度向量，另外，对于 Guest 方，需要同时考虑截断 b 的计算，最后判断是否需要进行平均。

对于 fore_gradient 异步计算方式，Guest 方 hetero_linear_model_gradient.Guest._asynchronous_compute_gradient 和 Host 方 hetero_linear_model_gradient.Host._asynchronous_compute_gradient 进行了实现，其实现逻辑与式（2-8）和式（2-9）基本一致，因为较为简单，所以不再赘述。

在各方完成单方梯度计算后，将各自单方梯度发送给 Arbiter，由 Arbiter 进行梯度步长计算，主要实现在 hetero_linear_model_gradient.Arbiter.compute_gradient_procedure 中。

```
def compute_gradient_procedure(self, cipher, optimizer, n_iter_, batch_index):
    current_suffix = (n_iter_, batch_index)
    host_gradients, guest_gradient = self.get_local_gradient(current_suffix)
    if len(host_gradients) > 1:
        self.has_multiple_hosts = True

    host_gradients = [np.array(h) for h in host_gradients]
    guest_gradient = np.array(guest_gradient)

    size_list = [h_g.shape[0] for h_g in host_gradients]
    size_list.append(guest_gradient.shape[0])
```

```
gradient = np.hstack((h for h in host_gradients))
gradient = np.hstack((gradient, guest_gradient))
grad = np.array(cipher.decrypt_list(gradient))

delta_grad = optimizer.apply_gradients(grad)
separate_optim_gradient = self.separate(delta_grad, size_list)
host_optim_gradients = separate_optim_gradient[: -1]
guest_optim_gradient = separate_optim_gradient[-1]
self.remote_local_gradient(host_optim_gradients, guest_optim_gradient, current_suffix)
return delta_grad
```

如上述代码所示，Arbiter 在收到 Guest 和 Host 各节点密态梯度后，首先记录各节点梯度大小，然后通过 np.hstack 拼接所有密态梯度并进行解密，通过优化器 optimizer.apply_gradients 计算步长并获得待更新的梯度向量 delta_grad，最后按照各节点梯度大小重新切分并返回给各节点。各节点在接收到 delta_grad 后即可进行逻辑回归参数 $\theta_g$ 和 $\theta_h$ 更新。

逻辑回归 Loss 计算在 Guest 方进行，由于在梯度计算过程中已经获取了各方的 forward，因此，根据式（2-6），可得纵向逻辑回归单个样本的 Loss，计算如下：

$$l(\theta) \approx \log 2 - \frac{1}{2}y(\theta_g^T x_g + [\![ \theta_h^T x_h ]\!]) + \frac{1}{8}((\theta_g^T x_g)^2 + [\![ (\theta_h^T x_h)^2 ]\!] + 2(\theta_g^T x_g [\![ \theta_h^T x_h ]\!]))$$

其中 $[\![ \theta_h^T x_h ]\!]$ 已在梯度计算时由 Guest 方得到，因此 Host 方仅需要再计算 $(\theta_h^T x_h)^2$ 并加密发送给 Guest 方。

## 2.5.2 XGBoost

XGBoost（eXtreme Gradient Boosting）是 Boosting 中的 Gradient Boosting 类算法，由陈天奇于 2016 年在 *XGBoost：A Scalable Tree Boosting System* 中提出，是对 GBDT 的优化和改进。

为了方便叙述联邦 XGBoost 的原理和实现，首先简单回顾 XGBoost 的原理。XGBoost 的整体模型结构为 $K$ 个基模型（决策树）组成的一个加法模型，如图 2-18 所示，给定不同样本的预测结果为该样本在所有树的叶子节点权重之和。

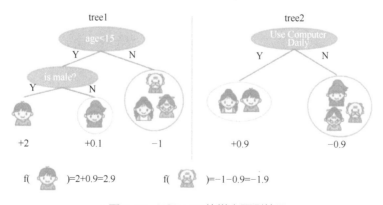

● 图 2-18　XGBoost 的样本预测结果

每个样本 $x_i$ 在每棵树都会映射一个具体的叶子节点并得到对应权重 $f_k(x_i)$，则在第 $t$ 棵树时，模型预测值为

$$\hat{y}_i^{(t)} = \sum_{k=1}^{t} f_k(x_i) = \hat{y}_i^{(t-1)} + f_t(x_i) \tag{2-11}$$

根据模型预测值和实际标签值，构造目标函数

$$\mathrm{Obj} = \sum_{i=1}^{n} l(y_i, \hat{y}_i) + \sum_{i=1}^{t} \Omega(f_i) \tag{2-12}$$

其中第一项为损失函数（表示模型偏差），第二项为正则惩罚项（表示模型方差）。将式（2-11）代入式（2-12）并进行展开，得

$$\begin{aligned}
\mathrm{Obj}^{(t)} &= \sum_{i=1}^{n} l(y_i, \hat{y}_i^{(t)}) + \sum_{i=1}^{t} \Omega(f_i) \\
&= \sum_{i=1}^{n} l(y_i, \hat{y}_i^{(t-1)} + f_t(x_i)) + \sum_{i=1}^{t} \Omega(f_i) \\
&= \sum_{i=1}^{n} l(y_i, \hat{y}_i^{(t-1)} + f_t(x_i)) + \Omega(f_t) + \mathrm{constant}
\end{aligned} \tag{2-13}$$

在单个样本的损失项中，$y_i$ 已知，因此可将损失函数看作变量为 $\hat{y}_i = f(x_i)$ 的复合函数，$f_t(x_i)$ 为变量在 $t-1$ 棵树时的微分项，将损失项在 $\hat{y}_i^{t-1}$ 处进行二阶泰勒展开

$$\mathrm{Obj}^{(t)} \simeq \sum_{i=1}^{n} \left[ l(y_i, \hat{y}_i^{(t-1)}) + g_i f_t(x_i) + \frac{1}{2} h_i f_t^2(x_i) \right] + \Omega(f_t) + \mathrm{constant} \tag{2-14}$$

其中，$g_i = \partial_{\hat{y}^{(t-1)}} l(y_i, \hat{y}^{(t-1)})$、$h_i = \partial_{\hat{y}^{(t-1)}}^2 l(y_i, \hat{y}^{(t-1)})$ 分别为样本 $i$ 在第 $t-1$ 棵树时损失函数对预测值的一、二阶梯度，又在第 $t$ 棵树时，$l(y_i, \hat{y}_i^{(t-1)})$ 为已知常数，对式（2-14）忽略常数项，得到新的目标函数

$$\mathrm{Obj}^{(t)} \simeq \sum_{i=1}^{n} \left[ g_i f_t(x_i) + \frac{1}{2} h_i f_t^2(x_i) \right] + \Omega(f_t) \tag{2-15}$$

以上公式为根据样本维度对当前进行拟合的单棵树的目标值进行聚合，也可以通过另一个思路来计算：当样本进入决策树后，最终会落入某个叶子节点，那么整棵树的目标可以调整为对所有叶子节点的目标优化，当每个叶子节点的目标达到最优时，整棵树的目标就达到最优。

假设决策树结构固定，且最终有 $T$ 个叶子节点（这个和决策树深度 $d$ 有关，$T \leq 2^{d-1}$），那么所有叶子节点可根据权重构成一个长度为 $T$ 的向量 $\boldsymbol{\omega}$，样本经过决策树落入某叶子节点，则可以认为是将样本映射到向量 $\boldsymbol{\omega}$ 的某一个 $q(x)$ 元素，则 $f_t(x) = w_{q(x)}$，叶子节点 $j$ 的所有样本集合为 $I_j = \{i \mid q(x_i) = j\}$，重写式（2-15）并展开正则项、合并同类项，得

$$\begin{aligned}
\mathrm{Obj}^{(t)} &\simeq \sum_{i=1}^{n} \left[ g_i f_t(x_i) + \frac{1}{2} h_i f_t^2(x_i) \right] + \Omega(f_t) \\
&= \sum_{i=1}^{n} \left[ g_i w_{q(x_i)} + \frac{1}{2} h_i w_{q(x_i)}^2 \right] + \gamma T + \frac{1}{2} \lambda \sum_{j=1}^{T} w_j^2 \\
&= \sum_{j=1}^{T} \left[ \left( \sum_{j \in I_j} g_i \right) w_j + \frac{1}{2} \left( \sum_{i \in I_i} h_i + \lambda \right) w_j^2 \right] + \gamma T
\end{aligned} \tag{2-16}$$

为了方便标记，进行如下定义：

1）$G_j$：叶子节点 $j$ 所包含样本的一阶梯度累加，是一个已知量。

2）$H_j$：叶子节点 $j$ 所包含样本的二阶梯度累加，是一个已知量。

根据上述定义，式（2-16）可简写为

$$\text{Obj}^{(t)} = \sum_{j=1}^{T} \left[ G_j w_j + \frac{1}{2}(H_j + \lambda) w_j^2 \right] + \gamma T \tag{2-17}$$

式中，$G_j$、$H_j$ 分别为 $\hat{y}_i^{t-1}$ 的一、二阶梯度累加，为已知量，$\lambda$、$\gamma$ 为设定的已知系数，$T$ 为叶子节点个数，也是已知量，因此仅叶子节点权重 $w_j$ 为未知量，通过一元二次求最值公式，得式（2-17）的最优解 $w_j^*$ 为

$$w_j^* = -\frac{G_j}{H_j + \lambda} \tag{2-18}$$

将式（2-18）代入式（2-17），得

$$\text{Obj}^{(t)} = -\frac{1}{2} \sum_{j=1}^{T} \frac{G_j^2}{H_j + \lambda} + \gamma T \tag{2-19}$$

如图 2-19 所示为原文 *XGBoost：A Scalable Tree Boosting System* 中给出的 5 个样本计算目标函数例子。

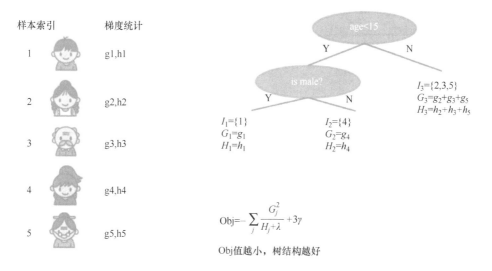

● 图 2-19　不同样本的目标函数计算过程

我们仅需要对每个叶子节点 $j$ 的一、二阶梯度进行聚合以得到 $G_j$、$H_j$，然后，根据目标函数公式，就能计算该树结构的目标值。

对于以上推导，我们假定树结构固定，即通过枚举所有树结构计算目标值，选取最小目标值的树作为当前 $t$ 步的树结构，然而这并不现实。我们可以通过贪心算法从根节点开始分裂，保证每次分裂前后目标值的减小（分裂收益）达到最大，那么最终的树结构即为目标值最小的树结构。定义 $I_L$ 和 $I_R$ 分别为分裂后左、右节点的样本集，则分裂收益：

$$\text{Gain} = \frac{1}{2} \left[ \frac{G_L^2}{H_L + \lambda} + \frac{G_R^2}{H_R + \lambda} - \frac{(G_L + G_R)^2}{H_L + H_R + \lambda} \right] - \gamma \tag{2-20}$$

为使分裂收益达到最大，需要进行节点最佳分裂条件搜索，搜索流程为首先找出每个特征的所有候选分裂点，然后根据样本特征值与分裂点的大小进行比较，将节点中样本划分到 $I_L$ 和 $I_R$，计算候选分裂点 Gain，最后对比所有特征的所有候选分裂点的 Gain，得到该节点的最佳分裂点。原文 *XGBoost：A Scalable Tree Boosting System* 中分别给出贪心分裂法和近似分裂法两种不同的候选分裂点计算方式，其中贪心分裂法需要对单个特征所有特征值进行排序并遍历得到最佳分裂点，而近似分裂法采用特征分位数的二阶梯度加权计算得到最佳分裂点。分位数计算方式有全局和局部两种不同策略，全局策略为在树初始化期间计算一次所有特征的二阶梯度加权分位数并用于后续所有分裂，局部策略为在每个分裂节点上计算当前节点包含样本的二阶梯度加权分位数。

以上即为单方 XGBoost 的主要原理。从以上介绍中可以看出，对于 XGBoost，有以下 5 个关键算法步骤：

1）在每次新决策树拟合前，基于梯度下降推导得到每个样本的一、二阶梯度（$g$、$h$）；

2）候选分裂点的计算（propose）；

3）按照候选分裂点分组的一、二阶梯度聚合（$G$、$H$）；

4）分裂增益计算，搜索得到最佳分裂点（Gain）；

5）叶子节点权重计算（$w^*$）。

FATE 中同时给出了横向和纵向联邦下的 XGBoost 算法实现，下面将详细讨论纵向联邦下的 XGBoost 算法。

**1. 组件 meta 定义**

1）纵向 XGBoost：federatedml/components/hetero_secure_boost.py。

2）横向 XGBoost：federatedml/components/homo_secure_boost.py。

**2. 组件简介**

在纵向联邦学习场景中，通常一方持有特征和标签（Guest），另一方仅持有特征（Host），而根据以上推导，在求节点权重 $w^*$、节点分裂 Gain、决策树 Obj 时，均需要经过标签才能计算出的一、二阶梯度 $G$、$H$，而 Guest 方的标签信息不能泄露给 Host 方。基于此，杨强教授带领的团队在 2021 年 4 月提出了 SecureBoost，见 *SecureBoost：A Lossless Federated Learning Framework*。后来，该团队又结合 Light-GBM、梯度量化打包加密等技术，在 Secure-Boost 的基础上进行优化，提出了 SecureBoost+，见 *SecureBoost+：A High Performance Gradient Boosting Tree Framework for Large Scale Vertical Federated Learning*。

SecureBoost 采用全局近似分裂算法，分裂候选点通过复用纵向 HeteroFeatureBinning 组件的等频分箱功能得到，然后 Guest 方通过将单个样本 $g$、$h$ 进行 Paillier 加密得到 $[\![g]\!]$、$[\![h]\!]$，并将它们发送给 Host 方，Host 方进行对候选分裂点的一、二阶梯度聚合，得到 $[\![G]\!]$、$[\![H]\!]$，并将它们返回给 Guest 方，Guest 方解密后计算候选分裂点的 $w^*$、Gain，并将分裂后的样本划分结果同步给 Host 方。节点分裂搜索流程中 Guest 方和 Host 方交互如图 2-20 所示。

SecureBoost 给出了纵向联邦场景下安全的 XGBoost 算法，但效率较低；而 SecureBoost+ 在 SecureBoost 关键算法步骤上进行了大量优化，运行效率得到了极大提升，下面将展开论述。

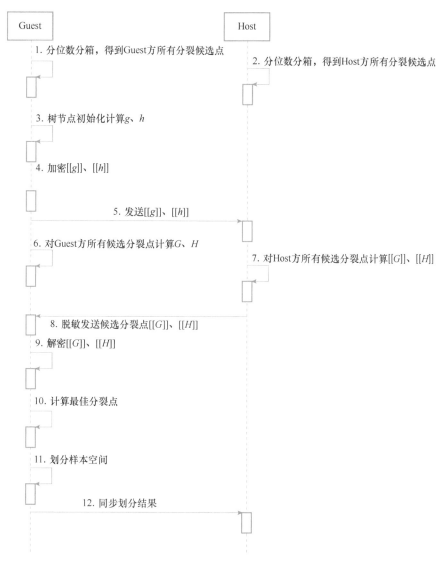

• 图 2-20　节点分裂搜索流程中 Guest 方和 Host 方交互

（1）直方图求差优化

在对候选分裂点进行一、二阶梯度聚合时，通常使用梯度直方图结构记录分裂点梯度聚合值，首先按照样本对每个特征 $j$ 的不同分箱 bid 进行一、二阶梯度聚合以得到 $[\![G]\!]_{\mathrm{bid}}^{j}$、$[\![H]\!]_{\mathrm{bid}}^{j}$，然后遍历每个特征，按照分箱分位数升序方式，通过累加 $[\![G]\!]_{\mathrm{bid}}^{j}$、$[\![H]\!]_{\mathrm{bid}}^{j}$ 方式得到父节点分裂的左子节点的 $[\![G_{\mathrm{L}}]\!]_{\mathrm{bid}}^{j}$、$[\![H_{\mathrm{L}}]\!]_{\mathrm{bid}}^{j}$。而对于样本，它要么属于左子节点，要么属于右子节点，因此，当求得左子节点的梯度直方图后，可通过父节点的特征梯度直方图按该特征对应候选分裂点顺序减去左子节点的特征梯度直方图，即可得到右子节点的特征梯度直方图 $[\![G_{\mathrm{R}}]\!]_{\mathrm{bid}}^{j}$、$[\![H_{\mathrm{R}}]\!]_{\mathrm{bid}}^{j}$。然而，左、右节点样本个数通常不是均匀分布的，那么可以找到样本数较少的子节点一方来计算直方图，另一兄弟节点则通过直方图求差得到，这样可以减少一部分计算。

在 FATE 实现中，先通过 feature_histogram.FeatureHistogram._trim_node_map 方法计算较少样本节点及其兄弟节点：

```
@ staticmethod
    def _trim_node_map(node_map, leaf_sample_counts):
        inverse_node_map = {v: k for k, v in node_map.items()}
        sibling_node_map = {}
        # if is root node, return directly
        if 0 in node_map:
            return node_map, None
        kept_node_id = []
        idx = 0
        for left_count, right_count in zip(leaf_sample_counts[0::2], leaf_sample_counts[1::2]):
            if left_count < right_count:
                kept_node_id.append(inverse_node_map[idx])
                sibling_node_map[inverse_node_map[idx]] = inverse_node_map[idx + 1]
            else:
                kept_node_id.append(inverse_node_map[idx + 1])
                sibling_node_map[inverse_node_map[idx + 1]] = inverse_node_map[idx]
            idx += 2
        new_node_map = {node_id: idx for idx, node_id in enumerate(kept_node_id)}
        return new_node_map, sibling_node_map
```

如上述代码所示，由于 FATE 是按层进行分裂的，因此对于每一层，所有左节点为当前层节点列表中偶数下标对应节点 leaf_sample_counts[0::2]，而所有右节点均为奇数下标对应节点 leaf_sample_counts[1::2]，然后将左、右节点样本个数较少的节点作为直方图计算的节点 kept_node_id，另一个作为兄弟节点存入 sibling_node_map，当然，在通过序号判断左、右节点前，需要构造节点真实 id 与序号的逆映射 inverse_node_map。另外，也需要通过 _get_parent_nid_map 方法获取当前层每个节点对应的父节点（该方法较为简单，不详述）。

在确定当前层需要进行直方图计算的节点后，开始批量计算对应节点的直方图，其主要代码实现在 feature_histogram.FeatureHistogram.calculate_histogram 中。

```
def calculate_histogram(self, data_bin, grad_and_hess,
                        bin_split_points, bin_sparse_points,
                        valid_features=None,
                        node_map=None,
                        use_missing=False,
                        zero_as_missing=False,
                        parent_node_id_map=None,
                        sibling_node_id_map=None,
                        ret=TENSOR):
    ...


    #生成计算梯度直方图所需的数据，格式：key, ((data_instance, node position), (g, h))
    batch_histogram_intermediate_rs = data_bin.join(grad_and_hess, lambda data_inst, g_h:
(data_inst, g_h))
    ...
    else:    # 计算直方图
        batch_histogram_cal =functools.partial(
        FeatureHistogram._batch_calculate_histogram,
```

```
            bin_split_points=bin_split_points, bin_sparse_points=bin_sparse_points,
            valid_features=valid_features, node_map=node_map,
            use_missing=use_missing, zero_as_missing=zero_as_missing,
            parent_nid_map=parent_node_id_map,
            sibling_node_id_map=sibling_node_id_map,
            stable_reduce=self.stable_reduce,
            mo_dim=mo_dim)
        agg_func = self._stable_hist_aggregate if self.stable_reduce else self._hist_aggregate
        histograms_table = batch_histogram_intermediate_rs.mapReducePartitions(batch_his-
    togram_cal, agg_func)
        if self.stable_reduce:
            histograms_table = histograms_table.mapValues(self._stable_hist_reduce)
        if ret == "tensor":
            feature_num = bin_split_points.shape[0]
            histogram_list = list(histograms_table.collect())
            rs =FeatureHistogram._recombine_histograms(histogram_list, node_map, feature_num)
            return rs
        else:
            return FeatureHistogram._construct_table(histograms_table)
```

如上述代码所示，首先构造梯度直方图计算所需的数据表 batch_histogram_intermediate_rs，数据表的 key 为样本 id，value 为（（data_instance，node position），$(g，h)$），即由样本、节点位置，以及一、二阶梯度组成的元组，然后通过 batch_histogram_cal 和 agg_func 完成所有候选分裂点的一、二阶梯度聚合，得到构造直方图所需的中间结果，最后通过 FeatureHistogram._construct_table 根据每个特征候选点顺序从左往右对一、二阶梯度进行累计求和，构造直方图。batch_histogram_cal 作为每个分区的 map 方法，是一个偏函数，主要逻辑实现在 FeatureHistogram._batch_calculate_histogram 函数中。

```
@staticmethod
def _batch_calculate_histogram(kv_iterator, bin_split_points=None, bin_sparse_points=
None, valid_features=None,node_map=None, use_missing=False, zero_as_missing=False,parent
_nid_map=None, sibling_node_id_map=None, stable_reduce=False,mo_dim=None):
    data_bins = []
    node_ids = []
    grad = []
    hess = []
    data_record = 0 # total instance number of this partition
    partition_key = None  # this var is for stable reduce

    # 遍历该分区所有数据,按顺序构造特征、节点 id,以及一、二阶梯度列表
    for data_id, value in kv_iterator:
        if partition_key is None and stable_reduce:  # first key of data is used as partition key
            partition_key = data_id
        data_bin,nodeid_state = value[0]
        unleaf_state, nodeid = nodeid_state
        if unleaf_state == 0 or nodeid not in node_map:
            continue
        g, h = value[1]   # encryptedtext in host, plaintext in guest
        data_bins.append(data_bin) # features
        node_ids.append(nodeid)  # current node position
```

```
        grad.append(g)
        hess.append(h)
        data_record += 1
    LOGGER.debug("begin batch calculate histogram, data count is {}".format(data_record))
    node_num = len(node_map)
    missing_bin = 1 if use_missing else 0
    zero_optim = [[[0 for i in range(3)]
                for j in range(bin_split_points.shape[0])]
                for k in range(node_num)]
                    zero_opt_node_sum = [[0 for i in range(3)]
                        for j in range(node_num)]
```
### 生成直方图数据结构
```
    node_histograms = FeatureHistogram._generate_histogram_template(node_map, bin_split_
points, valid_features,missing_bin, mo_dim=mo_dim)
```
### 分箱级别统计###
```
    for rid in range(data_record):
        # node index is the position in the histogram list of a certain node
        node_idx = node_map.get(node_ids[rid])
        # node total sum value
        zero_opt_node_sum[node_idx][0] += grad[rid]
        zero_opt_node_sum[node_idx][1] += hess[rid]
        zero_opt_node_sum[node_idx][2] += 1

        for fid, value in data_bins[rid].features.get_all_data():
            if valid_features is not None and valid_features[fid] is False:
                continue
            if use_missing and value ==NoneType():
                # missing value is set as -1
                value = -1
            node_histograms[node_idx][fid][value][0] += grad[rid]
            node_histograms[node_idx][fid][value][1] += hess[rid]
            node_histograms[node_idx][fid][value][2] += 1
```
### 特征级别统计###
```
    for nid in range(node_num): ## 按层计算,每层有 node_num 个节点
        # cal feature level g_h incrementally
        for fid in range(bin_split_points.shape[0]):
            if valid_features is not None and valid_features[fid] is False:
                continue
            for bin_index in range(len(node_histograms[nid][fid])):
                zero_optim[nid][fid][0] += node_histograms[nid][fid][bin_index][0]
                zero_optim[nid][fid][1] += node_histograms[nid][fid][bin_index][1]
                zero_optim[nid][fid][2] += node_histograms[nid][fid][bin_index][2]
```
### 稀疏/缺失值特殊分箱计算###
```
    for node_idx in range(node_num):
        for fid in range(bin_split_points.shape[0]):
            if valid_features is not None and valid_features[fid] is True:
                if not use_missing or (use_missing and not zero_as_missing):
                    # add 0 g/h sum to sparse point
                    sparse_point = bin_sparse_points[fid]
                node_histograms[node_idx][fid][sparse_point][0] += zero_opt_node_sum[node_
idx][0] - zero_optim[node_idx][fid][0]
```

```
                node_histograms[node_idx][fid][sparse_point][1] += zero_opt_node_sum
[node_idx][1] -zero_optim[node_idx][fid][1]
                node_histograms[node_idx][fid][sparse_point][2] += zero_opt_node_sum
[node_idx][2] - zero_optim[node_idx][fid][2]
            else:
                # if 0 is regarded as missing value, add to missing bin
                node_histograms[node_idx][fid][-1][0] += zero_opt_node_sum[node_idx][0]
- zero_optim[node_idx][fid][0]
                node_histograms[node_idx][fid][-1][1] += zero_opt_node_sum[node_idx][1]
- zero_optim[node_idx][fid][1]
                node_histograms[node_idx][fid][-1][2] += zero_opt_node_sum[node_idx][2]
- zero_optim[node_idx][fid][2]
    ret = FeatureHistogram._generate_histogram_key_value_list(node_histograms, node_map,
bin_split_points,parent_nid_map, sibling_node_id_map,partition_key=partition_key)
        return ret
```

从以上代码中可以看出，梯度直方图中间结果按照节点 id、特征 id、特征分箱进行分组，统计样本个数和梯度。由于在 boosting 初始化时通过调用 Boosting.data_alignment 将原始数据转换为稀疏格式，且使用了稀疏优化技术（后续将进行介绍），因此这里同时需要考虑 0 和缺失值特殊分箱处理。另外有个细节需要注意，通过 SecureBoost+论文可知，该算法使用了 GH Packing 技术，但是在分箱级别统计时仍统一对样本个数、一阶梯度、二阶梯度进行聚合计算，这样做是由于 Guest 方和 Host 方都复用了_batch_calculate_histogram 方法，因此，若算法参数中设置了密文压缩，那么在 Guest 方使用 GH Packing 技术后的密文为 $[\![g,h]\!]$，而发送给 Host 方的梯度表为元组($[\![g,h]\!]$,0)，若未设置密文压缩，那么一、二阶梯度加密及发送的表数据为($[\![g]\!]$,$[\![h]\!]$)。

在完成当前层样本较少的节点的梯度直方图计算后，通过 FeatureHistogram._table_subtraction 计算其兄弟节点直方图，并缓存当前层所有节点梯度直方图以作为下次分裂的父节点特征直方图。以上即为所有直方图求差优化的详细介绍。

（2）GH Packing

对于二分类任务，$g$ 的取值范围为 $[-1,1]$，$h$ 的取值范围为 $[0,1]$，当在 Host 方进行加密聚合时，会先对 $g$、$h$ 进行定点编码，再加密（在根据精度要求编码后，长度通常小于 100 位），而 Paillier 加密的密文正整数的数值上限通常为 1023 或 2047 位长度，浪费了大量密文空间，因此 SecureBoost+借鉴 *Batchcrypt：Efficient homomorphic encryption for crosssilo federated learning* 中的思路，将 $g$、$h$ 打包为一个数值后再进行加密，这样至少减少一半同态加密计算时间。其主要思路是首先将 $g$ 偏移为正整数，然后，根据样本个数计算需要位移的长度 $b_h$，进行一定长度的位移后再加上 $h$，即得到明文打包结果，最后按照正常 Paillier 加密流程进行加密，得到密文。位移长度

$$b_h = \text{BitLength}(n \times h_{\max} \times 2^r)$$

其中 $n$ 为样本个数，$h_{\max} = 1$（二分类），$r$ 为定点编码精度。明文打包和加密流程如图 2-21 所示。

明文打包相关代码在 g_h_optim.GHPacker.pack_and_encrypt 中。

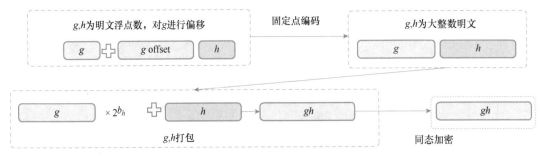

● 图 2-21　明文打包和加密流程

```
@ staticmethod
def to_fixedpoint(gh, mul, g_offset):
    g, h = gh
    return [GHPacker.fixedpoint_encode(g + g_offset, mul), GHPacker.fixedpoint_encode(h, mul)]


def pack_and_encrypt(self, gh):
    fixedpoint_encode_func = self.to_fixedpoint
    if self.mo_mode:
        fixedpoint_encode_func = self.to_fixedpoint_arr_format
    fixed_int_encode_func = functools.partial(fixedpoint_encode_func, mul=self.precision,
g_offset=self.g_offset)
    large_int_gh = gh.mapValues(fixed_int_encode_func)
    if not self.mo_mode:
        en_g_h = self.packer.pack_and_encrypt(large_int_gh,
post_process_func=post_func)  # take cipher out from list
    else:
        en_g_h = self.packer.pack_and_encrypt(large_int_gh)
        en_g_h = en_g_h.mapValues(lambda x: (x, 0))  # add 0 to occupy h position

    return en_g_h
```

如上述代码所示，首先通过 to_fixedpoint 方法将 $g$、$h$ 编码为两个大整数表 large_int_gh，然后通过 self.packer.pack_and_encrypt 对表进行打包和加密，最后，对于二分类情况，使用 0 进行占位，构成元组($[\![g,h]\!]$, 0)。self.packer.pack_and_encrypt 相关代码如下。

```
def pack_int_list(self, int_list: list):
    assert len(int_list) == self._pack_num, 'list length is not equal to pack_num'
    start_idx = 0
    rs = []
    for bit_assign_of_one_int in self.bit_assignment:
        to_pack = int_list[start_idx: start_idx + len(bit_assign_of_one_int)]
        packing_rs = self._pack_fix_len_int_list(to_pack, bit_assign_of_one_int)
        rs.append(packing_rs)
        start_idx += len(bit_assign_of_one_int)

    return rs

def _pack_fix_len_int_list(self, int_list: list, bit_assign: list):
    result = int_list[0]
```

```
    for i, offset in zip(int_list[1:], bit_assign[1:]):
        result = result << offset
        result += i
    return result

def pack(self, data_table):
    packing_data_table = data_table.mapValues(self.pack_int_list)
    return packing_data_table

def pack_and_encrypt(self, data_table, post_process_func=cipher_list_to_cipher_tensor):
    packing_data_table = self.pack(data_table)
    en_packing_data_table = self.encrypter.distribute_raw_encrypt(packing_data_table)
    if post_process_func:
        en_packing_data_table= en_packing_data_table.mapValues(post_process_func)

    return en_packing_data_table
```

如上述代码所示，pack_int_list 方法将大整数列表进行打包，为了保证打包类的通用性，考虑了待打包整数列表可能超出单个密文最大整数（对于 Paillier，为 p * q//3+1）的情况，在 GuestIntegerPacker 类中，采用 bit_assignment 列表管理单个打包结果能打包的大整数位移数列表，并使用列表 rs 管理打包后的结果，每次使用切片方式从 int_list 中按照 bit_assignment 子列表长度取出用于打包的列表，使用_pack_fix_len_int_list 打包为一个大整数并追加到 rs 列表。_pack_fix_len_int_list 按照 bit_assignment 子列表对 int_list 进行位移打包。

（3）密文压缩

在 GH Packing 中，一个 $[\![g,h]\!]$ 仅占用部分密文位，如当训练集存在 100 万个样本时，若 $r=53$，则根据计算公式：$b_h = \lceil \log_2(1000000) \rceil + 53 = 73$，同时可计算出 $b_g = 74$，打包后的整数占用的长度仅为 $b_{gh} = 147$，仍远小于最大长度 1023。为了充分利用明文空间，借助 Paillier 的同态特性，可以将密文乘以标量 $2^{b_{gh}}$（与打包位移思路类似）并加上另外一个密文，即可进行密文压缩（根据 Paillier 加密算法，其加法和标量乘法计算复杂度小于解密操作）。对于长度为 1023 的明文空间，则可以压缩 $\lfloor 1023/47 \rfloor = 6$ 个密文。压缩流程如图 2-22 所示，5 个 $g$、$h$ 对先进行明文 packing，然后被压缩至可容纳 3 个 $g$、$h$ 的 packing 对的密文中。

在 Host 方候选分裂点密态 $G$、$H$ 聚合后，需要将聚合值发送给 Guest 方，那么可在发送前利用密文压缩技术将 $[\![G,H]\!]$ 密文减小到原密文大小的 1/6，节省通信时间。由于密文个数只有原始时的 1/6，因此需要解密的密文个数也仅为压缩前的 1/6，同时节省了解密的计算量和时间。密文压缩主要的实现在 compressor.CipherCompressorHost.compress 中，其逻辑较为简单，不再赘述。

（4）交叉训练和多输出决策树（MO）优化

交叉训练有两种策略：树交叉和层交叉。树交叉是指 $k$ 次交替训练一棵树时仅用 Guest 或 Host 单方特征；层交叉是指交替地对某些层（可分别设置 Guest/Host 深度参数）节点进行分裂时仅用 Guest 或 Host 单方特征对应的候选分裂点，层交叉适用于双方特征平衡分布场景。在 FATE 中，在 boosting 初始化阶段，创建树训练计划方法，根据树交叉策略参数指定每棵树使用的 Guest 或 Host 特征，主要的实现在 tree_core.tree_plan.create_tree_plan 中。

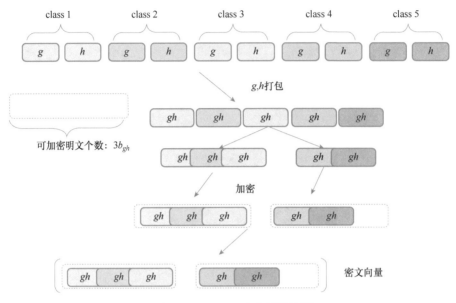

● 图 2-22　Paillier 密文压缩流程

```
def create_tree_plan(work_mode: str, k=1, tree_num=10, host_list=None, complete_secure=
True):
    tree_plan=[]
    if work_mode==consts.MIX_TREE:
        assert k > 0
        assert len(host_list) > 0

        one_round = [(tree_type_dict['guest_feat_only'], -1)] * k
        for host_idx, host_id in enumerate(host_list):
            one_round += [(tree_type_dict['host_feat_only'], host_id)] * k

        round_num = (tree_num // (2 * k)) + 1
        tree_plan = (one_round * round_num)[0:tree_num]
    elif work_mode == consts.LAYERED_TREE:
        tree_plan = [(tree_type_dict['layered_tree'], -1) for i in range(tree_num)]
        if complete_secure:
            tree_plan[0] = (tree_type_dict['guest_feat_only'], -1)
    return tree_plan
```

　　如上述代码所示，当工作模式为 consts.MIX_TREE（树交叉）时，设置 $k$ 次 guest_feat_only
和各 Host 参与方的 host_feat_only 以进行 1 次交叉训练，然后进行（tree_num // （2 * k））+1
次循环，即得到训练计划。若工作模式为 consts.LAYERED_TREE，那么所有树的训练计划
为 layered_tree。如果配置了完全安全策略，则第一棵树训练时仅使用 Guest 方特征。而具体
的层交叉的训练计划，则在对应树初始化阶段创建，如 HeteroFastDecisionTreeGuest.initialize_
node_plan 代码所示。

```
def initialize_node_plan(self):
    if self.tree_type == plan.tree_type_dict['layered_tree']:
```

```
        self.node_plan = plan.create_layered_tree_node_plan(guest_depth=self.guest_depth,
host_depth=self.host_depth,host_list=self.host_party_idlist)
        self.max_depth = len(self.node_plan)
        LOGGER.info(' max depth reset to {}, cur node plan is {}'.format(self.max_depth,
self.node_plan))
    else:
        self.node_plan = plan.create_node_plan(self.tree_type, self.target_host_id,
self.max_depth)
```

若当前树类型为层交叉树，即 layered_tree，则调用 plan.create_layered_tree_node_plan 方法创建层交叉节点分裂计划（其计划列表的构造和树交叉计划逻辑类似，不再赘述），否则调用 plan.create_node_plan 方法创建普通分裂计划（实现较简单，不再赘述）。

MO 模式主要用于多分类场景，相比二分类场景，其每个样本的 $g$ 或 $h$、叶子节点 $w$ 都将改用向量形式进行计算，损失函数采用交叉熵损失函数，节点分数通过多标签分数求和得到，具体不再赘述。另外需要注意的是，MO 模式不支持树交叉和层交叉训练策略。

（5）GOSS（基于梯度的单边采样）优化

GOSS 优化思路借鉴了 LightGBM，即在训练阶段，将更多注意力放在梯度较大的样本上，而忽略较小的梯度样本。在 FATE 中的树训练初始化阶段，先按照梯度绝对值大小进行排序，抽取 top_rate 的大梯度样本，再对剩余小梯度样本按照 other_rate 进行抽样，并对小梯度样本按照(1-top_rate)/other_rate 的结果进行放大，最后选出所有样本及处理过的 $g$、$h$，共占原始训练样本的比例为 top_rate+other_rate，作为本次的树训练样本及对应的 $g$、$h$。其实现代码在 subsample.goss_sampling 中。

```
def goss_sampling(grad_and_hess, top_rate, other_rate):
    sample_num= grad_and_hess.count()
    g_h_generator = grad_and_hess.collect()
    id_list, g_list, h_list = [], [], []
    for id_, g_h in g_h_generator:
        id_list.append(id_)
        g_list.append(g_h[0])
        h_list.append(g_h[1])
    ...
    g_sum_arr = np.abs(g_arr).sum(axis=1)  # if it is multi-classification case, we need to #
sum g
    abs_g_list_arr = g_sum_arr
    sorted_idx = np.argsort(-abs_g_list_arr, kind='stable')  # stable sample result
    a_part_num = int(sample_num * top_rate)
    b_part_num = int(sample_num * other_rate)
    if a_part_num == 0 or b_part_num == 0:
        raise ValueError('subsampled result is 0: top sample {}, other sample {}'.format(a_part
_num, b_part_num))

    # index of a part
    a_sample_idx = sorted_idx[:a_part_num]
    # index of b part
    rest_sample_idx = sorted_idx[a_part_num:]
    b_sample_idx = np.random.choice(rest_sample_idx, size=b_part_num, replace=False)
    # small gradient sample weights
```

```
amplify_weights = (1 - top_rate) / other_rate
g_arr[b_sample_idx] *= amplify_weights
h_arr[b_sample_idx] *= amplify_weights

# get selected sample
a_idx_set, b_idx_set = set(list(a_sample_idx)), set(list(b_sample_idx))
idx_set = a_idx_set.union(b_idx_set)
selected_idx = np.array(list(idx_set))
selected_g, selected_h = g_arr[selected_idx], h_arr[selected_idx]
selected_id = id_list[selected_idx]

data = [(id_type(id_), (g, h)) for id_, g, h in zip(selected_id, selected_g, selected_h)]
new_g_h_table = computing_session.parallelize(data, include_key=True,
partition=grad_and_hess.partitions)

return new_g_h_table
```

如上述代码所示，首先将样本对应一、二阶梯度数据表收集到内存中，然后对一阶梯度按绝对值逆序，先使用列表分片方式取出 sample_num $*$ top_rate 个大梯度样本 id，再在剩余样本中抽取 sample_num $*$ other_rate 个小梯度样本 id，且对被抽取的小梯度样本对应 $g$、$h$ 按比例放大，最后将大梯度样本和被选中的小梯度样本进行 union 操作并持久化，作为当前树训练的所有样本。

（6）稀疏优化

稀疏优化是指在分箱构造阶段，将数据集转换为稀疏格式以存储，并忽略值为 0 的特征索引，将它单独作为一个分箱，在直方图构建时，可通过节点的 $g$ 与 $h$ 的总和减去每个特征非零特征的 $g$ 与 $h$ 的总和，即得到 0 值分箱的 $g$ 与 $h$ 之和。该优化的实现在直方图构造中已给出，不再赘述。

通过以上各个细节层面的优化，SecureBoost 训练效率可得到极大提升，且模型性能几乎不受影响。以上内容也即 FATE v1.8 中 SecureBoost 的主要原理和实现介绍。ScureBoost 算法组件参数也较多，篇幅有限，不一一列举，读者可参考参数类 boosting_param.HeteroSecure-BoostParam 的注释和本书介绍进行对比理解。

## 2.6 经典案例：使用纵向联邦学习进行信用评分卡建模

联邦学习在金融行业应用广泛，其中一个经常被讨论的案例是使用纵向联邦学习进行信用评分卡建模。在金融机构的贷款业务中，通常使用信用评分对客户信用进行打分，以期对客户信用优质与否进行评判。根据不同的使用场景，信用评分卡一般分为申请评分卡（A卡）、行为评分卡（B卡）和催收评分卡（C卡）。其中 A 卡用于信贷申请阶段（贷前）评估借款人的风险水平，从而决定是否放款；B 卡用于还款（贷中）阶段，通过借款人的还款和交易行为预测借款人的风险变化，推测借款人的逾期概率；C 卡用于催收（贷后）阶段，针对已经出现逾期的贷款，预测该笔贷款的回款概率。三类评分卡在建模流程和算法上基本类似，主要区别在于所使用的特征和标签不一致。本节以纵向联邦学习为例，介绍使用FATE 进行信用评分卡建模的整体流程。

假设银行 A 与电商公司 B 联合进行信用评分卡建模，以 examples/data 下的数据为例，银行 A 作为 Guest 方（PartyID：9999）提供部分特征和标签的数据（default_credit_hetero_guest.csv 中有 3 万条样本，其中 13 列特征 x0～x12、1 列 id、1 列标签 y），电商公司 B（PartyID：10000）提供另一部分特征数据（default_credit_hetero_host.csv 中有 3 万条样本，其中 1 列 id、x0～x9 共 10 列特征）。双方首先使用 fate-client 上传各自数据集，以 Guest 方提交为例：

```
$cat upload_conf.json
{
    "file": "/data/projects/fate/examples/data/default_credit_hetero_guest.csv",
    "table_name": "credit_hetero_guest",
    "namespace": "experiment",
    "head": 1,
    "partition": 8
}
$flow data upload -c upload_conf.json
```

然后提交整体建模流程。建模流程中一般包含以下组件。

1）首先使用 Reader 组件读入数据，使用 Intersection 组件进行安全求交（样本对齐）。安全求交时可使用 RSA 盲签名/DH 算法，得到双方对齐后的样本，仍为 3 万条（由于双方样本数据集都属于实验性质，因此匹配率为 100%）。

2）使用 HeteroDataSplit 组件进行数据切分，将样本集划分为训练集和验证集，通常切分比例为 7∶3 或 8∶2。使用 DataStatistics 组件获取双方特征的统计数据，使用 PSI 组件统计特征稳定性数据，使用 HeteroFeatureBinning 组件对样本进行分箱，使用 HeteroPearson 组件计算特征之间的相关性系数，以上特征处理需要同时处理训练集和验证集。

3）使用 HeteroFeatureSelection 组件对训练集和验证集进行特征选择，该组件需要依赖 2）中提到的其他组件输出的模型，然后可配置各类特征过滤器，如 unique_value、iv_value_thres、psi_filter、correlation_filter 和 vif_filter。

4）对过滤后的特征使用 HeteroLR 或 HeteroSecureBoost 训练模型，使用 Evaluation 组件对模型输出进行评估，得到模型性能指标，最后接入 Scorecard 评分卡组件，得到所有样本的信用评分。

# 第3章 不经意传输

不经意传输（Oblivious Transfer, OT）是一个密码学协议，在安全多方计算中被广泛使用，如在混淆电路的构造中，电路评估方（Evaluator）需要根据输入从发送方获取对应标签，在秘密共享中使用 OT 实现 Gilboa 乘法。目前大部分高效的安全求交协议依赖于 OPRF、OPPRF、OLE 协议进行实现，还有部分隐匿查询协议将 OT 作为基础构件（building block）。可以说，OT 是隐私计算多个技术方向上的"常客"，要研究隐私计算技术原理，必须熟练掌握 OT 协议，而且随着 OT 技术的泛化，需要不断跟进其最新研究成果和应用。

## 3.1　OT 技术简介

假设存在这样一个问题：有两个节点 Alice 和 Bob，Alice 拥有 1bit 秘密消息，Bob 拥有另一个 1bit 秘密消息，Alice 和 Bob 想要交换秘密，但要求互相不知道对方是否得到秘密。Michael O.Rabin 在 1981 年发表的论文 *How to Exchange Secrets with Oblivious Transfer* 中对该问题给出了一个不太完善的解决方案，可使双方都不能获得对方消息的概率为 1/4，该协议可被称为 1 选 1 的 OT，记作 1-out-of-1 OT、$\binom{1}{1}$OT。

1985 年，Even 等人对该问题给出了公理化的定义和实现。Even 等人将问题改进为：Alice 拥有两个秘密（$m_1$、$m_2$），Bob 想获得其中一个秘密（假设为 $m_1$），在 OT 执行完成之后，Bob 获得了其中一个秘密（$m_1$），但不知道另外一个秘密（$m_2$），且 Alice 不知道 Bob 获得的秘密是 $m_1$ 还是 $m_2$，该协议被称为 2 选 1 的 OT，常记作 1-out-of-2 OT、$\binom{1}{2}$OT。

1986 年，Brassard 等人继续对该问题进行了扩展，Alice 拥有 $n$ 个秘密（$m_1, \cdots, m_n$），Bob 想获得其中第 $i$ 个秘密，在 OT 协议结束后，Bob 得到了自己想要的秘密 $m_i$，而 Alice 并不知道 Bob 最终得到的是哪个，该协议被称为 $n$ 选 1 的 OT，常记作 1-out-of-$n$ OT、$\binom{1}{n}$OT。

基础的 OT 协议一般基于公钥密码学（非对称加密）实现，通常有 RSA、DH（或 DDH 问题）等及其椭圆曲线版本。使用公钥密码学构造基础 OT 将产生较多计算开销，其实用性一直受到限制。直到 2003 年，Ishai 等人提出了 IKNP 方案，即一种 2 选 1 的 OT 扩展（OT Extend, OTE）协议，使用较少非对称加密计算搭配对称加密计算即可生成大量 2 选 1 的 OT。IKNP 方案使 OT 的实用性大大提高，后续 OT 协议的研究及应用也基本以 OT 扩展为主。

OT 协议除实现秘密的传输以外，也被泛化为更多的场景，包括不经意伪随机函数（OPRF）、不经意多项式评估（OLE）等，这些泛化的 OT 协议主要被用于安全求交和不经意函数计算。

## 3.2　基础 OT 及其扩展

基础 OT 通常指未经扩展的，每次调用仅能实现单个秘密值传输的协议，通常包含 1-out-of-1、1-out-of-2、1-out-of-$n$、$k$-out-of-$n$、1-out-of-$\infty$ 的多个 OT 协议。这些协议可根据输入和输出的特点，进行针对性优化，如根据发送方消息的相关性进行优化，得到相关 OT（Correlated-OT，C-OT）；若发送方两个秘密都为随机值，接收方通过选择获得其中 1 个随机值，则可优化得到随机 OT（Random-OT，R-OT）。

### 3.2.1　2 选 1 的基础 OT

一个 2 选 1 的 OT 通常标记为 $\binom{1}{2}$OT，在该场景下，数据持有方 Alice 有两个消息 $\{a_0,$ $a_1\}$，Bob 通过一个选择位 $r$（$r \in \{0,1\}$）安全地获取 Alice 两个消息中的一个：$a_r$，Alice 无法知道 Bob 选择了哪个消息，同时 Bob 无法获取选择位之外的另外一个消息：$a_{1-r}$，协议如图 3-1 所示。

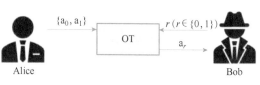

● 图 3-1　OT 协议原理示意图

$\binom{1}{2}$OT 有多种实现，Even、Goldreich 和 Lempel 提出了一个经典的基于 RSA 的 OT 协议，见表 3-1。

表 3-1　2 选 1 基于 RSA 的 OT 协议

| | Alice | | | Bob | | |
|---|---|---|---|---|---|---|
| 步　骤 | 秘密数据 | 公开数据 | 数据传输 | 公开数据 | 秘密数据 | 步　骤 |
| 需要发送消息 | $m_0$、$m_1$ | | | | | |
| 生成 RSA 公私钥对，并发送公钥给 Bob | $d$ | $N$、$e$ | $\Rightarrow$ | $N$、$e$ | | 接收公钥 |
| 生成随机消息对 | | $x_0$、$x_1$ | $\Rightarrow$ | $x_0$、$x_1$ | | 接收随机消息对 |
| | | | | | $k$、$b$ | 选择 $b \in \{0,1\}$，并生成随机值 $k$ |
| | $v$ | | $\Leftarrow$ | $v=(x_b+k^e)\,\mathrm{mod}\,N$ | | 对 $k$ 进行加密，盲化 $x_b$ 得到 $v$，并发送给 Alice |

（续）

| Alice | | | 数据传输 | Bob | | |
|---|---|---|---|---|---|---|
| 步　骤 | 秘密数据 | 公开数据 | | 公开数据 | 秘密数据 | 步　骤 |
| $k_0$、$k_1$ 中一定有一个值等于 $k$，但 Alice 并不知道是哪个 | $k_0 = (v - x_0)^d \bmod N$ $k_1 = (v - x_1)^d \bmod N$ | | | | | |
| 加密消息 | | $m_0' = m_0 + k_0$ $m_1' = m_1 + k_1$ | $\Rightarrow$ | $m_0'$、$m_1'$ | | 接收加密消息 |
| | | | | $m_b = m_b' - k$ | | 解密消息 |

Alice 与 Bob 的主要交互见表 3-1，协议交互包括以下两个阶段。

**1. 离线阶段**

1）Alice 有两个消息 $m_0$、$m_1$，Bob 需要根据自己的选择位 $b$，获取其中一个 $m_b$，但不希望让 Alice 知道 $b$ 值。

2）Alice 生成 RSA 公私钥对，包含模数 $N$、公钥参数 $e$ 和私钥参数 $d$。

3）Alice 生成两个随机值 $x_0$、$x_1$，将它们和公钥（$N, e$）一起发送给 Bob。

**2. 在线阶段**

1）Bob 根据选择位 $b$（0 或 1），选择随机值中的一个 $x_b$。

2）Bob 生成一个随机值 $k$，使用 RSA 加密 $k$ 并对所选择的消息 $x_b$ 进行盲化，得到 $v = (x_b + k^e) \bmod N$，并发送给 Alice。

3）Alice 根据接收的 $v$ 生成加密密钥对 $k_0 = (v - x_0)^d \bmod N$ 和 $k_1 = (v - x_1)^d \bmod N$，此时 $k_0$、$k_1$ 中一定有一个值等于 Bob 所生成的 $k$，但 Alice 并不知道是哪个。

4）Alice 使用 $k_0$、$k_1$ 分别加密消息 $m_0$、$m_1$，得到 $m_0' = m_0 + k_0$，$m_1' = m_1 + k_1$，并将 $m_0'$、$m_1'$ 发送给 Bob。

5）Bob 根据选择位 $b$，对 $m_0'$、$m_1'$ 中对应消息 $m_b'$ 计算 $m_b = m_b' - k$，而 $m_{1-b}' - k = m_{1-b} + (x_b + k^e - x_{1-b})^d \bmod N$，由于 Bob 没有 RSA 解密密钥 $d$，因此无法根据已有数据 $m_{1-b}'$、$e$、$k$、$x_b$、$x_{1-b}$、$N$ 计算出 $m_{1-b}$。

离线阶段仅进行了协议的初始化工作。而在协议的在线阶段，需要根据实际的选择位进行交互和消息的加解密计算。从整体流程抽象来看，首先是发送方需要给出两个随机值 $x_0$、$x_1$，而接收方秘密选择其中 1 个随机值 $x_r$，生成一个对称加密密钥 $k$，并通过单向陷门函数 $f$ 计算 $v = f(x_r, k)$ 后传递给发送方，发送方进行逆向处理得到两个密钥 $k_0 = f^{-1}(x_0, v)$，$k_1 = f^{-1}(x_1, v)$，此时必有一个密钥 $k_r = f^{-1}(x_r, v) = k$，而发送方并不知道是哪个。发送方使用两个对称密钥加密消息并传递给接收方，接收方根据选择位解密消息，而对于非选择位对应消息，通过单向陷门函数保证它无法解密。

Chou 和 Orlandi 在 *The Simplest Protocol for Oblivious Transfer* 中使用 Diffie-Hellman 密钥交换协议构造 2 选 1 的 OT 协议（CO15 方案），可以使协议传输的数据更少，主要流程如下。

初始化：发送方 Alice 和接收方 Bob 确定循环群 $G$ 的生成元 $g$、哈希函数 $H$、对称加密函数 $E$ 和解密函数 $D$。

1）Alice：选择随机整数 $a$，计算 $A = g^a$ 并发送给 Bob。

2）Bob：选择随机整数 $b$，根据选择位 $c$，计算 $B = A^c g^b$ 并发送给 Alice，同时计算密钥 $k_R = H(A^b)$。

3）Alice：计算密钥对 $k_0 = H(B^a)$，$k_1 = H((B/A)^a)$，将它们分别作为消息对的对称函数 $E$ 的加密密钥，加密消息 $e_0 = E_{k_0}(m_0)$，$e_1 = E_{k_1}(m_1)$，并发送给 Bob。

4）Bob：根据选择位 $c$ 使用密钥 $k_R$ 解密对应消息 $m_c = D_{k_R}(e_c)$。

可以很容易验证 Bob 可以解密选择位对应消息，但无法解密另外一个，Alice 也无法获知 Bob 的选择位。

## 3.2.2　2 选 1 的 OT 扩展——IKNP

由 3.2.1 节中的 $\binom{1}{2}$ OT 可知，该协议每完成 1 次 OT 交互过程，即需要进行一次公私钥生成及对应的加解密操作，还需要进行一次通信交互，因此该协议代价是非常高的，较难实用。Yuval Ishai、Joe Kilian、Kobbi Nissim 和 Erez Petrank（IKNP 名称的由来）在 2003 年提出的 *Extending Oblivious Transfers Efficiently* 中通过对 2 选 1 的 OT 进行批量扩展，使 OT 协议真正实用化。IKNP 也是 OT 扩展较为基础的协议，后续很多 OT 扩展的变种协议可认为都是对 IKNP 的改进或泛化。

IKNP 协议考虑的是 $m$ 次批量的 2 选 1 的 OT 操作，每个选择位均在离线阶段确定，协议完成后，Bob 可批量获得离线阶段设定的 $m$ 个 $l$ 位长消息，并无法获取每次选择位之外的另一个消息，Alice 也无法获知 Bob 每次查询的是哪个消息。在该协议中，Bob 需要将 $m$ 个选择位向量 $r$ 重复扩展 $k$（安全参数）次，得到矩阵 $R$，随机生成维度和 $R$ 一样的矩阵 $T$，并通过"异或"计算得到另一个矩阵 $T' = R \oplus T$，这样 Bob 有了随机消息对 $T$、$T'$，而 Alice 随机生成长度为 $k$ 的向量 $s$ 作为 $k$ 个选择，回顾基础 2 选 1 的 OT，此时 Bob 和 Alice 互换角色可运行 $k$ 个 2 选 1 的 OT，Alice 将得到 $k$ 个长度为 $m$ 的随机消息，组成 $m \times k$ 的矩阵 $Q$，矩阵 $Q$ 可以被看作 $m$ 个长度为 $k$ 的消息，若将其原始行 $q_i$ 与 $s$ 进行"异或"计算，可得到新的 $m$ 个按行排列的密钥对 $\{E_i^0 = q_i, E_i^1 = q_i \oplus s\}$，$0 \leqslant i \leqslant m$，且第 $i$ 行密钥对中与 Bob 输入 $r_i$ 对应的密钥 $E_i^{r_i}$ 恰好等于随机矩阵 $T$ 的当前行 $t_i$。由于 $m$ 个密钥对生成过程使用同一个 $s$，这将使密钥对之间存在相关性，因此可使用 Hash 函数构造随机预言机来解决相关性问题。Alice 得到 $m$ 个按行排列的密钥对为 $\{E_{i,0} = H(i, q_i), E_{i,1} = H(i, q_i \oplus s)\}$，$0 \leqslant i \leqslant m$，对于 Bob，计算其解密密钥，则为 $H(i, t_i)$，详细流程如下。

**1. 离线阶段**

1）Alice：生成一个随机向量 $s \in \{0,1\}^k$。

2）Bob：对 $m$ 个选择位 $r$ 组成的列向量重复扩展 $k$ 次，得到 $m \times k$ 的矩阵 $R$，另外随机生成矩阵 $T$，$T' \in \{0,1\}^{m \times k}$，满足 $T' = R \oplus T$，如图 3-2 所示。

3）双方协商随机预言机 $H: [m] \times \{0,1\}^k \to \{0,1\}^l$，即可进行 $m$ 次将 $k$ 位字符串映射为随机的 $l$ 位字符串。

**2. 在线阶段**

1）Alice 以 $s$ 的每位作为客户端的输入，Bob 以 $T$、$T'$ 的每列组成 $k$ 个 $(t^j, t^{ij})$（$j \in \{0, k\}$）向

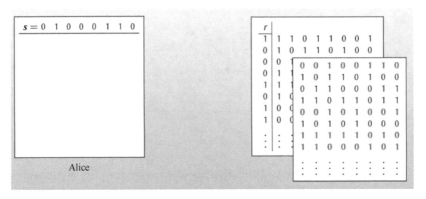

● 图 3-2　Bob 的选择位的列扩展

量对，作为服务端消息，双方运行 $k$ 次 2 选 1 的 OT（记为 $\binom{1}{2}\mathrm{OT}_m^k$），Alice 得到 $t^{s_1},\cdots,t^{s_i},\cdots,$ $t^{s_k}$ 列组成的矩阵 $\boldsymbol{Q}$，如图 3-3 所示。通过观察可以发现，对于 $\boldsymbol{Q}$ 的每一列，满足 $q^j =$ $(s_j \cdot r) \oplus t^j$（"·"表示"与"门运算，"$\oplus$"表示"异或"门运算），而对于 $\boldsymbol{Q}$ 的每一行，满足 $q_i = (r_i \cdot \boldsymbol{s}) \oplus t_i$，即 $q_i = t_i$ 或者 $q_i = \boldsymbol{s} \oplus t_i$，图 3-4 展示了矩阵 $\boldsymbol{Q}$ 的每行与 $\boldsymbol{s}$ 和 $r$ 的关系。

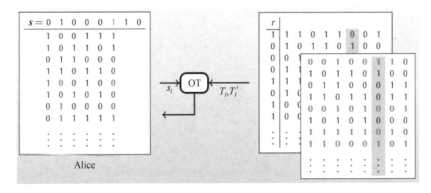

● 图 3-3　Alice 使用 2 选 1 的 OT 组成矩阵 $\boldsymbol{Q}$

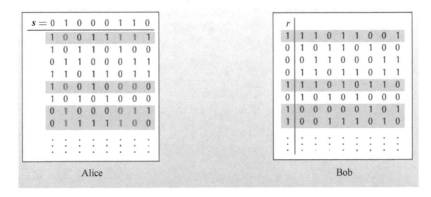

● 图 3-4　Bob 的选择位 $r$ 与 Alice 的矩阵 $\boldsymbol{Q}$ 的每行与 $\boldsymbol{s}$ 的对应关系

2）Alice 对 $m$ 个消息对进行加密，每个消息的密钥对为 $E_{i,0}=H(i,q_i)$，$E_{i,1}=H(i,q_i\oplus s)$，加密后消息对为 $y_{i,0}=x_{i,0}\oplus E_{i,0}$，$y_{i,1}=x_{i,1}\oplus E_{i,1}$（$1\leqslant i\leqslant m$），并发送给 Bob，如图 3-5 左半部分为使用随机预言机生成消息密钥，图 3-6 左半部分为使用消息密钥分别加密消息。

3）Bob 对 $m$ 个消息进行"异或"计算（解密），得到 $z_i=y_{i,r_i}\oplus H(i,t_i)$，即 $m$ 次选择位对应的消息，如图 3-5 右半部分为使用随机预言机生成消息密钥，图 3-6 右半部分为使用消息密钥解密消息。

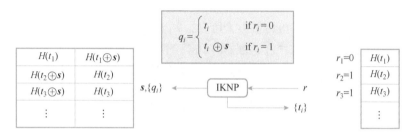

• 图 3-5 Alice 与 Bob 双方进行"异或"计算得到消息密钥

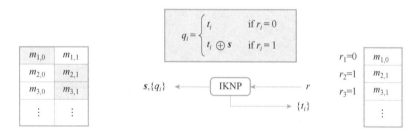

• 图 3-6 Alice 使用消息密钥加密消息，Bob 使用消息密钥解密消息

可验证其正确性。

当 $r_i=0$ 时，对 $y_{i,0}$ 进行"异或"计算：
$$z_i=y_{i,0}\oplus H(i,t_i)=x_{i,0}\oplus H(i,q_i)\oplus H(i,t_i)=x_{i,0}\oplus H(i,t_i)\oplus H(i,t_i)=x_{i,0}$$

当 $r_i=1$ 时，对 $y_{i,1}$ 进行"异或"计算：
$$z_i=y_{i,1}\oplus H(i,t_i)=x_{i,1}\oplus H(i,q_i\oplus s)\oplus H(i,t_i)=x_{i,1}\oplus H(i,s\oplus t_i\oplus s)\oplus H(i,t_i)=x_{i,1}$$

其正确性的核心在于，由 $q_i=(r_i\cdot s)\oplus t_i$ 可推导出

$$\begin{cases} q_i=t_i & r_i=0 \\ q_i\oplus s=s\oplus t_i\oplus s=t_i & r_i=1 \end{cases} \tag{3-1}$$

因此，Bob 在"异或"解密时，只需要确定选择位对应的消息，那么使用 $H(j,t_j)$ 就一定能确保解密正确，而另一条则无法解密成功。

从上面流程可看出，若主要考虑基础 OT 被调用过程（成本最高），则该协议主要的成本是在线阶段第 1）步中的 $\binom{1}{2}\mathrm{OT}_m^k$，即 $k$ 次消息长度为 $m$ 的 2 选 1 的 OT，在线阶段第 2）和第 3）步仅做了"异或"计算，相比通过 $m$ 次调用 2 选 1 的 OT 传递 $l$ 位消息 $\binom{1}{2}\mathrm{OT}_l^m$，能有

效降低计算和通信时间。Gilad Asharov 等人在 2013 年提出了一种通用的 OT 扩展优化方案（G-OT），该方案考虑离线阶段第 2）步生成的矩阵 $\boldsymbol{T}$ 为随机生成。若 Alice 和 Bob 双方拥有相同伪随机数生成器，则在在线阶段第 1）步双方运行 $k$ 次传递长度为 $m$ 的消息的 2 选 1 的 OT 过程 $\binom{1}{2}\text{OT}_m^k$，可以进一步优化，通过仅传递长度为 $k$ 的随机种子，然后双方通过伪随机数生成器生成对应 $t^j$ 或 $t^{\prime j}$，这样可再次将 $\binom{1}{2}\text{OT}_m^k$ 的基础 OT 原语调用缩减为 $\binom{1}{2}\text{OT}_k^k$。其中，发送方 Bob（此时 Alice 和 Bob 互换了角色）的输入为 $k$ 对 $m$ 位消息 $(t^j, t^{\prime j})$，为了方便，重新定义为 $(t^{j,0}, t^{j,1})$，$1 \leq j \leq k$，接收方 Alice 的输入为 $k$ 个选择位 $\boldsymbol{s} = (s_1, \cdots, s_k)$，公共输入为安全参数 $p$，随机数生成器 $G : \{0,1\}^p \rightarrow \{0,1\}^k$。简要描述该优化过程如下。

1）作为发送方，Bob 初始化 $k$ 对长度为 $p$ 的随机种子（$\text{seed}^{j,0}$，$\text{seed}^{j,1}$）。

2）Alice 和 Bob 运行 $k$ 次 2 选 1 的 OT，在每个基础 OT 中，Bob 以随机种子对（$\text{seed}^{j,0}$，$\text{seed}^{j,1}$），$1 \leq j \leq k$，作为发送方的输入（如 RSA-OT 的 $x_0$，$x_1$），Alice 将选择位 $s_j$ 作为本次 OT 接收方的输入。

3）Bob 在本地生成列数据 $t^j = G(\text{seed}^{j,0})$，计算 $\mu^j = t^j \oplus G(\text{seed}^{j,1}) \oplus r$，并发送给 Alice。

4）Alice 计算得到 $q^j = (s_j \cdot \mu^j) \oplus G(\text{seed}^{j,s_j})$，后续协议交互与 IKNP 在线阶段的第 2）步之后实现一致。

通过以上优化，可以看到，相对于运行 $m$ 次调用基础 2 选 1 的 OT 传递长度为 $l$ 的消息 $\binom{1}{2}\text{OT}_l^m$，首先可以被优化为仅运行 $k$ 次调用 2 选 1 的 OT 传递长度为 $m$ 的消息 $\binom{1}{2}\text{OT}_m^k$，然后可继续被优化为运行 $k$ 次调用 2 选 1 的 OT 传递长度为 $k$ 的消息 $\binom{1}{2}\text{OT}_k^k$。

### 3.2.3　$n$ 选 1 的 OT 扩展——KK［13］

3.2.1 节和 3.2.2 节介绍了 2 选 1 的基础 OT 协议及其扩展，$n$ 选 1 的基础 OT 协议也有多种实现。回顾 2 选 1 的 OT 流程抽象过程，可以很自然地将 2 选 1 拓展为 $n$ 选 1，只需要发送方发送多个随机消息 $x_0$，$\cdots$，$x_n$，接收方经过相同处理后，发送方可得到 $n$ 个密钥 $k_i = f^{-1}(x_i, v)$，$i \in \{1, N\}$，其中必有 1 个 $k_r = f^{-1}(x_r, v) = k$ 可解密选择位对应消息。在 CO15 方案中，同样给出了 $n$ 选 1 的 OT 协议，与 2 选 1 基于 DH 协议构造的 OT 不同，$n$ 选 1 的 OT 基于 ECDH 协议构造。CO15 论文中给出的是 $m$ 次 $n$ 选 1 的 OT 实现，为了简单起见，描述单次 $n$ 选 1 的 OT 协议如下。

定义：$(G, B, p, +)$ 是基点为 $B$，阶为素数 $p$ 的椭圆曲线（可使用 Edwards25519 曲线）加法群 $G$；$H$ 为椭圆曲线群上的 Hash 函数；$[n]$ 为集合 $\{0, 1, \cdots, n-1\}$；对称加密函数为 $E$，解密函数为 $D$。

初始化：Alice 随机选择 $y \in Z_p$，计算 $S = yB$，$T = yS$。Alice 将 $S$ 发送给 Bob，并由 Bob 断言 $S \notin G$。

1）Bob 根据选择位 $c \in [n]$，随机选择 $x \in Z_p$，计算 $R = cS + xB$，并发送给 Alice。同时，计算解密密钥 $k_R = H(xS)$。

2）Alice 断言 $R \notin G$，并计算 $n$ 个加密密钥 $k_j = H(yR - jT)$，$j \in [n]$。使用 $n$ 个密钥分别加密对应 $n$ 条消息 $e_j = E_{k_j}(m_j)$，$j \in [n]$，并发送给 Bob。

3）Bob 根据选择位 $c$ 和密钥 $k_R$ 解密对应消息 $m_c = D_{k_R}(e_c)$。

该协议涉及的椭圆曲线点运算均在椭圆曲线加法群上，可验证其正确性。对于第 $c$ 个加密密钥

$$k_c = H(yR-jT) = H(ycS+yxB-cT)$$
$$= H(ycS+yxB-cyS) = H(yxB) = H(xS)$$

与 Bob 的 $k_R$ 刚好相等，因此 Bob 可以正确解密选择位对应的消息，反之，对于非选择位，对应消息则无法解密。

对于消息长度为 $l$ 的批量 $m$ 次 $n$ 选 1 的 OT 协议，可记为 $\binom{1}{n}\mathrm{OT}_l^m$，很自然地可以将 IKNP 的 $\binom{1}{2}\mathrm{OT}_m^k$ 协议修改为适用于 $n$ 选 1 的 OT 扩展协议 $\binom{1}{n}\mathrm{OT}_m^k$。V. Kolesnikov 和 R. Kumaresan 在 2013 年发表的 *Improved OT Extension for Transferring Short Secrets*（简称 KK[13]）论文中给出了对应实现。该文指出，对于 IKNP 协议离线阶段的第 2）步，将 $r$ 进行重复扩展，得到矩阵 $\boldsymbol{R}$，可将重复扩展看成一个重复编码函数 $C$，那么矩阵 $\boldsymbol{R}$ 每一行有 $R_i = C(r_i)$，且对于协议在线阶段第 1）步矩阵 $\boldsymbol{Q}$ 的每一行，满足 $q_i = C(r_i) \cdot s \oplus t_i$，$t_i = C(r_i) \cdot s \oplus q_i$。同时，对于在线阶段第 2）和第 3）步，对于消息 $x_{i,0}$，其密钥为 $H(i,q_i)$，等价于 $H(i,q_i \oplus C(0) \cdot s)$，对于消息 $x_{i,1}$，其密钥为 $H(i,q_i \oplus s)$，等价于 $H(i,q_i \oplus C(1) \cdot s)$，展开可知如下内容。

1）第 0 个消息密钥：$E_{i,0} = H(i, C(r_i) \cdot s \oplus t_i \oplus C(0) \cdot s) = H(i, C(r_i \oplus 0) \cdot s \oplus t_i)$。

2）第 1 个消息密钥：$E_{i,0} = H(i, C(r_i) \cdot s \oplus t_i \oplus C(1) \cdot s) = H(i, C(r_i \oplus 1) \cdot s \oplus t_i)$。当 $r_i = 0$ 时，$E_{i,0} = H(i, C(0 \oplus 0) \cdot s \oplus t_i) = H(i,t_i)$，当 $r_i = 1$ 时，$E_{i,1} = H(i, C(1 \oplus 1) \cdot s \oplus t_i) = H(i,t_i)$，即 $E_{i,r_i} = H(i,t_i)$，而非选择位的密钥为 $E_{i,1-r_i} = H(i, C(1) \cdot s \oplus t_i)$，Alice 分别加密消息 $E_{i,r_i} = x_{i,r_i} \oplus E_{i,r_i}$，$z_{i,1-r_i} = x_{i,1-r_i} \oplus E_{i,1-r_i}$，如图 3-7 所示。

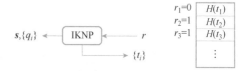

● 图 3-7 双方基于编码函数的消息密钥

IKNP 中的编码函数是 1bit 映射到重复的 $k$ 比特向量的函数 $C$：$\{0,1\}^{\log 2} \to \{0,1\}^k$。从编码角度来看，Kolesnikov 等人认为重复编码是最简单的编码方式，效率仅为 $1/k$，可使用更复杂的编码方式对 $r_i$ 进行编码，且很自然的编码函数可以将 $r_i \in \{0,1\}$ 推广到 $r_i \in \{0,m\}$。Kolesnikov 等人从编码角度使用 Walsh-Hadamard 纠错编码方法对 IKNP 协议进行优化。

1）对于安全参数为 $k$ 的编码（$k \geqslant n$，达到 IKNP 同等级安全需要设定 $k \approx 2k_{\mathrm{IKNP}}$），可得到 $k$ 阶 Walsh-Hadamard 矩阵 $\boldsymbol{C}_{\mathrm{WH}}^k = (c_0, \cdots, c_{k-1})$，编码函数 $C(r_i) = \boldsymbol{C}_{\mathrm{WH}}^k[r_i]$。

2）IKNP 离线阶段第 2）步中随机生成矩阵 $\boldsymbol{T}$ 后，对于 $\boldsymbol{T}'$ 的每一行，按照 $t_i' = t_i \oplus C(r_i)$ 生成。

3）IKNP 在线阶段第 1）步的 $k$ 次 2 选 1 的 OT 后，可知，对于矩阵 $\boldsymbol{Q}$ 每一行，满足 $q_i = C(r_i) \cdot s \oplus t_i$。

4）IKNP 在线阶段第 2）步中，由于 IKNP 是 2 选 1 的 OT，因此，对于 Alice 的每个消

息，仅需要两个密钥用于加密消息对并发送给 Bob，而 KK[13]作为 $n$ 选 1 的 OT，则需要对每个消息计算 $n$ 个密钥，每个密钥 $E_{i,j}=H(i,q_i\oplus C(j)\cdot s)$，分别加密 $n$ 个消息 $x_{i,0},\cdots,x_{i,n}$，得到 $y_{i,j}=x_{i,j}\oplus E_{i,j}$，其中 $1\leqslant i\leqslant m$，$1\leqslant j\leqslant n$，然后将 $m\times n$ 个加密消息发送给 Bob。

5）IKNP 在线阶段第 3）步，Bob 根据选择位 $r_i$ 分别解密 $m$ 个消息，得 $z_i=y_{i,r_i}\oplus H(i,t_i)$。可验证其正确性：

$$E_{i,j}=H(i,q_i\oplus C(j)\cdot s)=H(i,C(r_i)\cdot s\oplus t_i\oplus C(j)\cdot s)$$

则对于 Bob 的第 $i$ 个选择位 $r_i=j$，$E_{i,j}=H(i,t_i)$，此时 Bob 即可正确解密对应消息。另外，对于 Bob，在 $E_{i,j}$ 中，除 $s$ 以外，其他都是已知数据，为保证安全性，需要保证编码函数 $C$ 的最小汉明距离为 $k$（计算安全参数），则 $C(r_i)\oplus C(j)$ 的汉明重量最小为 $k$。

另外，IKNP 中通过使用随机种子和随机预言机将 $\binom{1}{2}\mathrm{OT}_m^k$ 缩减为 $\binom{1}{2}\mathrm{OT}_k^k$ 的优化（G-OT）也可以应用到该协议中，将 $\binom{1}{n}\mathrm{OT}_k^m$ 缩减为 $\binom{1}{n}\mathrm{OT}_k^k$。

## 3.2.4 ∞选 1 的 OT 扩展——KKRT[16]

3.2.3 节中介绍的 KK[13] 协议，从编码理论方面抽象地解释了 IKNP 中矩阵 $\boldsymbol{R}$、$\boldsymbol{Q}$ 按行的数据表达，认为 IKNP 协议中矩阵 $\boldsymbol{R}$、$\boldsymbol{Q}$ 的每行蕴含着对选择位的重复编码，即对于 $\boldsymbol{R}$ 的每一行，$R_i=C(r_i)$，对于 $\boldsymbol{Q}$ 的每一行，$q_i=C(r_i)\cdot s\oplus t_i$，因此可使用更高效的纠错编码方法，将 2 选 1 的 OT 扩展成 $n$ 选 1 的 OT。2016 年，V. Kolesnikov、R. Kumaresan、M. Rosulek 和 N. Trieu 4 人在 *Efficient Batched Oblivious PRF with Applications to Private Set Intersection* 中提出，KK[13] 中的编码函数不一定需要纠错编码，因为实际计算过程中并不需要高效解码，仅需要保证 $C(r_i)\oplus C(r_i')$ 的汉明重量最小为安全参数 $\kappa$（此处用新的符号 $\kappa$，区别于编码函数输出长度 $k$），因此，KKRT[16]4 人对编码函数进行了改进，将纠错编码替换为伪随机函数 $C:\{0,1\}^*\to\{0,1\}^k$，使接收方可以接受任意长度输入 $r_i\in\{0,1\}^*$，并且当发送方获取矩阵 $\boldsymbol{Q}$ 之后，也可以输入任意长度 $r_i'=j\in\{0,1\}^*$ 并用密钥加密 $E_i'=H(i,q_i\oplus C(r_i')\cdot s)$，若发送方 Alice 的消息满足 $r_i'=r_i$，则必有

$$E_i'=H(i,q_i\oplus C(r_i')\cdot s)=H(i,t_i\oplus C(r_i)\cdot s\oplus C(r_i')\cdot s)$$
$$=H(i,t_i\oplus[(C(r_i)\oplus C(r_i'))\cdot s])=H(i,t_i)$$

Bob 可以判断双方密文结果是否相等。从 OT 角度来看，这意味着 Alice 可以计算任意的 $r_i'$，而 Bob 只能计算固定的输入 $r_i$，即实现了 ∞ 选 1 的功能。从安全性角度来看，由于 $C$ 是伪随机函数，因此需要保证 $C(r_i)\oplus C(r_i')$ 的最小汉明重量为可忽略，论文中建议伪随机函数输出长度范围为 $3\kappa<k<4\kappa$。

在应用上，2 选 1 或 $n$ 选 1 的 OT 需要 Bob 能先知道被选择数据在 Alice 中的下标索引（如混淆电路），是基于下标索引的查询，然后通过协议秘密获取对应数据，而 ∞ 选 1 则可实现基于关键词的查询，可不需要知道待查数据的下标索引，常用于构造 OPRF 原语来实现 PSI 等场景。

### 3.2.5 C-OT 与 R-OT

Gilad Asharov 等人在 2013 年提出了 C-OT（Correlated-OT）、R-OT（Random-OT）技术，分别用于优化 FreeXOR 和 GMW 电路（使用三元组方案实现"与"门）中使用的 OT 扩展，可以将其 OT 扩展的通信量分别降低 1/3 和 1/2。为了描述方便，暂时忽略 FreeXOR 和 GMW 电路整体过程，仅针对 C-OT 和 R-OT 技术所解决的问题和具体方法进行介绍。

**1. C-OT**

回顾 3.2.2 节中的 IKNP 协议，数据持有方 Alice 拥有 $m$ 个 $l$ 位长的消息对 $\{x_{i,0}, x_{i,1}\}$，Bob 拥有 $m$ 个选择位 $r_i$（$1 \leqslant i \leqslant m$），通过协议，安全获取 $m$ 个 $l$ 位长消息 $x_{i,r_i}$。但在 C-OT 的特定场景中，对 Alice 持有的消息对有一定的约束。

1）消息对 $\{x_{i,0}, x_{i,1}\}$ 中的一个元素（不妨假设为 $x_{i,0}$）是随机生成的。

2）另外一个元素与它是相互关联的，即满足 $x_{i,1} = f(x_{i,0})$（在 FreeXOR 中，函数可定义 $f(x) = x + \Delta$）。

根据约束 1），由于 $x_{i,0}$ 是随机生成的，因此，在 IKNP 中，不妨设 $x_{i,0} = E_{i,0} = H(i, q_i)$，则根据约束 2），得 $x_{i,1} = f(E_{i,0}) = f(H(i, q_i))$。由于 $r_i = 0$ 时，$q_i = t_i$，因此 Bob 可以在本地计算 $x_{i,0}$，Alice 仅需要将 $x_{i,1}$ 加密发送给 Bob，即仅发送

$$y_{i,1} = x_{i,1} \oplus E_{i,1} = f(H(i, q_i)) \oplus H(i, q_i \oplus s)$$

Bob 在 IKNP 在线阶段第 3）步中解密消息时，仅需要解密 $r_i = 1$ 的消息，而对于 $r_i = 0$ 的消息，可以通过本地计算，即对于 IKNP 在线阶段第 2）步，可减少 1/2 的通信量。另外，出于安全性的考虑，需要保证 $H$ 为一个随机预言机。

**2. R-OT**

R-OT 可用于优化"与"门 Beaver 三元组生成的特定场景，在该场景下，需要实现一个两方随机函数 $f^{ab}$，参与方 Alice、Bob 均无任何输入，运行函数 $f^{ab}$ 后，Alice 将得到随机消息 $(a, u)$，Bob 将得到随机消息 $(b, v)$，且随机消息满足 $ab = u \oplus v$。$f^{ab}$ 算法流程定义如下。

1）Bob 随机选择 $a \in \{0, 1\}$，Alice 随机生成 1bit 消息对 $\{x_0, x_1\}$。

2）Alice 和 Bob 运行一个 R-OT，Bob 获得 $x_a$。

3）Bob 设置 $u = x_a$，Alice 设置 $b = x_0 \oplus x_1$，$v = x_0$。

4）Bob 得到 $(a, u)$，Alice 得到 $(b, v)$。

对于第 3）步，可通过推导验证其正确性：

$$ab = a(x_0 \oplus x_1) = (a(x_0 \oplus x_1) \oplus x_0) \oplus x_0 = x_a \oplus x_0 = u \oplus v$$

同样，根据 $f^{ab}$ 算法流程定义，由于消息对 $\{x_0, x_1\}$ 为随机生成，则在 IKNP 在线阶段第 2）步中，对于发送方 Alice，不妨设

$$x_{i,0} = E_{i,0} = H(i, q_i)$$
$$x_{i,1} = E_{i,1} = H(i, q_i \oplus s)$$

那么，对于接收方 Bob，计算 $u = H(i, t_i)$ 即可，因为由 $q_i = (r_i \cdot s) \oplus t_i$ 可得如下结论。

当 $a = r_i = 0$ 时，$t_i = q_i$，可得：$y_{i,0} = x_{i,0} = H(i, t_i)$。

当 $a = r_i = 1$ 时，$t_i = q_i \oplus s$，可得：$y_{i,1} = x_{i,1} = H(i, t_i)$。

因此 Alice 无须发送加密随机消息对，Bob 可以直接在本地计算得到 $y_{i,r_i}$，即可将 IKNP

在线阶段第 2) 步通信量降为 0。另外，同样为满足安全性，要保证 $H$ 函数为一个随机预言机。

最后，总结 OT 扩展的优化方案，对于计算安全参数为 $\kappa$ 的 $m$ 次 2 选 1 的 OT 扩展，其应用场景、通信量（Alice→Bob，Bob→Alice）和 $H$ 函数的安全性要求见表 3-2。

表 3-2　OT 扩展的优化方案对比

| 协　议 | 应 用 场 景 | Alice→Bob | Bob→Alice | $H$ 函数 |
|---|---|---|---|---|
| 原始 IKNP | 所有场景 | $2m\kappa$ | $2ml$ | CR |
| G-OT | 所有场景 | $m\kappa$ | $2ml$ | CR |
| C-OT | $x_{i,0}$ 随机 | $m\kappa$ | $ml$ | RO |
| R-OT | $x_{i,0}$、$x_{i,1}$ 都随机 | $m\kappa$ | 0 | RO |

注：CR 为 Correlation Robustness（相关鲁棒性），RO 为 Random Oracle（随机预言机）。

## 3.3　OT 技术的泛化

经典的 OT 主要用于选择消息传输，即接收方需要从发送方秘密选择某个（或多个）消息，执行协议后，接收方得到所选消息，但无法获知选择外的其他发送方的消息，发送方也无法获知接收方选择了哪些消息。

除应用于选择消息传输以外，OT 也可以扩展为一般化的不经意计算/函数，甚至可使用 OT 直接构造安全多方计算协议，如 TinyOT、MASCOT 等。本节主要介绍几个典型的 OT 泛化协议：OPRF、OPPRF、OPE、OLE，它们在安全求交、隐匿查询中经常被使用。

### 3.3.1　OPRF 技术

OPRF（Oblivious Pseudo Random Functions）即不经意伪随机函数，是一种安全的伪随机函数协议，由接收方和发送方共同实现 $g(r,w)=(\perp,f_r(w))$，接收方持有伪随机函数（PRF）的输入 $\omega$，并将伪随机函数的种子 $r$ 共享给发送方，经过 OPRF 协议后，接收方输出 $f_r(w)$ 或空，接收方仅知道 $\omega$ 对应的 $f_r$ 而不知道 $\omega$ 之外其他的输入对应的 $f_r$，发送方不知道接收方的输入 $\omega$。

由 3.2.4 节可知，在 KKRT 协议中，发送方 Alice 已知 $q_i$ 和 $s$，若将它们作为 PRF 的随机种子，定义 $F((q_i,s),w)=H(i\|q_i\oplus C(w)\cdot s)$，则发送方可以任意输入 $\omega=r'$ 得到 PRF 输出，而接收方 Bob 可通过 $t_i=q_i\oplus C(r_i)\cdot s$ 计算 $F((q_i,s),w)$，接收方 Bob 的参数 $\omega$ 能且仅能输入 $r$（因为离线阶段已确定）而得到 $H(i\|t_i)$，当发送方和接收方的输入 $r'\neq r$ 时，客户端仅获得随机值。因此，可将 KKRT 协议中的一次 ∞ 选 1 过程看作一个 OPRF 实例，而 KKRT 在实现了 $m$ 次的 ∞ 选 1 后即实现了 $m$ 个 OPRF 实例，又由于每个 OPRF 实例的随机种子为 $q_i$ 和 $s$，具有相关性，因此 KKRT 又将其 ∞ 选 1 协议称作 Batched,Related-Key OPRF（BaRK-OPRF）协议。

## 3.3.2　OPPRF 技术

OPRF 实现了接收方得到 PRF 的一个固定输出，而发送方可对 PRF 进行任意输入从而得到任意输出，这种情况下，接收方只能根据其固定输出与发送方输出进行比对等操作，限制了 OPRF 的应用。若发送方可设置接收方在特定输入下得到特定输出，而不满足特定输入时得到随机输出，那么双方在完成协议后的输出仍可满足某种特定关系，可大大扩展协议结束后的其他应用。

V. Kolesnikov 等人于 2017 年在 *Practical Multi-party Private Set Intersection from Symmetric-Key Techniques* 中提出了一种新的"可编程"不经意伪随机函数（Oblivious Programmable PRF，OPPRF）技术，该技术允许发送方对 PRF 在一定输入下进行"编程"，接收方根据所持有输入数据得到 PRF 的输出，但接收方无法获知所持输入数据是否被"编程"在 PRF 内。

OPPRF 协议仍基于 OPRF 构建，功能与 OPRF 相似，仅在 OPRF 基础上附加了一个特性，使发送方指定伪随机函数可在一些点集合上得到特定输出。在了解 OPPRF 前，先给出可编程 PRF 的流程。

KeyGen$(1^\kappa, P) \to (k, \text{hint})$：给定一个计算安全参数 $\kappa$ 和点集合 $P = \{(x_1, y_1), \cdots, (x_n, y_n)\}$（其中每个点的 $x_i$ 不同），KeyGen 函数将生成 PRF 的密钥 $k$ 和一个公开的辅助信息 hint。

$F(k, \text{hint}, x) \to y$：在 PRF 上计算输入 $x$ 的输出。

KeyGen 输出的 hint 有多种实现方式，主要作用是当 PRF 输入某个 $x_i$ 时，能输出特定 $y_i$，实现"可编程" PRF。当发送方执行 KeyGen 生成 $(k, \text{hint})$ 并发送给接收方后，接收方无法反推出 PRF 所编程的点集合，但只要接收方输入了点集合的某个 $x_i$，就一定输出 $y_i$。将可编程 PRF 的两个步骤分别用于 OPRF 的发送方和接收方，即可实现 OPPRF。

对有限点集合进行映射关系构造，比较直接的方法是多项式插值。将多项式插值作为 hint 的 OPPRF 协议如下。

> 发送方输入：包含 $n$ 个点的集合 $P = \{(x_1, y_1), \cdots, (x_n, y_n)\}$，对于任意 $i$，$x_i \neq x_j$，$y_i \in \{0,1\}^v$。
> 接收方输入：包含 $t$ 个点的集合 $Q = (q_1, \cdots, q_t) \in (\{0,1\}^*)^t$。
> 协议执行：
> 1）接收方输入点集合 $Q$，接收方和发送方同时执行 OPRF，发送方得到 PRF 密钥 $k$，接收方得到 $F(k, q)$，$q \in Q$；
> 2）发送方对点集合 $(x_1, y_1 \oplus F(k, x_1)), \cdots, (x_n, y_n \oplus F(k, x_n))$ 进行插值，得到 $n-1$ 阶多项式 $p$；
> 3）发送方将多项式 $p$ 的系数发送给接收方；
> 4）定义 $\hat{F}(k, p, q) = F(k, q) \oplus p(q)$，接收方将 $t$ 个点集合代入，输出 $(p, \hat{F}(k, p, q_1), \cdots, \hat{F}(k, p, q_t))$。

显然，对于函数 $\hat{F}(k, p, q) = F(k, q) \oplus p(q)$，当 $q = x_i$ 时，接收方将得到输出

$$\hat{F}(k, p, q) = F(k, q) \oplus p(q) = F(k, x_i) \oplus p(x_i)$$
$$= F(k, x_i) \oplus F(k, x_i) \oplus y_i = y_i$$

如上，接收方在点 $q = x_i$ 得到了发送方指定的输出 $y_i$。论文中也给出了 hint 通过混淆布隆过滤器、表查询方式的实现。

在 OPPRF 执行完成后，接收方得到了发送方在特定点的输出，若将二者输出看作布尔电路的 0 值秘密共享，则后续可自然地接入 MPC 协议执行其他计算。因此，可将 OPPRF 应

用于安全求交场景，在协议完成后，双方将得到秘密的交集结果，而不透露交集信息，且在后续接入求交后的其他安全计算。

### 3.3.3 不经意多项式计算

不经意多项式计算（Oblivious Polynomial Evaluation，OPE）是指，对于两个参与方，发送方输入多项式 $P(y)$，接收方输入计算值 $\alpha$，在协议结束后，接收方输出 $P(\alpha)$，而发送方无输出。Naor 等人在 1999 年于 *Oblivious Polynomial Evaluation* 中提出了一种高效的不经意多项式计算协议，该协议通过类似于噪声多项式重构的困难问题（或 Reed-Solomon 列表解码问题）进行协议构建。不经意多项式可作为基础原语用于多种应用，如数据比较、身份校验、匿名意见箱等。

OPE 协议流程如下。

发送方输入：$d_P$ 阶多项式 $P(y) = \sum_{i=0}^{d_P} b_i y^i$。

接收方输入：$\alpha$。

协议执行：

1）发送方随机生成另一个常数项为 0 的 $d$ 阶一元多项式 $M(x) = \sum_{i=1}^{d} a_i x^i$，即 $M(0) = 0$，多项式阶数 $d$ 为多项式 $P$ 的阶数与安全参数 $k$ 的乘积，即 $d = kd_P$。将 $M(x)$ 与 $P(y)$ 相加，构成二元多项式

$$Q(x,y) = M(x) + P(y) = \sum_{i=1}^{d} a_i x^i + \sum_{i=0}^{d_P} b_i y^i$$

则多项式 $Q(x,y)$ 对任意 $y$ 满足：$Q(0,y) = P(y)$。如图 3-8 所示，当 $x = 0$ 时，随着 $y$ 值的变化，$Q(0,y)$ 的值将在第三维变化。

2）接收方生成一个常数为 $\alpha$ 的 $k$ 阶多项式 $S$，即 $S(0) = \alpha$。为了获得 $P(\alpha)$，接收方生成多项式 $S$ 是为了获得一元多项式 $R(x) = Q(x,S(x))$，通过计算 $R(0) = Q(0,S(0)) = P(S(0)) = P(\alpha)$ 即可得到。多项式 $R$ 的阶 $d_R = d = kd_P$，如图 3-9 所示，一元多项式 $R(x)$ 由 $Q(x,S(x))$ 定义，且 $x = 0$ 时，$R(0) = \alpha$。

3）接收方通过某种方式获得多项式 $R$ 上的 $d_R + 1$ 个点 $\langle x_i, R(x_i) \rangle$。有两种实现方式，将在后续介绍。

4）接收方计算 $P(\alpha)$：根据接收到的 $d_R + 1$ 个点进行多项式插值，获得 $R(x)$，并计算 $R(0) = P(\alpha)$。

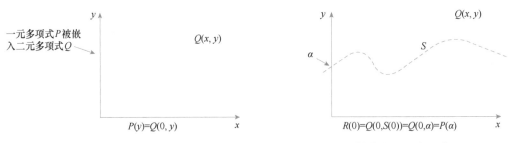

• 图 3-8　发送方一元多项式 $P$ 被嵌入二元多项式 $Q$　　• 图 3-9　接收方一元多项式 $Q(x,S(x))$

在第 2）步中，对于多项式 $R(x) = \sum_{i=1}^{d} a_i x^i + \sum_{i=0}^{d_P} b_i S(x)^i$，由于 $S(x)$ 的阶数为 $k$，因此其右侧多项式的阶为 $d = kd_P$，而左侧多项式的阶也为 $d$，于是 $R(x)$ 的阶数为 $d$。若接收方想获得该多项式系数，则需要发送方给出 $d_R + 1$ 个点，然后进行插值计算。

对于第 3) 步，接收方需要获得 $Q(x, S_{(x)}) = R(x)$ 上的 $d_R + 1$ 个点，则需要在发送方上根据 $d_R + 1$ 个点的 $(x, S(x))$ 计算得到，然而接收方需要保护其 $S(x)$ 的多项式，否则发送方可根据接收方的 $d_R + 1$ 个点插值得到 $S(x)$，从而计算出 $\alpha$。显然，该问题可通过调用不经意传输解决。有两种使用 OT 进行实现的方式，第一种方式可通过 $n$-out-of-$N$ 的 OT 实现。

1) 接收方设置混淆度 $m$，随机选择 $N = nm$ ($n = d_R + 1$) 个 $x$ 点 $x_1, \cdots, x_N$，每个点均为非 0 且互不相同。

2) 接收方随机选出 $n$ 个 $x$ 点，并记录它们在 $N$ 个点中的下标作为集合 $T$，设置其 $y$ 值为 $y_i = S(x_i)$，对其余的 $N-n$ 个点，将其 $y$ 值设置为随机值。

3) 接收方将 $N$ 个点 $\{(x_i, y_i)\}_{i=1}^{N}$ 发送给发送方。

4) 发送方对 $N$ 个点计算 $Q(x_i, y_i)$。

5) 接收方和发送方执行 $n$-out-of-$N$ 的 OT 协议，接收方输入选择位为 $T$，发送方输入 $N$ 个点的集合 $Q(x_0, y_0), \cdots, Q(x_i, y_i), \cdots, Q(x_N, y_N)$，这样，接收方将得到 $Q(x_i, y_i)|_{i \in T}$。

这样，通过接收方主动混淆其他插值点的方式可保护 $S(x)$ 不被发送方获取。

第二种方式是调用 $n$ 次 1-out-of-$m$ 的 OT 实现，即每次 OT 随机生成一个 $(x_i, S(x_i))$，并使用 $m-1$ 个随机点与之混淆，然后双方执行 1-out-of-$m$ 的 OT，接收方即可得到 $n$ 个点。该方式与第一种方式类似，不再赘述。

## 3.3.4　不经意线性函数

不经意线性函数（Oblivious Linear-function Evaluation，OLE）是 OT 在算术计算上的泛化，尤其在 MPC 的算术电路上经常被使用。OLE 一般定义为：在有限域 $\mathbb{F}$，发送方输入两个元素 $a \in \mathbb{F}$ 和 $b \in \mathbb{F}$，接收方输入一个元素 $x \in \mathbb{F}$，协议执行后，接收方得到输出 $f(x) = ax + b$。显然，当发送方输入 $(a, -r)$，接收方输入 $b$ 时，OLE 可直接给出两个秘密值 $a$、$b$ 在乘法后的秘密共享 $(-r, ab+r)$。当发送方设置输入为 $b = x_0$，$a = x_1 - x_0$，接收方输入 0 或 1 时，则 $f(0) = x_0$、$f(1) = x_1$，此时 OLE 退化为 1-out-of-2 的 OT。因此，OLE 可被看作 OT 在更大域上的泛化。

OLE 可以有多种构造方式。第一种是通过满足加法同态的加密技术（半同态、近似全同态、全同态）实现，即接收方将 $x$ 同态加密给发送方，发送方计算 $\mathrm{Enc}(f(x)) = a\mathrm{Enc}(x) + b$，然后将加密结果 $\mathrm{Enc}(f(x))$ 发送给接收方，接收方进行解密，即得到 $ax+b$。当然，也可直接基于 LWE 或 RLWE 问题代替同态加密技术实现。第二种构造方式是基于 OT 技术的实现，典型的是 Gilboa 乘法技术（参考 4.1.1 节），在进行跨节点的秘密份额乘法 $[\![x]\!]_1 [\![y]\!]_2$ 时，通过 OT 进行按位相乘并进行加法共享，然后对所有位的乘法份额求和，即得到 $[\![x]\!]_1 [\![y]\!]_2$ 的加法共享，以类似方式计算 $[\![x]\!]_2 [\![y]\!]_1$，最后可得到 $xy$ 的加法秘密共享份额。第三种方式是通过 OPE 方式构造，可将 OLE 看作 OPE 在发送方 $d_P = 1$ 时的特殊情况。

## 3.4　OT 开源实现

OT 作为基础原语在安全多方计算的多种技术方案中被使用，因此，不仅有专门实现各类 OT、OTE、OPRF 技术的开源项目，在一些开源的联邦学习或安全多方计算项目中，还会给出特定 OT 方案的实现。另外，在部分安全求交、隐匿查询等特定任务的开源项目中，也会给出 OT 相关协议的实现。

一些专门的 OT 开源项目包括如下实现。

1）SimpleOT：C 语言，目前停更，详见 https://users-cs.au.dk/orlandi/simpleOT/，该项目为 CO15 方案的原版开源实现。

2）libOTe：C++语言，目前还在持续更新，详见 https://github.com/osu-crypto/libOTe。该项目实现了大量的半诚实对手和恶意对手的 OT 相关协议，它首先以［CO15，MR19，MRR21］构建基础 OT 协议，在此基础上构建 1-out-of-2、1-out-of-$N$ 的 OT 扩展和 VOLE 协议，这些协议都同时支持半诚实对手和恶意对手模型。较高项目中的所有协议都使用 Intel SSE 指令集和向量化方式进行了高度优化，使协议在单线程和多线程上都能达到较高性能。

3）emp-ot：C++语言，目前还在持续更新，详见 https://github.com/emp-toolkit/emp-ot。该项目实现了多个 SOTA 的 OT 协议，包含两个基础 OT、IKNP 的 OT 扩展协议和 Ferret OT 扩展协议，并支持 C-OT 和 R-OT 优化。该项目在 emp-toolkit 中的其他多个安全多方计算项目中被使用。

4）oblivious-transfer：Haskell 语言，目前停更，详见 https://github.com/nthparty/oblivious。该项目实现了 1-out-of-2、1-out-of-$N$、$k$-out-of-$N$ 的基础 OT，所有协议都使用椭圆曲线实现，主要参考了 CO15 方案。

在一些通用的联邦学习和隐私计算框架中，给出的 OT 实现如下。

1）FATE 中给出了 1-out-of-$N$ 的 OT 实现，组件主要参考 Hauck-OT 方案，该方案是 CO15 的增强，增加了对恶意对手模型的支持，在工程上，同样使用了扭曲爱德华曲线实现。

2）CrypTen 协议中给出了 1-out-of-2 的 OT 实现，它采用了 CO15 方案。

3）tf-encrypted 中给出了 ABY3 协议中的带辅助节点的三方 OT 实现。

在隐私计算特定任务中，用于 PSI 的 BaRK-OPRF 给出了开源实现（https://github.com/osu-crypto/BaRK-OPRF），PSTY19（参考本书 6.2.5 节）给出了 OPPRF 实现（https://github.com/encryptogroup/OPPRF-PSI）等。

# 第4章 秘密共享

秘密共享（Secret Sharing，SS）是现代密码学的一个重要分支，在 1979 年由 Shamir 和 Blakley 提出。它是信息安全和数据保密中的重要手段，也是多方安全计算和联邦学习等领域的一个基础应用技术。秘密共享的目的是阻止秘密过于集中，以达到分散风险和容忍入侵的目的。实际应用中，在密钥管理、数字签名、身份认证、多方安全计算、纠错码、银行网络管理以及数据安全等方面都有重要作用。

秘密共享的主要技术原理是秘密持有者将秘密 S 以适当的方式拆分成 $n$ 份，拆分后的份额（Share）$S_1,\cdots,$ $S_i,\cdots,S_n$ 由不同的参与者 $P_1,\cdots,P_i,\cdots,P_n$ 管理和计算，单个参与者无法恢复秘密信息，只有 $1<t\leq n$ 个参与者共同协作才能恢复/重构（reveal/reconstruct）秘密消息，如图 4-1 所示。秘密共享的大多数方案从计算性能角度来看很吸引人，它们只依赖于极少的密码学假定，且大多数秘密共享方案在理论上可被证明是信息论安全的。

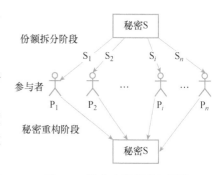

• 图 4-1 秘密 S 的拆分与重构

较简单的秘密共享方式为加法秘密共享，加法秘密共享需要 $n$ 个参与方共同参与才能恢复秘密消息（即 $t=n$），这种秘密共享方式比较"脆弱"，当其中一个参与方破坏协议执行时，将无法恢复秘密。一种具有更强鲁棒性的秘密共享方式是需要至少 $t\in(1,n)$ 个参与者，方可恢复秘密消息，少于 $t$ 个参与者则无法恢复秘密消息，这种方式通常被称为 $(t,n)$-门限秘密共享方案，$t$ 称为方案的门限值，当其中任何 $n\text{-}t$ 个参与者出现问题时，秘密仍可以完整恢复。$(t,n)$-门限秘密共享中常见的秘密共享方法有 Shamir 秘密共享、Blakley 秘密共享和 CRT 秘密共享等。

秘密共享通常将秘密和份额定义在有限环/域内（如整数环 $Z_{2^k}$ 或模 $p$ 素数域），因此在份额上的加法、乘法及其逆元计算都定义在有限域内。另外，由于参与秘密值通常为浮点数，因此在秘密共享计算前需要进行 scaling（缩放）操作，将浮点数秘密值编码为定点整数以进行计算，在秘密恢复后进行解码操作得到浮点数结果。为了方便介绍，本书后续介绍的秘密共享所涉及的秘密拆分和重构均默认进行了编码与解码操作，且涉及的秘密份额为有限域内的元素，其加法、乘法、逆元计算均在对应的有限域内进行。

本章将首先介绍秘密共享的基础协议，使读者初步了解秘密共享的基本方法与技术轮廓，然后简要介绍目前主流的开源秘密共享框架，读者可了解不同框架的功能特点和风格，最后将结合开源框架的工程源码和参考论文，详细且深入地介绍 CrypTen 和 TF Encrypted 中的秘密共享协议实现、基础运算的算子实现和各类复杂非线性算子的近似实现。

## 4.1 秘密共享基础协议

### 4.1.1 加法秘密共享

对于 $n$ 个计算参与方，加法秘密共享通常将秘密值 $[\![x]\!]$ 分割为 $n$ 个秘密份额 $[\![x]\!]_1,\cdots,$ $[\![x]\!]_n$，且满足 $x=[\![x]\!]_1+\cdots+[\![x]\!]_n$ 或 $x=[\![x]\!]_1\oplus\cdots\oplus[\![x]\!]_n$，$[\![x]\!]_i$ 为对应有限域内的随机元素。

以两个参与方 $P_1$、$P_2$ 为例，对于两个秘密值 $[\![x]\!]$ 和 $[\![y]\!]$，$P_1$ 方持有份额 $[\![x]\!]_1$、$[\![y]\!]_1$，$P_2$ 方持有份额 $[\![x]\!]_2$、$[\![y]\!]_2$，对于加法（异或门）操作，双方可在本地完成，即对于 $[\![z]\!]=[\![x]\!]+[\![y]\!]$，$P_1$ 方计算 $[\![z]\!]_1=[\![x]\!]_1+[\![y]\!]_1$，$P_2$ 方计算 $[\![z]\!]_2=[\![x]\!]_2+[\![y]\!]_2$。对于乘法（与门）操作，需要借助 Beaver 三元组 $[\![c]\!]=[\![a]\!][\![b]\!]$ 实现，首先对普通乘法进行拆分

$$z=xy=(x-a+a)(y-b+b)=(e+a)(f+b)=ef+eb+fa+ab$$

则在秘密份额上，可计算

$$[\![z]\!]_i=ef+e[\![b]\!]_i+f[\![a]\!]_i+[\![c]\!]_i$$

其中，$e$ 和 $f$ 是对 $[\![x]\!]$、$[\![y]\!]$ 使用 $[\![a]\!]$、$[\![b]\!]$ 盲化后的值，因此参与方可重构其明文值而不泄露隐私信息，且 $[\![a]\!]_i$、$[\![b]\!]_i$、$[\![c]\!]_i$ 是参与方秘密份额，因此结果 $[\![z]\!]_i$ 仍然是安全的。Beaver 三元组的构造通常在离线阶段进行，构造方法通常可使用基于 Paillier 或 DGK 的同态加密算法实现。

算术秘密乘法也可使用基于 OT 的 Gilboa 乘法技术实现，该方法由 Niv Gilboa 于 1999 年在 *Two Party RSA Key Generation* 中提出，构造方式如下。

由于

$$z=xy=([\![x]\!]_2+[\![x]\!]_1)([\![y]\!]_2+[\![y]\!]_1)$$
$$=[\![x]\!]_2[\![y]\!]_2+[\![x]\!]_2[\![y]\!]_1+[\![x]\!]_1[\![y]\!]_2+[\![x]\!]_1[\![y]\!]_1$$

因此 $[\![x]\!]_2[\![y]\!]_2$ 和 $[\![x]\!]_1[\![y]\!]_1$ 可直接在参与方本地计算，而 $[\![x]\!]_2[\![y]\!]_1$ 和 $[\![x]\!]_1[\![y]\!]_2$ 需要使用 OT 技术实现，其基本思路是对其中一个操作数进行位分解，对另一个操作数进行带位权的秘密共享。以 $[\![x]\!]_2[\![y]\!]_1$ 为例，将 $P_2$ 作为 OT 发送方，$P_1$ 作为接收方，若元素秘密份额的位长位 $l=64\text{bit}$，则在 $P_2$ 方，对 $[\![x]\!]_2$ 的每一位 $i$ 构造消息对 $(s_i,[\![x]\!]_2 2^i-s_i)$，其中 $s_i\in\mathbb{Z}_{2^l}$，在 $P_1$ 方，以 $[\![y]\!]_1$ 的每一位作为选择位，双方执行 1-out-of-2 的 OT，$P_1$ 方将得到 $[\![y]\!]_1[i][\![x]\!]_2 2^i-s_i$，双方对所有位执行 OT 后，$P_2$ 方可得 $u=\sum_{i=1}^{l}s_i$，$P_1$ 方可得 $v=\sum_{i=1}^{l}([\![y]\!]_1[i][\![x]\!]_2 2^i-s_i)$，则 $[\![x]\!]_2[\![y]\!]_1$ 的秘密共享

$$[\![x]\!]_2[\![y]\!]_1=u+v=\sum_{i-1}^{l}([\![y]\!]_1[i][\![x]\!]_2 2^i-s_i)+\sum_{i=1}^{l}s_i$$
$$=\sum_{i=1}^{l}[\![y]\!]_1[i][\![x]\!]_2 2^i$$
$$=[\![x]\!]_2\sum_{i=1}^{l}[\![y]\!]_1[i]2^i=[\![x]\!]_2[\![y]\!]_1$$

由于 $x$、$y$ 在秘密拆分时都进行了缩放，因此在完成乘法之后，通常需要进行截断操作，

使秘密份额$[\![z]\!]$仍为实际明文 $z$ 进行一次缩放的值，不同的秘密共享方案通常也有不同的截断方法。

对于标量加法和乘法，通常也可在本地计算完成，如在某一方进行标量加法$[\![x]\!]_i+y$ 或双方在本地进行标量乘法 $y[\![x]\!]=y[\![x]\!]_1+y[\![x]\!]_2$。

在实现了基本的加法和乘法后，则可以通过加法和乘法构造更复杂的计算，如除法可通过先使用牛顿迭代法计算分母倒数再进行乘法计算实现，平方根可通过牛顿迭代法实现，对数可通过泰勒展开实现，指数可通过泰勒展开或其他级数近似实现。

## 4.1.2 门限秘密共享

Shamir 于 1979 年基于多项式插值算法设计了 Shamir $(t,n)$ 门限秘密共享方案，该方案支持将秘密值 S 拆分为 $n$ 份，并通过设定阈值 $t$，使得不少于 $t$ 份秘密份额才能恢复秘密值。该方案将秘密值和份额定于 $p$-素数域 $F_p$，其秘密拆分方案如下。

1）随机选取 $t-1$ 阶多项式：$f(x)=a_0+a_1x+\cdots+a_{t-1}x^{t-1}$，并使常数项 $a_0=$S。

2）任意选取 $F_p$ 中的 $n$ 个元素 $\{x_1,\cdots,x_n\}$ 代入多项式 $f(x)$，得到 $n$ 个点 $\{(x_1,f(x_1)),\cdots,(x_n,f(x_n))\}$，分别将 $n$ 个点 $\{(x_i,y_i=f(x_i))\}$ 发送给参与方 $P_i$。

其秘密恢复方案为通过 $n$ 个点构造拉格朗日插值多项式

$$f(x)=\sum_{i=1}^{t}y_i\prod_{j=1,j\neq i}^{t}\left(\frac{x-x_j}{x_i-x_j}\right)\mathrm{mod}p$$

然后，取多项式的常数项（即 S=$f(0)$）为恢复的秘密值。需要注意的是，在插值多项式中，$\dfrac{x-x_j}{x_i-x_j}$ 的除法需要使用 $F_p$ 中求分母逆元方式进行计算。

Shamir 秘密共享同样可进行秘密加法和乘法操作，加法操作可直接在本地完成，对于乘法计算，因为两个多项式计算乘法后其常数项仍等于秘密值的直接明文相乘，所以同样可以直接使两个秘密值对应的秘密份额进行本地乘法计算。然而，两个 $t-1$ 阶多项式相乘后将得到 $2(t-1)$ 阶多项式，且其多项式系数为另外两个随机数的乘积而非随机值，因此，进行乘法操作后通常需要进行降阶和参数随机化操作，更详细的内容将在 5.2.3 节的 BGW 协议中进行介绍。

门限秘密共享除 Shamir 方案以外，还可使用 Blakley、CRT 等方案。另外，通过对加法秘密共享的份额在 $t$ 个参与方复制也可实现 $(t,n)$ 门限秘密共享，即复制秘密共享。

## 4.1.3 复制秘密共享

Araki 等人于 2016 年提出了一种同时支持布尔电路和算术电路的复制秘密共享（Replicated Secret Sharing，RSS）方案，该方案支持（2,3）门限秘密共享，且在秘密拆分时基于加法实现。

在 Araki 的原文中，当需要在 $Z_{2^k}$ 中分享一个秘密值 $v$ 时，秘密值持有方随机选择三个元素 $x_1$，$x_2$，$x_3\in Z_{2^k}$，并满足 $x_1+x_2+x_3=0$，令

$$a_1=x_3-v$$
$$a_2=x_1-v$$

$$a_3 = x_2 - v$$

拆分秘密份额，使参与方 $P_1$ 得到 $(x_1, a_1)$、参与方 $P_2$ 得到 $(x_2, a_2)$、参与方 $P_3$ 得到 $(x_3, a_3)$。显然，任意两方使用秘密份额求和即可恢复秘密值 $v$，如 $P_2$ 将 $x_2$ 发送给 $P_1$，$P_1$ 计算

$$x_1 + a_1 + x_2 = x_1 + x_2 + x_3 - v = -v$$

由于该拆分方案在后期进行乘法操作时有多余的除 3 计算，因此 Mohassel 等人在 2018 年提出的 ABY3 协议对 RSS 秘密拆分进行了调整，对于秘密值 $v$，随机选择三个元素 $x_1$，$x_2$，$x_3 \in Z_{2^k}$，使它们满足 $x_1 + x_2 + x_3 = v$，并使参与方 $P_1$ 持有秘密份额 $(x_1, x_2)$，$P_2$ 持有秘密份额 $(x_2, x_3)$，$P_3$ 持有秘密份额 $(x_3, x_1)$。同样，任意两方可通过加法恢复秘密值，如 $P_2$ 将 $x_3$ 发送给 $P_1$，$P_1$ 计算 $x_1 + x_2 + x_3 = v$。

对于秘密份额上的二元运算，若有任意两个秘密值 $[\![x]\!]$、$[\![y]\!]$，其秘密份额分别为 $(x_1, x_2, x_3)$ 和 $(y_1, y_2, y_3)$，则对于加法计算，各方仅需要在本地将对应秘密份额进行加法计算，即

$$P_1 \text{ 计算：} [\![z]\!]_1 = (z_1 = x_1 + y_1, z_2 = x_2 + y_2)$$
$$P_2 \text{ 计算：} [\![z]\!]_2 = (z_2 = x_2 + y_2, z_3 = x_3 + y_3)$$
$$P_3 \text{ 计算：} [\![z]\!]_3 = (z_3 = x_3 + y_3, z_1 = x_1 + y_1)$$

对于乘法计算，则需要进行一定交互，首先，可观察到

$$xy = (x_1 + x_2 + x_3)(y_1 + y_2 + y_3)$$
$$= x_1 y_1 + x_1 y_2 + x_1 y_3 + x_2 y_1 + x_2 y_2 + x_2 y_3 + x_3 y_1 + x_3 y_2 + x_3 y_3$$

各参与方均可在本地计算其中一部分交叉项，定义 $[\![z]\!] = [\![xy]\!]$，则各方在本地进行如下计算

$$P_1 \text{ 计算：} z_1 = x_1 y_1 + x_1 y_2 + x_2 y_1 + \alpha_1$$
$$P_2 \text{ 计算：} z_2 = x_2 y_2 + x_2 y_3 + x_3 y_2 + \alpha_2$$
$$P_3 \text{ 计算：} z_3 = x_3 y_3 + x_3 y_1 + x_1 y_3 + \alpha_3$$

其中，$\alpha_i$ 满足 $\alpha_1 + \alpha_2 + \alpha_3 = 0$，用于对 $z_i$ 进行随机掩盖。然而，由于 RSS 需要保证各参与方持有两份秘密份额，为确保该条件以满足协议正常执行，因此需要对乘法本地计算结果进行重分享（re-sharing），$P_i$ 将 $z_i$ 发送给 $P_{i-1}$，使 $P_1$ 持有秘密份额 $(z_1, z_2)$，$P_2$ 持有秘密份额 $(z_2, z_3)$，$P_3$ 持有秘密份额 $(z_3, z_1)$。对于随机掩盖值 $\alpha_i$，可通过参与方之间使用伪随机函数共享密钥方式进行 0 秘密共享生成。定义伪随机函数 $F$，在协议初始化时，各参与方持有随机密钥 $(r_1, r_2, r_3)$ 的 RSS 秘密份额和公共 nonce 值，对于第 $j$ 次 0 秘密共享，参与方 $P_i$ 在本地计算 $\alpha_i = F_{r_{i+1}}(j) - F_{r_i}(j)$，并通过自增更新 nonce 值，则可验证

$$\alpha_1 + \alpha_2 + \alpha_3 = F_{r_2}(j) - F_{r_1}(j) + F_{r_3}(j) - F_{r_2}(j) + F_{r_1}(j) - F_{r_3}(j) = 0$$

0 秘密共享同样可用于秘密拆分阶段，秘密值 $x$ 在拆分前，先进行 0 秘密共享，使各方持有随机秘密份额 $\alpha_i$，然后秘密值输入方将秘密值加上 $\alpha_i$ 即可。例如，$P_1$ 需要共享秘密值 $x$，则秘密份额为 $(x_1, x_2, x_3) = (x + \alpha_1, \alpha_2, \alpha_3)$。

## 4.1.4 可验证秘密共享

前面介绍的秘密共享方案都假设秘密分发者和参与者是诚实的。Benny Chor 等人于

1985 年在论文 *Verifiable secret sharing and achieving simultaneity in the presence of faults* 中首次提出了可验证秘密共享（Verifiable Secret Sharing，VSS），即如果参与者可以使用辅助信息验证其他参与方秘密共享内容的一致性，那么该秘密共享方案就是可验证的。可验证秘密共享确保了即使秘密分发者是恶意的，也必须遵循协议设定，其他参与者稍后可以恢复秘密值。目前广泛应用的 VSS 方案有 Feldman's VSS 和 Pedersen's VSS，本节将简单介绍 Feldman's VSS 方案。

Feldman's VSS 方案在 Shamir 秘密共享方案的基础上，在秘密拆分和恢复过程加入了多项式系数校验过程，其校验方法基于离散对数问题。对于秘密拆分时随机选取的多项式 $f(x) = a_0 + a_1 x + \cdots + a_{t-1} x^{t-1}$，对系数计算承诺 $c_i = g^{a_i} \bmod p$，并在秘密拆分时随秘密份额进行拆分，当参与方 $P_j$ 收到秘密份额 $(x_j, f(x_j))$ 时，可验证以下等式

$$g^{f(x_j)} \bmod p = \prod_{i=0}^{t-1} (c_i^{x_j^i} \bmod p) \bmod p$$

是否成立。同样，在秘密恢复阶段，当计算出 $a_0$ 后，可验证等式 $c_0 = g^{a_0}$ 是否成立。在工程实践中，也常使用椭圆曲线来构造以上离散对数问题。

在开源框架 FATE 中，给出了 Feldman's VSS 方案的实现（secureprotol/secret_sharing/verifiable_secret_sharing/feldman_verifiable_secret_sharing.py），包括对秘密值进行定点编码、份额计算、承诺计算和承诺验证。

```python
def encode(self, x):
    upscaled = int(x * (10 ** self.Q_n))
    if isinstance(x, int):
        assert (abs(upscaled) < (self.q / (2 * self.share_amount))), (
            f"{x} cannot be correctly embedded: choose bigger q or a lower precision"
        )
    return upscaled


def encrypt(self, secret):
    coefficient = [self.encode(secret)]
    for i in range(self.share_amount - 1):
        random_coefficient = random.SystemRandom().randint(0, self.p - 1)
        coefficient.append(random_coefficient)
    f_x = []
    for x in range(1, self.share_amount + 1):
        y = 0
        for c in reversed(coefficient):
            y *= x % self.q
            y += c % self.q
            y %= self.q
        f_x.append((x, y))

    commitment = list(map(self.calculate_commitment, coefficient))
    return f_x, commitment


def calculate_commitment(self, coefficient):
    return gmpy_math.powmod(self.g, coefficient, self.p)
```

```
def verify(self, f_x, commitment):
    x, y = f_x[0], f_x[1]
    v1 = gmpy_math.powmod(self.g, y, self.p)
    v2 = 1
    for i in range(len(commitment)):
        v2 *= gmpy_math.powmod(commitment[i], (x ** i), self.p)
    v2 = v2 % self.p
    if v1 != v2:
        return False
    return True
```

如上面代码所示，encode 用于定点编码，encrypt 用于选取随机多项式并计算份额和承诺，calculate_commitment 为基于离散对数的承诺计算函数，verify 用于对承诺进行验证。

## 4.2　技术架构及主要开源框架

秘密共享根据其秘密拆分方式、安全假设、适合参与方、应用场景等不同，具有多种不同架构，不同开源框架可能包含多种协议实现。按照场景来分类，当前主流开源框架可分为适用隐私保护机器学习（PPML）和通用目的安全多方计算场景；按照参与方个数来区分，主要包括 2PC、3PC、4PC……$n$PC 的参与方个数支持。按照安全假设来分类，由于效率原因，目前开源框架仍主要聚焦在半诚实假设、诚实大多数的恶意场景。秘密拆分方式直接决定了具体的秘密共享计算方案，一般开源框架会主要根据某种（加法拆分、Shamir 拆分）秘密拆分方式进行架构设计，以兼容相同类型秘密拆分的多种专用秘密共享协议。近期也出现了很多以秘密共享为主的混合协议方案，如秘密共享和姚氏混淆电路混合，秘密共享和同态加密混合等。总体来讲，由于工程架构的设计，一个开源框架会有明确的支持参与方个数、应用场景和安全假设。

### 4.2.1　常见开源秘密共享架构简介

当前的秘密共享研究热点主要以机器学习和深度学习的应用场景为主，因此一些综合性的包含多种协议的开源框架的做法是将秘密共享协议以外部插件或算子注册等手段，以非侵入方式集成到主流深度学习的分布式计算框架中，实现对现有深度学习计算框架的接口兼容，这样可以降低使用者的学习门槛，并且可实现对现有单节点的深度学习模型进行简单修改，即能完成对安全多方计算的适配，另外，该类型框架实现亦可借助现有深度学习框架的分布式计算功能进行节点管理和节点通信，部分框架也借助了现有深度学习框架的计算图、自动求导、GPU 支持实现模型训练等。这类框架主要有基于 TensorFlow 接口实现的 TF Encrypted 和 Rosetta、基于 PyTorch 接口实现的 CrypTen、SyMPC、PySyft 等。

另外一些开源框架，通常为以协议提出者为主的单个秘密共享协议的实现，在其所提出的秘密共享算子的基础上实现了深度学习的主要算子，主要包括矩阵乘法、卷积、非线性激活函数、SGD 优化等。这类框架除秘密共享和机器学习算子以外，还实现了必要的节点通信及简单的节点管理，如开源的 SecMML、SecureNN、ABY、ABY3、falcon-public、SecureQ8

等。也有较少能综合多个协议（包括秘密共享和混淆电路）且独立的框架，如 MP-SPDZ 等。

以 PPML 为场景的开源框架（即一个通用机器学为目的的框架）应同时支持线性变换、卷积、ReLU、MaxPool 和批正则化，那么可根据恶意安全性、参与方个数、乘法三元组生成（无须第三方可信节点）、是否可实现通用机器学习目的、模型训练、GPU 支持、自动求导等维度对近期各开源框架（单一协议）进行对比，见表 4-1，读者可根据具体实际需求判断应选用哪种合适的框架。

表 4-1  MPC 开源框架维度对比

| 开源框架 | 恶意安全性 | 乘法三元组生成 | GPU 支持 | 模型训练 | 通用机器学习目的 | 自动求导 |
|---|---|---|---|---|---|---|
| 参与方个数：两方 | | | | | | |
| Chamelon | × | × | × | × | × | × |
| Delphi | × | √ | × | × | × | × |
| EzPC | × | √ | × | × | × | × |
| Gazelle | × | √ | × | × | × | × |
| MiniONN | × | √ | × | × | × | × |
| PySyft | × | √ | √ | × | × | × |
| SecureML | × | √ | × | √ | × | × |
| XONN | √ | N/A | × | × | × | × |
| 参与方个数：三方 | | | | | | |
| ABY3 | × | N/A | × | √ | × | × |
| Astra | × | √ | × | √ | × | × |
| Blaze | × | √ | × | √ | × | × |
| CrypTFlow | × | N/A | × | × | √ | × |
| CryptGPU | × | × | √ | √ | × | √ |
| Faclon | √ | N/A | × | √ | × | × |
| SecureNN | × | N/A | × | √ | × | × |
| 参与方个数：四方 | | | | | | |
| FLASH | √ | N/A | × | √ | × | × |
| Trident | √ | N/A | × | √ | × | × |
| 参与方个数：任意方 | | | | | | |
| CrypTen | × | × | × | √ | √ | √ |

注：N/A 表示框架不需要进行 Beaver 三元组生成即可进行乘法，或框架本身包含一个可信节点。

## 4.2.2  开源框架 TF Encrypted

TF Encrypted（项目地址：https://github.com/tf-encrypted/tf-encrypted，官网：https://tf-encrypted.io/）是一个基于 TensorFlow 的 PPML 框架，目前由 Cape Privacy、Openmined 和

Alibaba 三家公司维护，该框架同时使用了 MPC、同态加密、混淆电路等技术，并借助 TensorFlow（2.0）相关接口构造特殊 MPC 协议、加密 Tensor，使得机器学习模型训练和预测的开发过程与原生 TensorFlow 基本接近。其架构示意图如图 4-2 所示。

上层 PPML Application 为隐私保护机器学习的应用开发，它可依赖于 TF Encrypted（TFE）的多个模块与标准 TensorFlow（Tensor 或 Keras 接口）进行明文和密文混合的模型开发；Specialized MPC 是 TFE 中的 MPC 协议模块，目前包含 Pond、SecureNN、ABY3 三个协议，它们直接通过 TensorFlow 实现；Encrypted Tensor 为支持不同精度 MPC 协议的秘密份额模块；Encrypted Keras 实现了适配 Keras 风格的多种不同安全神经网络层模块，包括卷积层、全连接层、池化层、正则化层等，该模块为不同神经网络层统一实现了安全的网络构造（build 方法）、前向

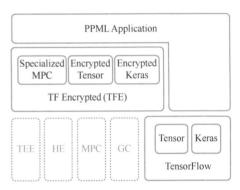

● 图 4-2　TF Encrypted 架构示意图

计算（call 方法）和反向传播（backward 方法）功能，使用户可以按照 Keras 风格构造加密的神经网络模型；虚线框中用于安全计算的 TEE、HE、MPC、GC 模块为第三方库，需要依赖其他项目，如 TEE 可依赖 TF Trusted 项目。

**1. 安装**

TF Encrypted 可以通过多种方式在多个平台安装，最简单的方式是使用 pip install tf-encrypted 方式进行安装。若无对应平台的 pip 包，则可使用源文件进行本地安装。

```
git clone https://github.com/tf-encrypted/tf-encrypted.git
cd tf-encrypted
pip install -e .
make build
```

**2. 使用方法**

以下是使用 TF Encrypted 进行矩阵乘法的代码示例，通过定义 @ tfe.function 方式来定义矩阵乘法的计算图并在 eager 模式下执行。

```
import tensorflow as tf
import tf_encrypted as tfe

@ tfe.local_computation('input-provider')
def provide_input():
    # 使用正常的 TensorFlow 操作在秘密值持有方本地定义秘密值输入
    # 使用 input-provider 指定运行节点
    return tf.ones(shape=(5, 10))

# 提供输入
w =tfe.define_private_variable(tf.ones(shape=(10,10)))
x = provide_input()

# 在 eager 模式下执行
y =tfe.matmul(x, w)
res = y.reveal().to_native()
```

```
# 构建和执行计算图
@ tfe.function
def matmul_func(x, w)
    y =tfe.matmul(x, w)
    return y.reveal().to_native()

res =matmul_func(x, w)
```

**3. 运行**

TF Encrypted 有两种运行方式：第一种是在单节点模式下，使用本地多线程方式模拟多个参与节点运行，该方式主要用于相关代码的开发测试；第二种是使用分布式计算模式，该模式下使用不同节点作为 TensorFlow 服务器，主要用于机器学习模型在真实环境中模拟运行。在代码中，使用 tfe.set_config( ) 可指定两种模式的执行，默认配置为 LocalConfig 类对象，即本地多线程模式，分布式模式使用 RemoteConfig 类对象。分布式计算模式下的整体过程通常包含 4 步，如下列代码所示。

1）配置 config.json 文件，该文件需要包含分布式计算中各节点的名称、主机地址及端口。

```
{
    "server0": "10.0.0.10:4440",
    "server1": "10.0.0.11:4440",
    "server2": "10.0.0.12:4440",
    "input-provider": "10.0.0.20:4440",
    "result-receiver": "10.0.0.30:4440"
}
```

2）使用 python3 -m tf_encrypted.player ${player} --config config.json 在各计算节点启动服务。

3）开发机器学习模型计算脚本，并在脚本的开始处配置。

```
config =tfe.RemoteConfig.load('config.json')
tfe.set_config(config)
```

4）使用 Python 启动脚本。

TF Encrypted 当前版本包含三个 MPC 协议：Pond、SecureNN、ABY3，可以在机器学习模型脚本中通过 tfe.set_protocol 指定具体协议。TF Encrypted 在项目主页给出了它实现的 ABY3 协议在不同算子和模型上的性能表现，包括 Sort、Max、神经网络推理和神经网络训练，具体的测试脚本可参考 examples/benchmark 目录。

## 4.2.3　开源框架 CrypTen

CrypTen（https://github.com/facebookresearch/CrypTen）是一个基于 PyTorch 的 PPML 框架，目前由 Facebook 研究团队维护，它以安全多方计算作为后端，为专业的机器学习人员提供方便的安全计算能力，主要有以下三个特点。

1）以机器学习优先。该框架通过 CrypTensor 对象提供安全计算协议，CrypTensor 的使用方法和 PyTorch 中的 Tensor 非常接近，用户可以和使用 PyTorch 一样的方式进行自动微分与构建神经网络模型。

2）CrypTen 可以作为库使用。它实现了和 PyTorch 一样的 Tensor 结构，使机器学习使用者更容易进行调试、实验和探索机器学习模型。

3）该框架的构建考虑了现实世界的挑战，没有缩减或简化安全协议的实现。

**1. 安装**

CrypTen 当前仅支持 Linux 和 macOS 系统，暂不支持 Windows 系统，要求 Python 版本为 3.7 及以上，支持使用 GPU 进行加速。它可以通过 pip install crypten 进行安装。若需要运行源码中的示例，则需要运行 pip install -r requirements.examples.txt 安装源码中的相关依赖。

**2. 使用方法**

以下代码使用 CrypTen 实现 Tensor 的加密、解密和加法计算，加密后的 Tensor 可以和 PyTorch 中的 Tensor 进行一样的计算。

```
import torch
import crypten

crypten.init() ## 根据配置初始化 CrypTen

x = torch.tensor([1.0, 2.0, 3.0])
x_enc =crypten.cryptensor(x) # 加密

x_dec = x_enc.get_plain_text() #解密

y_enc =crypten.cryptensor([2.0, 3.0, 4.0])
sum_xy = x_enc + y_enc #密态 Tensor 求和
sum_xy_dec = sum_xy.get_plain_text() #解密求和结果
```

另外，该框架仍主要适用于研究用途而非生产环境。

**3. 运行**

CrypTen 源码中提供了很多 PPML 示例，包括在加密数据集下训练 SVM、LeNet 模型，使用三种不同模型结构对 MNIST 数据集进行训练和推理的性能对比，在 MNIST 加密数据下训练 Bandit 算法，以及密态下的 ImageNet 模型推理。如图 4-3 所示为 CrypTen 使用加密数据和模型进行训练/推理的流程图。数据和模型首先被加密，然后在密态下进行训练/推理，并得到密文的输出，最后通过多方解密得到明文输出。

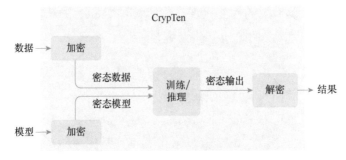

● 图 4-3　CrypTen 密态训练/推理流程示意图

　　CrypTen 通过 Jupyter Notebook 形式提供了由浅入深的教程，教程中详细介绍了密态 Tensor 对象的各种算子操作、在算术秘密共享和布尔秘密共享下的 MPCTensor、切分和组织数据、特征聚合和模型训练、载入并加密已有的明文 PyTorch 模型后进行推理、在 AWS 上启动训练及 CrypTensor 的自动微分功能。

　　CrypTen 和 TF Encrypted 一样，同时支持单节点多进程（或多线程）方式运行和分布式方式执行。该框架通过系统环境变量加载节点相关配置，主要配置参数和分布式 PyTorch 参数一致，使用 world_size 参数指定参与方个数，rank 参数指定当前参与方的序号，Rendezvous 参数指定分布式训练同步机制。在单节点多进程方式执行时，可将 MPC 机器学习代码作为待执行函数传递到各子进程，在子进程内部，可通过 comm.get( ).get_rank( ) 获取当前进程的节点序号。CrypTen 提供了一个专用的多进程启动脚本 examples/multiprocess_launcher.py，其多进程启动代码如下。

```
@classmethod
def _run_process(cls, rank, world_size,env, run_process_fn, fn_args):
    forenv_key, env_value in env.items():
      os.environ[env_key] = env_value
    os.environ["RANK"] = str(rank)
    orig_logging_level = logging.getLogger().level
    logging.getLogger().setLevel(logging.INFO)
    crypten.init()
    logging.getLogger().setLevel(orig_logging_level)
    if fn_args is None:
        run_process_fn()
    else:
        run_process_fn(fn_args)
```

　　以 SVM 为例，在 mpc_linear_svm.py 文件内开发好 SVM 模型训练过程 run_mpc_linear_svm 之后，在 lancher.py 脚本中对该函数进行简单的日志配置后得到_run_experiment 函数，然后将该函数作为参数来实例化 MultiProcessLauncher 对象，启动所有进程并调用 join( ) 方法等待所有进程完成训练。在分布式计算模式下，各节点仅需要直接启动 Python 训练脚本，并在 Python 脚本中通过系统环境变量指定对应参数。

　　4. 性能

　　CrypTen 给出了比较详细的 benchmark 代码，并在项目中给出了历史的性能评估数据。benchmark 包含两部分待测函数，一部分是基础算子，另一部分是机器学习模型。其测试方法为对长度为 100 的 Tensor 分别使用明文和加密模式循环计算算子 10 次，计算平均时间和分位数时间、总绝对误差和平均相对误差。基础算子评测数据见表 4-2，时间单位为秒。

表 4-2　CrypTen 基础算子评测数据

| 算　　子 | 明文运行时间 | 加密运行时间 | 总绝对误差 | 平均相对误差 |
| --- | --- | --- | --- | --- |
| sigmoid | 1.17E-05 | 0.024400452 | 0.50230795 | 5.61E-05 |
| relu | 3.79E-06 | 0.00253202 | 0.053222653 | 6.72E-07 |
| tanh | 3.03E-05 | 0.0233627 | 0.650814 | 0.000150292 |
| exp | 8.27E-06 | 0.008911018 | 3244455.5 | 0.06373453 |
| log | 1.64E-05 | 0.053901762 | 275.16577 | 0.007298423 |

（续）

| 算　　子 | 明文运行时间 | 加密运行时间 | 总绝对误差 | 平均相对误差 |
|---|---|---|---|---|
| reciprocal | 4.66E-06 | 0.042011501 | 3.8595457 | 0.024774486 |
| cos | 1.94E-05 | 0.035613719 | 193.60045 | 0.22610255 |
| sin | 1.40E-05 | 0.03206266 | 175.29103 | 0.11197538 |
| sum | 3.99E-06 | 4.08E-05 | 0.03125 | 6.25E-08 |
| mean | 7.64E-06 | 8.53E-05 | 1.14E-05 | 2.29E-07 |
| neg | 3.44E-06 | 5.96E-05 | 0.053222653 | 6.72E-07 |
| add | 3.91E-06 | 8.54E-05 | 0.12950818 | 7.97E-07 |
| sub | 4.15E-06 | 8.88E-05 | 0.05351848 | 1.66E-06 |
| mul | 3.81E-06 | 0.001393983 | 3.9278142 | 7.64E-05 |
| matmul | 1.72E-05 | 0.007089047 | 3.796875 | 1.51E-05 |
| gt | 4.55E-06 | 0.001342323 | 0 | 0 |
| lt | 4.42E-06 | 0.001395374 | 0 | 0 |
| eq | 5.93E-06 | 0.002670937 | 0 | 0 |
| conv2d | 0.000466812 | 0.013166535 | 6.121998 | 3.27E-05 |

其模型测试数据为 $(5000, 20)$ 的二分类样本，循环 3 次分别测试逻辑回归和前向神经网络模型的训练与预测时间，前向神经网络模型结构为 $(20, 10, 5, 1)$，测试结果见表 4-3，时间单位为秒。

表 4-3　CrypTen 模型训练与预测时间对比

| 模　　型 | 每 epoch 训练时间 | 预测时间 | 是否明文 | 准　确　率 |
|---|---|---|---|---|
| 前向神经网络 | 0.020042654 | 0.002300374 | 是 | 0.920799971 |
| 前向神经网络 | 0.504793447 | 0.263971202 | 否 | 0.935199976 |
| 逻辑回归 | 0.000555787 | 0.000108689 | 是 | 0.811999977 |
| 逻辑回归 | 0.218514837 | 0.061239339 | 否 | 0.81279999 |

## 4.3　TF Encrypted 中的协议实现

当前版本的 TF Encrypted 中主要包含 ABY3、Pond、SecureNN 三个协议，核心实现代码在 tf_encrypted/protocol 下。其中，ABY3 在 2018 年由 Payman Mohassel 等人提出，SecureNN 协议在 2019 年由 Sameer Wagh 等人在论文 *SecureNN：3-Party Secure Computation for Neural Network Training* 中提出，而 Pond 协议主要为对 SPDZ（2011 年由 Ivan Damgard 等人提出）的向量优化，并加入辅助第三方以进行 Beaver 三元组生成。本书考虑协议的提出时间，仅详细介绍 ABY3 和 SecureNN 协议，其中 ABY3 将在 5.3.2 节中进行介绍，本节主要介绍 SecureNN 协议的实现。

在 TF Encrypted 中，另外一个和协议实现关联较大的目录为 tf_encrypted/tensor，该目录定义了 MPC 不同位长下 Tensor 的基础操作，包括 1、8、16、32、64、100，其中 100 位长 Tensor 需要使用 CRT 方式进行编码。

## 4.3.1 SecureNN 协议

SecureNN 协议是一种高效的三方安全 PPML 协议，同时提供半诚实和单个恶意方的安全模型，该协议仅使用算术秘密共享实现了深度学习中的常用算子，包括线性层、卷积层、ReLu、MaxPool、正则化及它们的微分，其算子的组合构造如图 4-4 所示。之前的协议给出的方案中通常使用算术电路构造线性层，使用姚氏电路（或布尔电路）计算非线性函数（如 ReLU 和 MaxPool 非线性函数，其核心的算子为 MSB 函数），因为这两种电路不能很好地兼容，所以通常会使用转换协议完成不同协议下密态数据的切换，而混淆电路部分算子的通信量随着安全参数成比例增长，导致这些协议在计算非线性激活函数时效率较低。SecureNN 协议在构造非线性激活函数中避免了混淆电路计算，因此效率得到了有效的提升，该协议支持半诚实的安全模型，也允许一个敌手被腐化的恶意模型，协议中的所有算子输入的秘密份额都为 $Z_{2^{64}}$ 这个整数环下的元素，且输出的秘密份额仍在相同环上。

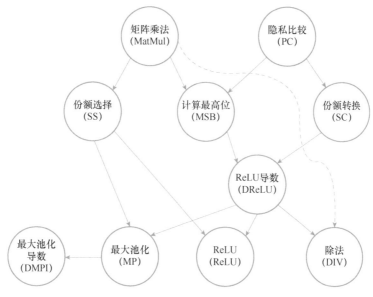

• 图 4-4　SecureNN 协议算子组合构造图

SecureNN 包含三个参与方 $P_0$、$P_1$ 和 $P_2$，在协议的各个算子中，始终保持 $P_0$、$P_1$ 为输入秘密值的 2-out-of-2 的加法秘密拆分，且在算子执行完成后，$P_0$、$P_1$ 得到新的计算结果的秘密份额，$P_2$ 在协议中承担辅助节点（如随机值生成）及一些关键计算的角色（如隐私比较中的 0 值查找）。在完成秘密拆分后，其加法和乘法过程与常见的加法秘密共享类似，由于 SecureNN 中的 $P_2$ 节点为辅助节点，因此可通过 $P_2$ 节点进行 Beaver 三元组辅助生成，通过 Beaver 三元组矩阵化处理的方式，可实现矩阵乘法算子 $\prod_{\text{MatMul}}(\{P_0, P_1\}, P_2)$。

SecureNN 的一个重要创新是最高位计算（MSB）。该方案观察到在奇数环中有 $\text{MSB}(a) = \text{LSB}(2a)$，即将最高位问题转换为更容易计算的最低位（LSB）问题，定义 $y = 2a$，$\text{LSB}(y) =$

$y[0]$。根据以下三个规律，可计算 $y$ 的最低位。

1）根据环中的加法 $v=u+w$ 可知，若该加法未溢出，则有 $u[0]=v[0]\oplus w[0]$，否则有 $u[0]=v[0]\oplus w[0]\oplus 1$。

2）若由 $P_2$ 辅助生成随机掩码 $x$，则 $P_0$ 和 $P_1$ 可安全揭秘 $r=y+x$，因为此时 $y$ 被随机数掩盖。

3）若 $r$ 溢出，则必有 $x>r$。此时 $r$ 为明文，$x$ 为秘密值。

因此，求秘密值 $y$ 最低位问题转变成秘密值和一个明文数的隐私比较问题，即

$$r[0]=x[0]\oplus y[0]\oplus(x>r)\Rightarrow y[0]=r[0]\oplus x[0]\oplus(x>r)$$

**1. 隐私比较**

由于 $r$ 为公开数，因此隐私比较问题可以直接在算术加法电路上通过逐位比较进行，逐位比较可在本地完成大部分计算。要判断 $x>r$ 是否成立，只需要从最高位开始逐位判断 $x[i]$ 和 $r[i]$ 是否相等，若在第 $i$ 位不相等，则必有

$$\begin{cases} x[i]=1, r[i]=0 & x>r \\ x[i]=0, r[i]=1 & x<r \end{cases}$$

因此，$P_0$、$P_1$ 可构造两个计算（秘密份额下进行计算）

$$w_i=x[i]\oplus r[i]=x[i]+r[i]-2x[i]r[i]$$

$$c_i=r[i]-x[i]+1+\sum_{k=i+1}^{l} w_k$$

其中，$w_i$ 用于判断 $x[i]$ 和 $r[i]$ 是否相等，$c_i$ 用于判断在不相等位上是否有 $x[i]=1$，若第 $i$ 位不相等，则仅当 $x>r$ 时有 $c_i=0$。因此，只需要从 $c_i$, $i\in\{1,\cdots,l\}$ 列表中检查是否存在 0 值即可判断 $x>r$ 是否成立，而 $c_i$ 需要在辅助节点 $P_2$ 进行恢复和 0 值查找，若直接给出 $c_i$ 列表，则向 $P_2$ 泄露了比较结果。为了保证计算期间的隐私安全，$P_0$ 和 $P_1$ 随机抽样一个位 $\beta$，当 $\beta=0$ 时，计算 $x>r$ 逻辑，当 $\beta=1$ 且 $r\neq 2^l-1$ 时，判断 $1\oplus(x>r)\equiv(x\leqslant r)\equiv(x<(r+1))$，而 $x<(r+1)$ 的判断和 $x>r$ 基本类似，只需要修改 $c_i$ 的计算为

$$c_i=x[i]-r[i]+1+\sum_{k=i+1}^{l} w_k$$

若 $r=2^l-1$，则

$$\begin{cases} c_i=1 & i\neq 1 \\ c_i=0 & i=1 \end{cases}$$

其中，0 和 1 均为协议初始化得到的秘密共享份额。$P_0$、$P_1$ 得到 $c_i$ 后，将 $c_i$ 值乘以随机值 $s_i$ 并随机排序，然后发送给 $P_2$，$P_2$ 将 $c_i$ 恢复后进行 0 值查找，即得到 $\beta\oplus(x>r)$，再将该值重新分享给 $P_0$、$P_1$，即本节开头计算最低位过程中第 3）步结果的秘密份额。

由于 $c_i$ 值需要随机化，而 $c_i$、$x[i]$ 和 $r[i]$ 的范围均仅为 $[0,64]$，因此可使用 $Z_{67}$ 这样"更小"的坏进行表达，反之，若使用 $Z_{L-1}$ 来表达，则会增加通信复杂度。因此，可将 $s_i$ 也定义在 $Z_{67}$ 上，则隐私比较计算过程中的秘密份额均定义在 $Z_{67}$ 下，可以明显提升通信效率。

**2. 份额转换**

由于在隐私比较算子中，需要份额在奇数环 $Z_{L-1}$（$L=2^{64}$ 或 $L=2^{32}$）上进行计算，而加法秘密共享的秘密份额和其他计算通常定义在 $Z_L$ 环上（因为 Long、Int 数据类型已经实现

了求模运算，所以一般计算通常在 $Z_L$ 环上），因此需要进行份额转换操作（Share Convert），$P_0$ 和 $P_1$ 将其秘密份额 $\langle a \rangle^L$ 转换为 $\langle a \rangle^{L-1}(a \neq L-1)$。显然，当 $a < L$ 时，有 $a \bmod L = a \bmod (L-1)$，否则

$$a \bmod L = a - (L-1) - 1 \bmod L$$

若定义溢出函数 $\kappa := \mathrm{wrap}(x, y, L) = 1 ? (x+y > L) : 0$，且令 $\theta = \mathrm{wrap}(\langle a \rangle^L_0, \langle a \rangle^L_1, L)$ 表示 $a$ 恢复后是否在 $Z_L$ 溢出，则可通过下式将 $a$ 转换到 $Z_{L-1}$

$$(a - (L-1) - \theta) \bmod L = (a - \theta) \bmod (L-1)$$

因此，该问题被转换为安全计算 $\theta$。

若 $P_0$、$P_1$ 拥有随机秘密共享 $\langle r \rangle^L_0$，$\langle r \rangle^L_1$，则可构造以下等式：

1）$r = \langle r \rangle^L_0 + \langle r \rangle^L_1 - \alpha L$，其中，$\alpha = \mathrm{wrap}(\langle r \rangle_0, \langle r \rangle_1, L)$；

2）$x = a + r - (1-\eta)L$，其中，$\eta = \eta' \oplus \eta'' = (x > r-1)$；

3）$a = \langle a \rangle^L_0 + \langle a \rangle^L_1 - \theta L$，其中，$\theta = \mathrm{wrap}(\langle a \rangle^L_0, \langle a \rangle^L_1, L)$；

4）$\langle \tilde{a} \rangle^L_j = \langle a \rangle^L_j + \langle r \rangle^L_j - \beta_j L$，其中，$\beta_j = \mathrm{wrap}(\langle a \rangle_j, \langle r \rangle_j, L)$；

5）$x = \langle \tilde{a} \rangle^L_0 + \langle \tilde{a} \rangle^L_1 - \delta L$，其中，$\delta = \mathrm{wrap}(\langle \tilde{a} \rangle_0, \langle \tilde{a} \rangle_1, L)$。

在等式 1）中，$\alpha$ 可通过 $P_0$、$P_1$ 计算得到；在等式 4）中，$\beta_j$ 可通过 $P_0$、$P_1$ 直接计算得到，由于 $\alpha$ 被 $r$ 掩盖，因此可将 $\langle \tilde{a} \rangle_j$ 发送给 $P_2$；$P_2$ 计算等式 5）得到 $\delta$，并将 $\delta$ 与 $x$ 每一位的秘密共享 $\{\langle x[i] \rangle^p_j\}_{i \in [l]}$ 发送给 $P_0$、$P_1$；在 $Z_L$ 调用隐私比较 $x > r-1$ 时，$P_0$、$P_1$ 生成随机掩盖位 $\eta''$，$P_2$ 得到掩盖后的隐私比较结果 $\eta'$，$P_2$ 将 $\eta'$ 秘密共享给 $P_0$、$P_1$，且 $P_0$、$P_1$ 通过二者"异或"得到等式 2）中 $\eta$ 的秘密份额；而等式 3）为份额转换需要计算的目标。显然，对于以上等式，可构造关系等式 1）+等式 2）+等式 3）−等式 4）−等式 5）= 0，则可推导出

$$\theta = \beta_0 + \beta_1 - \alpha + \delta + \eta - 1$$

通过以上推导关系，可在秘密份额上计算 $\theta$。

**3. 份额选择**

在深度学习中，经常将 $\mathrm{ReLU}(x) = \max(0, x)$ 作为激活函数，其一阶导数为

$$\mathrm{ReLU}'(x) = \begin{cases} 1 & x > 0 \\ 0 & x \leq 0 \end{cases}$$

因此，ReLU 函数可重新表示为 $\mathrm{ReLU}(x) = \mathrm{ReLU}'(x)x$，只要实现了 $\mathrm{ReLU}'$，就可以很容易地得到 ReLU。$\mathrm{ReLU}'$ 是一个选择函数，可通过提取 $x$ 最高位将它表示为一个统一形式的复合函数（份额选择函数），令 $a = 1$，$b = 0$，则 $\mathrm{ReLU}'(x) = (1 - \mathrm{MSB}(x))a + \mathrm{MSB}(x)b$，在新的表达中，MSB、加法、乘法在前面已给出，所以可以在秘密共享下很容易地计算 $\mathrm{ReLU}'$。

根据以上关于基础算子构建的介绍，可以得到 ReLU 和隐私比较（Private Compare）的流程，如图 4-5 所示。

其他更复杂的算子，如卷积、MaxPool、除法及对应导数等，在 SecureNN 论文中也给出了详细描述，读者可自行参考。该文作者 Sameer Wagh 等人也对 SecureNN 协议使用 C++ 进行了开源实现，地址为 https://www.github.com/snwagh/securenn-public.git。

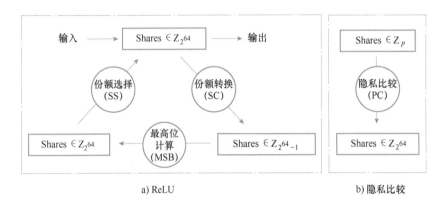

a) ReLU　　　　　　　　　　　　b) 隐私比较

• 图 4-5　ReLU 和隐私比较的流程示意图

## 4.3.2　TF Encrypted 中 SecureNN 的实现

在 TF Encrypted 中，SecureNN 协议的主要代码在目录 tf_encrypted/protocol/securenn 中，该目录中主要的两个文件为 securenn.py 和 odd_tensor.py，其中 securenn.py 实现了协议的算子，odd_tensor.py 用于定义环 $Z_{L-1}$ 上的 tensor 操作。由于 SecureNN 有大部分计算与 Pond 协议一致，因此 TF Encrypted 中 SecureNN 协议的实现继承了 Pond，共用 Pond 的大部分操作。本节仅介绍一些核心算子的实现。

隐私比较算子的实现如下。

```
def _private_compare(
    prot,
    x_bits: PondPrivateTensor,
    r:PondPublicTensor,
    beta:PondPublicTensor,
):
"""Logic for private comparison."""
    # TODO[Morten] no need to check this (should be free)
    assert x_bits.backing_dtype == prot.prime_factory
    assert r.backing_dtype.native_type == prot.tensor_factory.native_type

    out_shape = r.shape
    out_dtype = r.backing_dtype
    prime_dtype = x_bits.backing_dtype
    bit_length = x_bits.shape[-1]

    assert r.shape == out_shape
    assert r.backing_dtype.native_type == out_dtype.native_type
    assert not r.is_scaled

    assert x_bits.shape[:-1] == out_shape
    assert x_bits.backing_dtype == prime_dtype
    assert not x_bits.is_scaled
```

```
assert beta.shape == out_shape
assert beta.backing_dtype == prime_dtype
assert not beta.is_scaled

with tf.name_scope("private_compare"):

    with tf.name_scope("bit_comparisons"):

        # use either r or t = r + 1 according to beta
        s = prot.select(prot.cast_backing(beta, out_dtype), r, r + 1)
        s_bits = prot.bits(s, factory=prime_dtype)
        assert s_bits.shape[-1] == bit_length

        # compute w_sum
        w_bits = prot.bitwise_xor(x_bits, s_bits)
        w_sum = prot.cumsum(w_bits, axis=-1, reverse=True, exclusive=True)
        assert w_sum.backing_dtype == prime_dtype

        # compute c, ignoring edge cases at first
        sign = prot.select(beta, 1, -1)
        sign = prot.expand_dims(sign, axis=-1)
        c_except_edge_case = (s_bits - x_bits) * sign + 1 + w_sum

        assert c_except_edge_case.backing_dtype == prime_dtype

    with tf.name_scope("edge_cases"):

        # adjust for edge cases, i.e. where beta is 1 and s is zero
        # (meaning r was -1)

        # identify edge cases
        edge_cases = prot.bitwise_and(beta, prot.equal_zero(s, prime_dtype))
        edge_cases = prot.expand_dims(edge_cases, axis=-1)

        # tensor for edge cases: one zero and the rest ones
        c_edge_vals = [0] + [1] * (bit_length - 1)
        c_const = tf.constant(
            c_edge_vals, dtype=prime_dtype.native_type, shape=(1, bit_length)
        )
        c_edge_case_raw = prime_dtype.tensor(c_const)
        c_edge_case = prot._share_and_wrap(c_edge_case_raw, False)

        c = prot.select(edge_cases, c_except_edge_case, c_edge_case)
        assert c.backing_dtype == prime_dtype

    with tf.name_scope("zero_search"):

        # generate multiplicative mask to hide non-zero values
        with tf.device(prot.server_0.device_name):
            mask_raw = prime_dtype.sample_uniform(c.shape, minval=1)
            mask = PondPublicTensor(prot, mask_raw, mask_raw, False)
```

```
# mask non-zero values; this is safe when we're in a prime dtype
# (since it's a field)
c_masked = c * mask
assert c_masked.backing_dtype == prime_dtype


# TODO[Morten] permute


# reconstruct masked values on server 2 to find entries with zeros
with tf.device(prot.server_2.device_name):
    d = prot._reconstruct(* c_masked.unwrapped)
    # find all zero entries
    zeros = d.equal_zero(out_dtype)
    # for each bit sequence, determine whether it has one or no zero in it
    rows_with_zeros = zeros.reduce_sum(axis=-1, keepdims=False)
    # reshare result
    result = prot._share_and_wrap(rows_with_zeros, False)

assert result.backing_dtype.native_type == out_dtype.native_type
return result
```

如上面代码所示，隐私比较算子的输入为 $x$ 各个位的秘密份额 x_bits、随机数 $r$ 和一个用于掩盖结果的位 beta，进入函数后，进行一定的参数检查，确保各参数在正确的环（其小素数环默认使用了 $Z_{107}$，与 SecureNN 论文中的 $Z_{67}$ 不一致，但并不影响正确性）上，并具有正确的数据类型和张量维度。上述代码首先通过 beta 参数判断是使用 $r$ 还是 $r+1$ 进行比较，将 s_bits 作为待比较值的位分解，对 x_bits 和 s_bits 进行"异或"，得到 $w$，同时进行 $w$ 的累加 $\sum_{k=i+1}^{l} w_k$；其次分别计算不同条件下 $c_i$ 的结果 c_except_edge_case、c_edge_case，并通过 select 函数得到正确的 $c_i$；最后，在 $P_0$、$P_1$ 中使用乘法掩码掩盖 $c_i$（与 SecureNN 论文不一样的是，此处并未进行随机排序），在 $P_2$ 中对 $c_i$ 恢复进行 0 值查找，并将查找结果重新分享给 $P_0$、$P_1$。

因为 TF Encrypted 中的 SecureNN 默认各操作均在奇数环下进行，所以并未实现份额转换操作。然而，在 share-convert-2 分支下给出了份额转换的代码实现。

```
def share_convert(self, a):
    """
    Convert which ring `x` belongs to.  This protocol is not implemented yet.
    Some operations insecureNN only work in an odd ring.  This function
    is used to convert from one ring to another.
    :param PondTensor x: The tensor to convert.
    """


    L = self.tensor_factory.modulus


    if L > 2 ** 64:
        raise Exception('SecureNN share convert only support moduli of less or equal to 2 ** 64.')


    with tf.device(self.server_0.device_name):
```

```
    # Common randomness
    npp = _generate_random_bits(self, a.shape)
    r = self.tensor_factory.sample_uniform(a.shape)
    r_0, r_1 = self._share(r)
    r =PondPublicTensor(self, r, r, is_scaled=False)
    alpha = self.compute_wrap(r_0, r_1, L)

with tf.device(self.server_0.device_name):
    # line 2
    a_hat_0 = a.share0 + r_0
    beta_0 = self.compute_wrap(a.share0, r_0, L)

with tf.device(self.server_1.device_name):
    # line 2
    a_hat_1 = a.share1 + r_1
    beta_1 = self.compute_wrap(a.share1, r_1, L)

# line 3
with tf.device(self.crypto_producer.device_name):
    # line 4
    a_hat = a_hat_0 + a_hat_1
    x =PondPublicTensor(self, a_hat, a_hat, is_scaled=False)
    gamma = self.compute_wrap(a_hat_0, a_hat_1, L)

    # line 5
    x_bits = x.value_on_0.to_bits(self.prime_factory)
    x_bits = self._share_and_wrap(x_bits, is_scaled=False)
    # need shares of gamma in L-1
    gamma_odd = gamma.cast(self.odd_factory)
    gamma = self._share_and_wrap(gamma_odd, is_scaled=False)

# line 6
np = _private_compare(self, x_bits, r - 1,npp)

# line 7 (convert np to L-1)
with tf.device(self.crypto_producer.device_name):
    np_0, np_1 = np.reveal().unwrapped
    np_0 = np_0.cast(self.odd_factory)

    np_odd = self._share_and_wrap(np_0, is_scaled=False)

# line 9
# n = np_odd +npp - np_odd * npp * 2

# line 10, j = 0
with tf.device(self.server_0.device_name):
    n_0 = np_odd.share0 +npp.value_on_0 - (np_odd.share0 * npp.value_on_0 * 2)
    a_0 = a.share0.cast(self.odd_factory)
    theta_0 = beta_0.cast(self.odd_factory) + (((-alpha).cast(self.odd_factory) - 1) * 1) +
gamma.share0 + n_0
```

```
        y_0 = a_0 - theta_0

    # line 10, j = 1
    with tf.device(self.server_1.device_name):
        n_1 = np_odd.share1 - (np_odd.share1 * npp.value_on_1 * 2)
        a_1 = a.share1.cast(self.odd_factory)
        theta_1 = beta_1.cast(self.odd_factory) + (((-alpha).cast(self.odd_factory) - 1) * 0) +
gamma.share1 + n_1
        y_1 = a_1 - theta_1

    # line 11
    y = PondPrivateTensor(self, y_0, y_1, is_scaled=False)
    return y

def compute_wrap(self, s0, s1, L: int):
    # classical overflow
    overflow_max = tf.cast(tf.logical_and((s0.value > 0), (s1.value > tf.int64.max - s0.val-
ue)), dtype=tf.bool)
    overflow_min = tf.cast(tf.logical_and((s0.value < 0), (s1.value < tf.int64.min - s0.val-
ue)),dtype=tf.bool)

vals = tf.where(
        overflow_max,
        tf.ones(s0.shape,dtype=s0.value.dtype),
        tf.zeros(s0.shape, dtype=s0.value.dtype)
)
vals = tf.where(
        overflow_min,
        tf.ones(s0.shape,dtype=s0.value.dtype) * -1,
        vals
)

    return Int64Tensor(vals)
```

下面简单介绍一下上述实现代码（代码中的"# line xx"为 SecureNN 论文中份额转换子协议对应的行号）。

1）函数 share_convert 的输入为秘密共享值 $a$，首先生成随机位 npp（即 $\eta''$），计算出公共随机值 $r$ 及对应溢出 alpha，compute_wrap 为公共的溢出计算函数。

2）然后在 $P_0$、$P_1$ 分别将 $a$ 的秘密份额和 $r$ 的秘密份额相加，得到秘密份额 a_hat_$i$（即 $\langle \tilde{a} \rangle$），计算其溢出，得到 beta_0 和 beta_1。

3）接着在 $P_2$ 中恢复 $x$ = a_hat 及其溢出 gamma，将 $x$ 按位分享给 $P_0$、$P_1$。

4）然后，$P_0$、$P_1$、$P_2$ 共同执行隐私比较子协议（掩盖位为 npp，即 $\eta''$），这样 $P_2$ 将得到明文 np（即 $\eta'$），在 $P_2$ 中进行环转换，得到 $L-1$ 环上的 np，将 np 重新分享给 $P_0$、$P_1$。

5）$P_0$、$P_1$ 将 np 与 npp 进行"异或"，得到 $L-1$ 环上的 n_1（即 $\eta$），它为隐私比较子协议的实际结果。

6）$P_0$、$P_1$ 根据关系推导式计算得到秘密份额 theta 及 $L-1$ 环上的 $\langle y \rangle = \langle a \rangle - \langle \theta \rangle$，该值即为 $L$ 环上 $a$ 转换为 $L-1$ 环的结果，协议结束。

## 4.3.3 TF Encrypted 主要安全算子

TF Encrypted 在进行秘密共享份额 Tensor 操作前，需要先将 Tensor 定义为隐私变量，然后使用安全算子操作 Tensor。Tensor 的安全算子在使用上和 TensorFlow 基本类似（部分操作需要导入并调用 tfe 库实现），除常规的线性变换类算子以外，还支持位运算、关系运算、卷积、非线性激活函数、reduce 等操作，另外也支持对 Tensor 的组合、切分、索引、切片、补齐、类型转换等操作。一些常规安全算子的示例如下。

```python
import numpy as np
import tensorflow as tf
import tf_encrypted as tfe
from tf_encrypted.protocol importSecureNN
tfe.set_protocol(tfe.protocol.SecureNN())
### 定义输入
x_in = np.random.normal(size=[4, 5])
filter_values = np.random.normal(size=[5, 4])
input_1 = tfe.define_private_variable(x_in)         ### 定义隐私输入变量
filter_filter =tfe.define_private_variable(filter_values)
input_2 = tfe.define_private_variable(np.random.normal(size=[4, 5]))
### 加法
out =input_1 + input_2
out = out.reveal().to_native()
### 点积
out =input_1 * input_2
out = out.reveal().to_native()
### 除法
out =input_1 / 2
out = out.reveal().to_native()
### 矩阵乘法
out = input_1.matmul(filter_filter)
out = out.reveal().to_native()
### 负数
neg_out =-input_1
out = neg_out.reveal().to_native()
### 位移(需要使用 ABY3 协议)
out =input_1 << 2
out = out.reveal().to_native()
### 关系运算(需要使用 ABY3 协议)
out =input_1 <= input_2
out = out.reveal().to_native()

### 平方根(需要使用 ABY3 协议)
sqrt_out = tfe.sqrt(input_1)
out =sqrt_out.reveal().to_native()
### max 聚合
out_tfe = tfe.reduce_max(input_1, axis=0)           ### 求 0 轴最大值
for _ in range(2):
actual = out_tfe.reveal().to_native()
```

```
### sum 聚合
out =tfe.reduce_sum(input_1, axis=1)          ### 1 轴累加聚合
final = out.reveal().to_native()
### tensor 组合
out =tfe.stack((input_1,input_2), axis=0)  ## 在 0 轴进行 stack 操作
out =tfe.concat([input_1,input_2], 1)         ### 在 1 轴进行 concat 操作
# 卷积
batch_size, channels_in, channels_out = 32, 3, 64
img_height, img_width = 28, 28
input_shape = (batch_size, channels_in,img_height, img_width)        ### 3 * 3 * 28 * 28
input_conv = np.random.normal(size=input_shape).astype(np.float32)
strides = (2, 2)                ### 定义卷积滑动步长
filter_shape = (2, 2)          ### 定义卷积核形状
filter_values = np.random.normal(size=[2, 2, 3, 64])               ### 卷积核权重
conv_input = tfe.define_private_variable(input_conv)            ### 定义输入层
conv_layer = tfe.keras.layers.Conv2D(
    channels_out,
    filter_shape,
    strides=strides,
    use_bias=False,
    data_format="channels_first",
)          ### 定义卷积层
conv_layer.build(input_shape)
conv_layer.set_weights([filter_values])
conv_out = conv_layer.call(conv_input)
out = conv_out.reveal().to_native()
```

## 4.3.4  实例：使用 TF Encrypted 实现纵向训练

　　TF Encrypted 在 examples 目录下给出了多个联邦学习、联合训练/推理的示例，包括简单的求平均值、逻辑回归、线性回归，以及复杂的神经网络。本节以纵向联合训练为例，介绍 TF Encrypted 的安全模型训练流程。

　　在 examples/application/joint-train 目录中，包含了一个配置文件、纵向和横向联合训练的 Python 脚本及 Shell 启动脚本。配置文件定义了所有参与联合训练的节点，Python 脚本定义了数据的生成和拼接方式，Shell 启动脚本提供了 Linux 单机模拟快速启动的入口。

　　配置文件定义如下。

```
{
    "server0": "127.0.0.1:4440",
    "server1": "127.0.0.1:4441",
    "server2": "127.0.0.1:4442",
    "train-data-owner-0": "127.0.0.1:4443",
    "train-data-owner-1": "127.0.0.1:4444",
    "train-data-owner-2": "127.0.0.1:4445",
    "test-data-owner": "127.0.0.1:4446"
}
```

　　以上代码通过" ${player_name}"":" ${ip}:${port}"方式定义了多个节点，其中 server0 ~

server2 是用于进行 MPC 协议计算的节点，train-data-owner-0 ~ train-data-owner-2 为训练数据提供节点，test-data-owner 为测试数据提供节点。示例中将计算节点和数据提供节点分开，主要展示了 TF Encrypted 在异构计算场景中的能力和特定使用风格，即数据节点可以是一台轻量级的笔记本计算机，而计算节点可以是一台高性能服务器。在实际应用中，可直接将 server0 ~ server2 三个协议运行节点同时作为数据提供节点。

纵向联合训练的 Shell 启动脚本 run-vertical-remote.sh 会依次调用 "python-mtf_encrypted. player ${player} --config ${config_file}" 来启动所有节点并作为服务，由于所有节点都在单机上模拟，因此可直接在一台机器上启动所有服务，而在实际应用中，应在对应计算节点分别启动服务。Shell 启动脚本最后使用 Python 启动了训练脚本 vertical-training.py，进行所需的算法训练。

纵向联合训练的 Python 脚本 vertical-training.py 默认使用 ABY3 协议，且接收两个必选参数：model_name 和 data_name。model_name 表示训练所用模型，示例在 examples/models 下提供了多个模型，包括多个深度神经网络和逻辑回归，所有模型都通过 Keras 风格进行了定义。data_name 表示所使用的数据集，数据集在 tf_encrypted.keras.datasets 模块中被导出，其主要数据集为 MNIST。各数据节点通过对 MNIST 数据集的列进行切片，使各节点具有相同样本的不同特征，并生成数据集迭代器，数据迭代器被封装在一个用于数据秘密输入共享的 DataOwner 类中。然后，脚本根据传入模型名称实例化模型、损失函数和优化器，并对模型进行编译，得到参数为密文（秘密份额）的模型。在实例化 DataOwner 和模型后，将通过 vertical_combine 方法遍历所有 DataOwner 的秘密份额，将秘密份额进行纵向拼接，返回当前迭代训练样本的所有特征的秘密份额和标签，并调用 model.fit 方法进行安全训练。在得到训练好的模型后，可按照同样流程实例化测试数据集 DataOwner 和模型，并直接将训练好模型的参数权重直接设置到预测模型中进行预测。核心代码如下。

```python
def vertical_combine(data_owners):
    data_iters = [data_owner.provide_data() for data_owner in data_owners]
    while True:
        feature_0, label = next(data_iters[0])
        feature_1 = next(data_iters[1])
        feature_2 = next(data_iters[2])
        feature = tfe.concat([feature_0, feature_1, feature_2], axis=1)
        yield feature, label

if __name__ == "__main__":

    parser = argparse.ArgumentParser(
        description="Train a TF Encrypted model with vertically splited dataset"
    )
    ...

    # 设置 tfe 协议
    tfe.set_protocol(globals()[args.protocol](fixedpoint_config=args.precision))

    Dataset = globals()[args.data_name + "Dataset"]
    train_dataset = Dataset(batch_size=128)
```

```
# 设置训练数据提供方
train_data_owners = [
    DataOwner(
        config.get_player("train-data-owner-0"),
        train_dataset[:, 0:8].generator_builder(label=True),    ### 该节点提供第 0-8
### 列特征,并提供 y 标签
    ),
    DataOwner(
        config.get_player("train-data-owner-1"),
        train_dataset[:, 8:16].generator_builder(label=False),),
    DataOwner(
        config.get_player("train-data-owner-2"),
        train_dataset[:, 16:28].generator_builder(label=False),),]

# 设置测试数据提供方
test_dataset = Dataset(batch_size=100, train=False)
test_data_owner =DataOwner(
    config.get_player("test-data-owner"), test_dataset.generator_builder()
)

# 实例化需要训练的模型
model =globals()[args.model_name](
    train_dataset.batch_shape, train_dataset.num_classes
)
...
# 设置损失函数和优化器
optimizer =tfe.keras.optimizers.Adam(learning_rate=0.001)
loss =tfe.keras.losses.CategoricalCrossentropy(
    from_logits=True, lazy_normalization=True
)
## 转换为密态模型
model.compile(optimizer, loss)

print("Train model")
train_data_iter = vertical_combine(train_data_owners)        ## 拼接特征秘密份额
model.fit(x=train_data_iter,epochs=args.epochs, steps_per_epoch=train_dataset.itera-
tions)   ## 开始训练

print("Set trained weights")
model_2 =globals()[args.model_name](
    train_dataset.batch_shape, train_dataset.num_classes
)## 实例化预测模型
model_2.set_weights(model.weights)       ### 直接设置密态权重

print("Evaluate")
test_data_iter = test_data_owner.provide_data()      ### 获取密态测试数据集
result = model_2.evaluate(
x=test_data_iter, metrics=metrics, steps=test_dataset.iterations)      ## 预测
print(result)
```

　　在运行 run-vertical-remote.sh 脚本后，将自动启动所有节点和运行训练任务，并在当前

目录输出各节点日志。模型训练脚本日志保存于 log_master.txt 文件中，由于默认迭代次数为 5 次，训练所有样本需要等待较长时间，可在脚本启动时设置迭代次数参数--epochs = 2，以减少训练时间。在正常运行后，log_master.txt 输出的日志如下。

```
I tensorflow/core/distributed_runtime/rpc/grpc_channel.cc:272] Initialize GrpcChannel
Cache for job tfe -> {0 -> 127.0.0.1:4440, 1 -> 127.0.0.1:4441, 2 -> 127.0.0.1:4442, 3 -> 127.0.0.
1:4443, 4 -> 127.0.0.1:4444, 5 -> 127.0.0.1:4445, 6 -> 127.0.0.1:4446}
...
I tensorflow/core/distributed_runtime/rpc/grpc_server_lib.cc:438] Started server with tar-
get: grpc://localhost:50394
Train model
Epoch 1/2
468/468 [==============================] - 283s 461ms/step - loss: 0.2985 - time:
0.5442
Epoch 2/2
468/468 [==============================] - 231s 494ms/step - loss: 0.1353 - time:
0.4314
Set trained weights
Evaluate
{'categorical_accuracy': <tf.Tensor: shape=(),dtype=float32, numpy=0.9602>}
```

从日志可以看出，经过两次迭代，最终准确率达到约 0.96。

## 4.4　CrypTen 协议及实现介绍

CrypTen 由 Facebook AI Research 的 Knott 等人在 2021 年发表的论文 *CrypTen: Secure Multi-Party Computation Meets Machine Learning* 中提出，整体架构设计的示意图如图 4-6 所示。该协议主要基于算术秘密共享和布尔秘密共享实现，它提供了对应不同类型秘密份额的转换方法。在秘密共享进行乘法或"与"门计算时，采用了 Beaver 三元组方案，CrypTen 以可信第三方形式（TTP 或 TFP 模式）进行 Beaver 三元组的生成。秘密共享份额作为 CrypTensor 类（抽象类）的具体实现类中的 Tensor，通过调用 PyTorch Tensor API 进行份额计算。当需要进行份额交互时，通过调用分布式 PyTorch 通信库 NCCL 或 Gloo 实现，通信模块在 CrypTen 初始化阶段调用 crypten.init( ) 建立通信通道。CrypTensor 类作为抽象类，主要提供了 CrypTensor 的子类注册，以及自动求导、反向传播等相关方法，用于 MPC 神经网络模块的计算，MPC 神经网络模块也提供了将明文 ONNX 模型转换为 CrypTen 模型的转换器。CrypTen 的风格和 PyTorch API 非常接近，构建一个简单的神经网络模型的训练代码如下所示。

```
import crypten.optimizer as optimizer import crypten.nn as nn
# 创建模型、损失函数、优化器
model_enc = nn.Sequential(nn.Linear(sample_dim, hidden_dim), nn.ReLU(), nn.Linear(hidden_
dim, num_classes)).encrypt()
criterion = nn.CrossEntropyLoss()
optimizer = optimizer.SGD(model_enc.parameters(), lr=0.1, momentum=0.9,)
# 对样本进行前向计算
target_enc = crypten.cryptensor(target, src=0)
```

```
sample_enc =crypten.cryptensor(sample, src=0) output_enc = model_enc(sample_enc)
# 反向传播及更新模型参数
model_enc.zero_grad()
loss_enc = criterion(output_enc, target_enc)
loss_enc.backward()
optimizer.step()
```

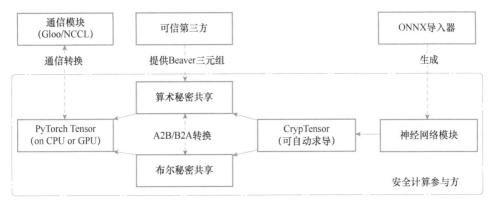

● 图 4-6　CrypTen 整体架构设计示意图

## 4.4.1　CrypTen 协议简介

CrypTen 协议主要参考 SPDZ 和 ABY 实现，以半诚实威胁模型支持任意个数参与方，其算术秘密共享份额定义在模 $Q$ 整数环，$Q=2^L$（$L$ 为统计安全参数），布尔秘密共享（GMW）份额定义在二进制域。算术秘密共享和布尔秘密共享对应的基础运算：加法和乘法、"异或"和"与"操作。

**1. 份额类型转换**

在将算术秘密共享份额 $[\![x]\!]^A$ 转换为布尔秘密共享 $[\![x]\!]^B$ 时，通过参与方将各自持有秘密份额先进行布尔秘密共享，然后使用加法电路将布尔秘密共享份额相加即得到 $[\![x]\!]^B$。

在将布尔秘密共享 $[\![x]\!]^B$ 转换为算术秘密共享份额 $[\![x]\!]^A$ 时，需要先对 $[\![x]\!]^B$ 按位转换为算术秘密共享份额，再进行按位加权 $[\![x]\!]^A = \sum_{b=1}^{B} 2^b [\![x^{(b)}]\!]^A$，$B$ 为 $x$ 的位长度，$x^{(b)}$ 为第 $b$ 位的值，$[\![x^{(b)}]\!]^A$ 为第 $b$ 位的算术秘密共享份额，对于该份额的计算，首先通过可信第三方生成随机位 $r$ 的算术秘密共享和布尔秘密共享（$[\![r]\!]^A$、$[\![r]\!]^B$），对 $[\![x^{(b)}]\!]^B$ 进行掩盖，得到 $[\![z^{(b)}]\!]^B$，将 $[\![z^{(b)}]\!]^B$ 在参与方恢复得到 $z^{(b)}$，再使用算术秘密共享方式进行"异或"计算

$$[\![x^{(b)}]\!]^A = [\![r^{(b)}]\!]^A \oplus z^{(b)} = [\![r^{(b)}]\!]^A + z^{(b)} - 2 [\![r^{(h)}]\!]^{A \cdot (b)}$$

**2. 安全计算**

比较器通过评估函数 $[\![z<0]\!]^A$ 得到，首先将 $[\![z]\!]^A$ 转换为布尔共享类型份额 $[\![z]\!]^B$，其次进行位移操作得到符号位 $[\![b]\!]^B$，最后将符号位转换为算术秘密共享份额 $[\![b]\!]^A$，即为对应结果。其他任何比较运算都可通过 $[\![z<0]\!]^A$ 进行，如 $[\![x<y]\!]^A$ 转换为 $[\![x-y<0]\!]^A$、符号位运算 sign

$(\llbracket x \rrbracket^A)=2\llbracket x>0 \rrbracket^A-1$，绝对值运算$\llbracket |x| \rrbracket^A=\llbracket x>0 \rrbracket^A \cdot \text{sign}(\llbracket x \rrbracket^A)$，ReLU 函数 $\text{ReLU}(x)=$ $\llbracket x \rrbracket^A\llbracket x>0 \rrbracket^A$。另外，CrypTen 也支持选择函数$\llbracket c? \ x:y \rrbracket^A=\llbracket c \rrbracket^A\llbracket x \rrbracket^A+(1-\llbracket c \rrbracket^A)\llbracket y \rrbracket^A$。

### 3. 乘法截断

在两方安全乘法中，乘法结果 $x$ 在秘密份额恢复时会有较小概率出现溢出，通常被忽略。当参与方个数大于 2 时，其出错概率迅速增大，因此需要先计算它在秘密份额恢复时的溢出次数 $\theta_x$，再计算 $x/l=\llbracket x \rrbracket^A/l-\llbracket \theta_x \rrbracket^A(Q/l)$，$\llbracket \theta_x \rrbracket^A$ 的计算方法通过将 SecureNN 中的溢出位计算扩展为 $N$ 方模式得到。

### 4. 最大值及索引

最大值计算有两种方式：第一种通过 tree-reduction 算法实现，该算法递归地将输入数组按照 1/2 长度划分为两份构建树，直到最后叶子节点只有 1 个数据后才进行比较计算；第二种是 pairwise 算法，该算法将所有两两不同的元素进行减法计算以构造矩阵 $A$，然后对矩阵元素进行比较运算$\llbracket A\geqslant 0 \rrbracket$，则最大值所在列应为所有元素都大于或等于 0，通过对列中所有元素累加后与行数比较或累乘方式，使具有最大值的列的元素为$\llbracket 1 \rrbracket$。

上述两种计算方式都通过 one-hot 编码得到最大值索引对应元素为 1 的秘密共享向量 $\llbracket m \rrbracket$，对于第二种方法，当存在多个相等的最大值时，one-hot 向量存在多个为 1 的元素，此时需要再使用变量 $c$ 对 one-hot 向量元素进行累加，并计算$\llbracket c<2 \rrbracket\llbracket m \rrbracket$。

对于最小值索引计算，仅需要将元素取反后进行最大值索引计算。

### 5. 数值近似

仅使用加法、乘法、截断和比较运算计算其他函数的成本是非常高的，CrypTen 使用数值近似方式进行计算，并对准确性、效率和定义域进行了优化，并给出了数值近似算法收敛良好的特定定义域，协议也给出了适用于不同定义域下的对相同函数的不同近似算法。

指数函数可通过泰勒展开方式近似估计，然而它在较大定义域近似所需的多项式阶数增长过快，因此 CrypTen 使用极限方式进行近似

$$e^x = \lim_{n \to \infty} (1+x/2^n)^{2^n}$$

该方式也可高效计算复指数，从而计算正弦和余弦函数。

倒数计算使用牛顿迭代法实现

$$y_{n+1}=y_n(2-xy_n)$$

其中，初始值 $y_0=3e^{0.5-x}+0.003$，该迭代算法可覆盖较大定义域，但只能计算正数的倒数，因此，当定义域可能存在负数时，需要使用 $1/x=\text{sign}(x)/|x|$ 来计算。另外，该方法也适用于计算方阵的逆和矩阵的 Moore-Penrose 伪逆。

平方根可使用牛顿迭代法 $y_{n+1}=(y_n+x/y_n)/2$ 近似计算，但由于其中有倒数计算部分，因此 CrypTen 首先使用牛顿迭代法计算更高效的平方根倒数函数 $y_{n+1}=y_n(3-xy_n^2)/2$，然后使用 $\sqrt{x}=(x^{-0.5})\ x$ 计算平方根。平方根倒数也可用于对向量正则化 $x/\|x\|\ =\ x(\sum_i x_i^2)^{-1/2}$。

对数计算可通过修改过的 Householder 近似算法实现，首先使用 Householder 方法计算$y=\ln(1-x)$的近似值

$$h_n = 1-xe^{-y_n}$$

$$y_{n+1}\ =\ y_n\ -\ \sum_{k=1}^{\infty}(h_n^k/k)$$

其中，$k$ 为多项式阶数，初始值 $y_0 = x/120 - 20e^{-2x-1} + 3$，然后根据 $h_n$ 的计算公式可推导：$\ln(x) = y_n + \ln(1 - h_n)$，CrypTen 默认配置 $k = 8$，迭代次数为 3，可在 $x \in [10^{-4}, 10^2]$ 具有良好的收敛。使用对数和指数函数，可以计算任意数值的任意次方：$x^y = e^{y\ln(x)}$。

sigmoid 函数 $\sigma(x)$ 的计算有多种方式，如直接计算、有理函数逼近、切比雪夫多项式逼近等。CrypTen 结合一些优化手段使用指数和倒数来直接计算 sigmoid 函数。由于 sigmoid 函数值域为 $[0,1]$，其正数定义域内值域为 $[0,0.5]$，因此可先计算 $\sigma(|x|)$，再通过符号位及函数 $\sigma(-x) = 1 - \sigma(x)$ 将定义域扩展到全部定义域。通过 sigmoid 函数，可计算双曲正切函数：$\tanh(x) = 2\sigma(2x) - 1$。

## 4.4.2 CrypTen 主要代码实现

CrypTen 协议实现主要在 crypten/mpc 目录下。

```
$CrypTen/crypten/mpc ls
__init__.py context.pympc.py    primitives provider    ptype.py
```

其中，primitives 目录实现了算术秘密共享（arithmetic.py）、布尔秘密共享（binary.py）、A2B/B2A 转换（converters.py）、电路计算（circuit.py）、基于 Beaver 三元组的乘法和"与"门计算（beaver.py）；provider 目录根据 TTP/TFP 配置的不同实现了 Beaver 三元组辅助生成、随机值秘密份额生成、B2A 所需随机数的算术秘密共享份额和布尔秘密共享份额；mpc.py 实现了抽象类 CrypTensor 的子类 MPCTensor；ptype.py 定义了秘密共享类型枚举值；context.py 定义了以多进程模式启动 CrypTen 计算的装饰器。

arithmetic.py 中实现了算术秘密共享的主要操作，基础二元算术操作由 _arithmetic_function 统一处理。

```
def _arithmetic_function(self, y, op,inplace=False, * args, ** kwargs):  # noqa:C901
    assert op in ["add","sub","mul","matmul","conv1d","conv2d","conv_transpose1d",
        "conv_transpose2d",], f"Provided op `{op}` is not a supported arithmetic function"

    additive_func = op in ["add", "sub"]
    public =isinstance(y, (int, float)) or is_tensor(y)
    private =isinstance(y, ArithmeticSharedTensor)
    ifinplace:
        result = self
        if additive_func or (op == "mul" and public):
            op += "_"
    else:
        result = self.clone()
    if public:
        y = result.encoder.encode(y, device=self.device)
        if additive_func:  # ['add', 'sub']
            if result.rank == 0:
                result.share =getattr(result.share, op)(y)
            else:
                result.share = torch.broadcast_tensors(result.share, y)[0]
        elif op == "mul_":  # ['mul_']
            result.share = result.share.mul_(y)
```

```
    else:  #['mul','matmul','convNd','conv_transposeNd']
        result.share =getattr(torch, op)(result.share, y, * args, ** kwargs)
elif private:
    if additive_func:  #['add','sub','add_','sub_']
        # Re-encode if necessary:
        if self.encoder.scale > y.encoder.scale:
            y.encode_as_(result)
        elif self.encoder.scale < y.encoder.scale:
            result.encode_as_(y)
        result.share =getattr(result.share, op)(y.share)
    else:  #['mul','matmul','convNd','conv_transposeNd']
        protocol =globals()[cfg.mpc.protocol]
        result.share.set_(getattr(protocol, op)(result, y, *args, **kwargs).share.data)
else:
    raise TypeError("Cannot %s %s with %s" % (op, type(y), type(self)))


# Scale by encoder scale if necessary
if not additive_func:
    if public:  # scale by self.encoder.scale
        if self.encoder.scale > 1:
            return result.div_(result.encoder.scale)
        else:
            result.encoder = self.encoder
    else:  # scale by larger of self.encoder.scale and y.encoder.scale
        if self.encoder.scale > 1 and y.encoder.scale > 1:
            return result.div_(result.encoder.scale)
        elif self.encoder.scale > 1:
            result.encoder = self.encoder
        else:
            result.encoder = y.encoder
return result
```

如上面代码所示，先对操作数进行隐私性判断，若为公开操作数，则基本可调用 PyTorch Tensor 对应操作，若为秘密操作数，则先对齐定点编码倍数，判断当前是否为加性操作，加性操作直接调用秘密份额类对应函数，乘法类（非加性）操作则需要找到当前 MPC 的支持协议（globals()[cfg.mpc.protocol]，默认为 Beaver），通过 Beaver 协议实现对应乘法、矩阵乘法、卷积等操作，最后对乘法类操作结果进行截断。

比较运算和位运算主要在布尔秘密共享类文件 binary.py 中实现，比较运算主要依赖于 circuit.py 中的 SPK 电路计算函数，基础位运算实现如下。

```
def __ixor__(self, y):
    """Bitwise XOR operator (element-wise) in place"""
    if is_tensor(y) orisinstance(y, int):
        if self.rank == 0:
            self.share ^= y
    elif isinstance(y, BinarySharedTensor):
        self.share ^= y.share
    else:
        raise TypeError("Cannot XOR %s with %s." % (type(y), type(self)))
```

```
        return self

def __iand__(self, y):
    """Bitwise AND operator (element-wise) in place"""
    if is_tensor(y) orisinstance(y, int):
        self.share &= y
    elif isinstance(y, BinarySharedTensor):
        self.share.set_(beaver.AND(self, y).share.data)
    else:
        raise TypeError("Cannot AND %s with %s." % (type(y), type(self)))
    return self
def __or__(self, y):
    """Bitwise OR operator (element-wise)"""
    return self.__and__(y) ^ self ^ y
def __invert__(self):
    """Bitwise NOT operator (element-wise)"""
    result = self.clone()
    if result.rank == 0:
        result.share ^= -1
    return result
```

如上面代码所示，对于"异或"和求反操作，无须考虑操作数的隐私性，都可直接在本地完成。秘密操作数的"与"操作需要借助 Beaver 协议的 AND 函数实现，"或"操作通过组合"异或"和"与"操作实现：$x \vee y = (x \wedge y) \oplus x \oplus y$。

非线性函数的近似计算及深度学习相关算子在 crypten/common/functions 中，如下。

```
$CrypTen/crypten/common/functions  ls
__init__.py       approximations.py    logic.py      pooling.py       regular.py
dropout.py        maximum.py           power.py      sampling.py
```

其中，approximations.py 实现了（复）指数、对数、倒数、平方根倒数、平方根、三角函数、sigmoid 和 softmax 函数，除 CrypTen 论文中给定的函数的近似计算方法，CrypTen 实现框架也提供了多种不同的近似算法，如倒数计算可通过牛顿迭代法，也可通过 $x^{-1} = \exp(-\log(x))$ 进行；sigmoid 函数提供了切比雪夫近似和直接计算方式；tanh 函数也同时提供了这两种方式；power.py 实现了更复杂的幂运算、多项式运算、范数运算；logic.py 提供了基于比较器构造的逻辑运算、绝对值、ReLU、hardtanh、选择函数，它主要适用于算术秘密共享份额运算；maximum.py 实现了秘密份额数组求最大值及索引功能，CrypTen 框架中给出了针对不同计算复杂度和通信复杂度的实现方法，包括 pairwise 和多种树规约算法；regular.py 实现秘密份额的 Tensor 常规操作，如 cat、stack、split、mean、dot 等操作；pooling.py 实现了秘密份额的池化，即 MaxPool 和 AvgPool；dropout.py 使用随机抽样的秘密 Tensor 与 dropout 概率值 $p$ 进行秘密比较，将比较结果与 $1-p$ 缩放后的层输出进行秘密乘法，实现 dropout 层的功能。

### 4.4.3　CrypTen 主要安全算子

CrypTen 提供了大部分机器学习常用算子，且对于使用数值近似实现的算子可修改其近似算法和参数。在 CrypTen 启动中，需要根据配置进行初始化（crypten.init( )），其默认配置文件为 configs/default.yaml，该文件定义了固定编码精度、MPC 可信辅助节点的 TFP/TPP 模式，以及求最大值、指数、对数、倒数等数值的近似算法和参数，用户也可以在 init 调用时传入文件地址，手动指定初始化配置文件。CrypTen 源码中提供了较多以多进程方式启动 CrypTen 框架的脚本，在实际运行时，该框架通常在多台机器分别运行，这时可在系统环境变量中指定以下变量。

```
os.environ["WORLD_SIZE"] = str(args.world_size)        ### 参与方个数
os.environ["RANK"] = str(args.rank)                    ### 当前计算节点序号
os.environ["BACKEND"] = "NCCL"                         ### MPC 通信后台
INIT_METHOD = "tcp://xxx.xxx.xxx.xxx:xxxx"             ### 可使用 rank=0 的机器的 IP 地址和端口
os.environ["RENDEZVOUS"] = INIT_METHOD                 ### RENDEZVOUS 引擎初始化方法
```

CrypTen 可在 Docker 容器中运行，但需要保证容器网络处于 host 模式，否则会导致初始化失败。

在完成 CrypTen 框架初始化后，可以对明文数据使用 MPC 方式进行秘密拆分（加密），并按照常规 PyTorch Tensor 算子操作加密的 MPCTensor，主要的安全算子操作如下。

**1. 算术运算**

```
x_enc =crypten.cryptensor([1.0, 2.0, 3.0])
y = 2.0
y_enc =crypten.cryptensor(2.0)
# 加法与减法
z_enc1 = x_enc + y        # 密文与明文
z_enc2 = x_enc - y_enc    # 密文与密文
crypten.print("\nPublic  addition:", z_enc1.get_plain_text())
crypten.print("Private subtraction:", z_enc2.get_plain_text())
# 乘法与除法
z_enc1 = x_enc * y_enc    # 密文与密文
z_enc2 = x_enc / y_enc    # 密文与密文
print("\nPrivate  multiplication:", z_enc1.get_plain_text())
print("Private division:", z_enc2.get_plain_text())
```

**2. 比较运算**

```
x_enc =crypten.cryptensor([1.0, 2.0, 3.0, 4.0, 5.0])
y = torch.tensor([5.0, 4.0, 3.0, 2.0, 1.0])
y_enc =crypten.cryptensor(y)
# 小于和小于或等于
z_enc1 = x_enc < y        # Public
z_enc2 = x_enc <= y_enc   # Private
print("\nPublic(x < y):", z_enc1.get_plain_text())
print("Private (x <= y):", z_enc2.get_plain_text())
# 大于和大于或等于
z_enc1 = x_enc > y        # Public
z_enc2 = x_enc >= y_enc   # Private
print("\nPublic  (x > y):", z_enc1.get_plain_text())
print("Private (x >= y):", z_enc2.get_plain_text())
# 等于和不等于
z_enc1 = x_enc == y       # Public
```

```
z_enc2 = x_enc != y_enc          # Private
print("\nPublic   (x == y):", z_enc1.get_plain_text())
print("Private (x != y):", z_enc2.get_plain_text())
```

### 3. 非线性函数

```
x = torch.tensor([0.1, 0.3, 0.5, 1.0, 1.5, 2.0, 2.5])
x_enc =crypten.cryptensor(x)
# 倒数
z_enc = x_enc.reciprocal()  # Private
print("Private reciprocal:", z_enc.get_plain_text())
# 对数
z_enc = x_enc.log()          # Private
print("Private logarithm:", z_enc.get_plain_text())
# 指数
z_enc = x_enc.exp()          # Private
print("Private exponential:", z_enc.get_plain_text())
# 平方根
z_enc = x_enc.sqrt()         # Private
print("Private square root:", z_enc.get_plain_text())
# 双曲正切
z_enc = x_enc.tanh()         # Private
print("Private tanh:", z_enc.get_plain_text())
```

### 4. 索引操作

```
x_enc =crypten.cryptensor([1.0, 2.0, 3.0])
y_enc =crypten.cryptensor([4.0, 5.0, 6.0])
# 索引
z_enc = x_enc[:-1]
print("Indexing:\n", z_enc.get_plain_text())
# 拼接
z_enc =crypten.cat([x_enc, y_enc])
print("\nConcatenation:\n", z_enc.get_plain_text())
# 堆叠
z_enc =crypten.stack([x_enc, y_enc])
print('\nStacking:\n', z_enc.get_plain_text())
# 修改形状
w_enc = z_enc.reshape(-1, 6)
print('\nReshaping:\n', w_enc.get_plain_text())
```

### 5. 流控制

```
x_enc =crypten.cryptensor(2.0)
y_enc =crypten.cryptensor(4.0)
a, b = 2, 3
# 使用明文方式进行流控制会抛出异常
try:
    if x_enc < y_enc:
        z = a
    else:
        z = b
except RuntimeError as error:
```

```
print(f"RuntimeError caught: \"{error}\"\n")
# 可使用代数方式表示
use_a = (x_enc < y_enc)
z_enc = use_a * a + (1- use_a) * b
print("z:", z_enc.get_plain_text())
# 或使用 where 函数
z_enc =crypten.where(x_enc < y_enc, a, b)
print("z:", z_enc.get_plain_text())
```

### 6. 秘密份额转换

```
x = torch.tensor([1, 2, 3])
rank =comm.get().get_rank()
# 使用算术秘密共享创建 MPCTensor
x_enc_arithmetic =MPCTensor(x, ptype=crypten.mpc.arithmetic)
# 算术秘密共享转换为布尔秘密共享
x_enc_binary = x_enc_arithmetic.to(crypten.mpc.binary)
x_from_binary = x_enc_binary.get_plain_text()
crypten.print(f"to(crypten.binary):ptype:{x_enc_binary.ptype}\nplaintext:{x_from_binary}
\n")
# 布尔秘密共享转换为算术秘密共享
x_enc_arithmetic = x_enc_arithmetic.to(crypten.mpc.arithmetic)
x_from_arithmetic = x_enc_arithmetic.get_plain_text()
crypten.print(f"to(crypten.arithmetic):ptype:{x_enc_arithmetic.ptype}\nplaintext:
{x_from_arithmetic}\n")
```

### 7. 位运算

```
x_enc=BinarySharedTensor(torch.tensor([2, 5, 9]))
# 右移
x_bit_rshift_enc=x_enc>>1
x_bit_rshift=x_bit_rshift_enc.get_plain_text()
# 左移
x_bit_lshift_enc=x_enc<<1
x_bit_lshift=x_bit_lshift_enc.get_plain_text()
# 求反
x_bit_inv_enc=~x_enc
x_bit_inv=x_bit_inv_enc.get_plain_text()
y_enc=BinarySharedTensor(torch.tensor([4, 12, 17]))
# 异或
xor_enc=x_enc ^ y_enc
xor_res=xor_enc.get_plain_text()
# 与
and_enc=x_enc & y_enc
and_res=and_enc.get_plain_text()
# 或
or_enc=x_enc | y_enc
or_res=or_enc.get_plain_text()
```

以上即为 CrypTen 中的主要安全算子。从代码示例可见，密文 Tensor 的安全操作与明文 Tensor 基本类似，使用密文 Tensor 及安全算子可构造更复杂的模型和算法，借助 PyTorch 框架提供的模型构建、训练优化能力，使用 CrypTen 可轻松实现多种安全的机器学习和深度学习模型。

## 4.4.4　实例：使用 CrypTen 训练纵向卷积神经网络

CrypTen 在 examples 目录中提供了多个机器学习与深度学习模型训练示例，包括 CNN、LeNet、SVM、LinUCB 等。本节以 CNN 为例，结合代码介绍 CrypTen 中深度学习模型采用 MPC 训练的大致步骤。CrypTen 中设计了多进程启动器类 MultiProcessLauncher，可方便地进行 MPC 算法的多方环境模拟，适用于算法研究与开发阶段的快速原型实现和 DEBUG。

CNN 示例在目录 examples/mpc_autograd_cnn 中，该目录下包含下列两个文件。

```
#examples/mpc_autograd_cnn  ls
launcher.py         mpc_autograd_cnn.py
```

其中，launcher.py 指定了将_run_experiment 作为传入多进程启动器类 MultiProcessLauncher 实例需要进行模型训练的函数入口 run_process_fn，从命令行接收和解析参数，主要参数如下。

1）world_size：参与方个数。

2）epochs：训练迭代次数。

3）lr：学习速率。

4）batch_size：mini_batch 训练数据批大小。

5）print-freq：消息输出频次。

6）num-samples：用于训练的样本大小（示例中仅抽样部分样本，而实际场景中需要全量训练，不需要该参数）。

以上参数将被 argparse 解析，并传入后续运行的 run_process_fn 函数的参数 fn_args，多进程启动器将设置每个独立进程启动的环境参数，包括设置启动顺序的 rank 参数、设置参与方个数的 world_size 参数、设置多方计算通信方式的 RENDEZVOUS 参数（在真实环境的多计算节点中，应设置为 tcp://${ip}:${port}）。每个独立进程以 MultiProcessLauncher 的静态_run_process 方法作为模型训练函数的封装入口，设置日志等级和环境变量后，运行 run_process_fn，传入 fn_args。

_run_experiment 函数从 mpc_autograd_cnn.py 脚本中导入了定义每个参与方（独立进程）进行模型训练的整体流程的函数 run_mpc_autograd_cnn，该函数首先根据进程环境变量初始化 CrypTen 框架，判断当前参与方的节点号 rank，根据 rank 加载不同训练数据作为 Tensor 并进行加密（由于是实验性质，因此将根据 num-samples 参数限制训练样本数），因为数据为纵向分布，所以会将双方的密文 Tensor 通过 concat 操作拼接为一个 Tensor，这样更方便训练；然后将载入明文 CNN 模型（包含一个带 ReLU 激活的卷积层、一个 MaxPool 池化层、一个带 ReLU 激活的全连接层、最后一层直接输出的全连接层），使用 crypten.nn.from_pytorch 将模型加密；最后调用 train_encrypted 函数进行模型的密态训练。

由于 CrypTen 接口风格与 PyTorch 一致，且支持密态模型的自动求梯度，因此密态下的模型训练与明文模型训练非常相似，整体流程如下。

```
def train_encrypted(x_encrypted,y_encrypted,
    encrypted_model,num_epochs,
```

```
                         learning_rate, batch_size,print_freq,):

rank = comm.get().get_rank()
loss =crypten.nn.MSELoss()                  ## 定义损失函数为均方误差损失函数

num_samples = x_encrypted.size(0)        ## 总样本数
label_eye = torch.eye(2)

for epoch in range(num_epochs):          ## 迭代次数
    last_progress_logged = 0
    # only print from rank 0 to avoid duplicates for readability
    if rank == 0:
        print(f"Epoch {epoch} in progress:")

    for j in range(0, num_samples, batch_size):
        # 定义 mini batch 训练样本的起止下标
        start, end = j, min(j + batch_size, num_samples)

        # 设置 Tensor 为自动求梯度模式,将 y 标签转换为 one-hot 编码
        x_train = x_encrypted[start:end]
        x_train.requires_grad = True
        y_one_hot = label_eye[y_encrypted[start:end]]
        y_train =crypten.cryptensor(y_one_hot, requires_grad=True)

        # 执行前向计算
        output = encrypted_model(x_train)
        loss_value = loss(output, y_train)

        # 进行反向传播,默认使用 SGD 优化器更新模型参数
        encrypted_model.zero_grad()
        loss_value.backward()
        encrypted_model.update_parameters(learning_rate)

        # 输出 Loss
        if j + batch_size - last_progress_logged >= print_freq:
            last_progress_logged += print_freq
            print(f"Loss {loss_value.get_plain_text().item():.4f}")

    # 每次迭代后计算准确率
    pred = output.get_plain_text().argmax(1)
    correct =pred.eq(y_encrypted[start:end])
    correct_count = correct.sum(0,keepdim=True).float()
    accuracy = correct_count.mul_(100.0 / output.size(0))

    loss_plaintext = loss_value.get_plain_text().item()
    print(
        f"Epoch {epoch} completed: "
        f"Loss {loss_plaintext:.4f} Accuracy {accuracy.item():.2f}"
    )
```

示例代码可通过运行 launcher.py 直接启动，PyTorch 会先自动下载和抽取 MNIST 手写数据集，再进行模型训练。由于是多进程模式启动，因此将交叉输出各节点的消息。

```
INFO:root:==================
INFO:root:==================
INFO:root:DistributedCommunicator with rank 1
INFO:root:DistributedCommunicator with rank 0
INFO:root:==================
INFO:root:==================
INFO:torch.distributed.distributed_c10d:Added key: store_based_barrier_key:1 to store for
rank: 0
INFO:torch.distributed.distributed_c10d:Added key: store_based_barrier_key:1 to store for
rank: 1
INFO:torch.distributed.distributed_c10d:Rank 0: Completed store-based barrier for 2 nodes.
INFO:torch.distributed.distributed_c10d:Rank 1: Completed store-based barrier for 2 nodes.
...
INFO:root:World size = 2
INFO:root:World size = 2
Downloading http://yann.lecun.com/exdb/mnist/train-images-idx3-ubyte.gz
...
Extracting /var/folders/qj/m6g5gvj120n4lq29bj _ cld1w0000gn/T/tmp7ritx31w/MNIST/raw/t10k-
labels-idx1-ubyte. gz  to  /var/folders/qj/m6g5gvj120n4lq29bj _ cld1w0000gn/T/tmp7ritx31w/
MNIST/raw
...
Epoch 0 in progress:
Loss 0.4821
Loss 0.4821
Loss 0.2538
...
Epoch 0 completed: Loss 0.0604 Accuracy 80.00
Epoch 1 in progress:
...
Loss 0.0221
Epoch 1 completed: Loss 0.0221 Accuracy 100.00
Epoch 2 in progress:
Epoch 1 completed: Loss 0.0221 Accuracy 100.00
Loss 0.0070
Loss 0.0070
...
Loss 0.0121
Epoch 2 completed: Loss 0.0121 Accuracy 100.00
Epoch 2 completed: Loss 0.0121 Accuracy 100.00
```

如上面代码所示，在训练数据集较少的情况下，密态 CNN 模型很快完成了收敛，并达到 100% 的准确率。

# 第 5 章　混淆电路

　　混淆电路是一种密码学协议，是由姚期智教授在 20 世纪 80 年代针对"百万富翁"问题所提出的方案。"百万富翁"问题是指，两个百万富翁都想知道他们之间谁更富有，但他们都想保护好自己的隐私，都不愿意让对方或者任何第三方知道自己真正拥有多少财富，他们如何在保护好双方隐私的情况下计算出谁更有钱？由姚期智教授提出的原始的混淆电路常被称为姚氏混淆电路（Yao's Garbled Circuit），或称 Yao86。

　　混淆电路可实现通用的安全多方计算，然而其性能在实践中仍存在一定限制。在姚氏混淆电路被提出后，出现了多种变种和优化方案，使混淆电路的通信和计算开销得到了较大提升，如 Free-XOR、Half-Gates、GMW 等。这些混淆电路基本可分为两类，一类是基于混淆真值表的 Yao86 方案的优化方案，将在 5.1 节进行介绍；另一类是基于布尔秘密共享的混淆电路方案，将在 5.2 节进行介绍。布尔电路也可归类为秘密共享方案，然而，由于它在计算上多采用电路运算形式，且一些布尔电路中同时涉及混淆真值表和秘密共享（如 GESS 协议），因此本书将它与混淆电路一起进行介绍，为进行区分，本书将具体的布尔电路称为协议。

　　另外，结合前面章节所介绍的秘密共享技术，本章将介绍融合秘密共享与混淆电路的混合协议：ABY 和 ABY3。这两个混合协议实现了不同协议之间的转换，可根据不同的计算函数需求采用不同协议进行计算，各取所长。混合协议也是未来安全多方计算的重点方向，本章详细介绍了这两个经典的混合协议的实现原理，并详细分析了开源框架 TF Encrypted 中 ABY3 的实现。

## 5.1　基于乱码表的混淆电路

### 5.1.1　姚氏混淆电路

　　姚氏混淆电路是著名的 MPC 协议，是基于半诚实模型（semi-honest）的安全两方计算，很多其他混淆电路都是在此电路基础上进行优化而来的，虽然姚氏混淆电路已经不是当前已有协议中最优的，但因为其执行轮数是常数，避免了协议设计时引入的较大通信延时。姚氏混淆电路的核心思想是对需要进行安全计算的函数首先编译成门电路（"与"门/"或"门/"异或"门）形式，则函数被表达为真值表（见图 5-1），对电路的每条线路（如图 5-1 中的 x、y、z）的两个取值（称为线路值：True/False）随机生成两个线路标签，对电路的输出标签使用真值表对应输入的线路标签作为密钥进行加密得到加密真值表，打乱加密真值表顺序即得到混淆电路的乱码表，然后根据双方持有的输入（称为激活值）得到对应标签（激活标签），对电路输出逐个解密，则仅有其中的一个输出可以正确解密得到对应输出标签。

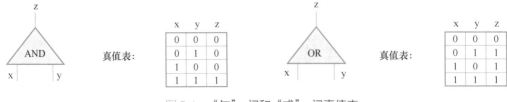

• 图 5-1　"与"门和"或"门真值表

对于参与姚氏混淆电路的两方，通常将一方称为混淆电路生成方（Garbler），另一方称为混淆电路评估方（Evaluator），Garbler 在协议中执行标签生成、真值表加密、混淆、发送混淆真值表和 Garbler 方输入值对应密钥，Evaluator 执行 1-out-of-2 的 OT，从 Garbler 方获取 Evaluator 方门电路输入对应线路标签，再进行解密。以"异或"门为例，对"异或"两条输入线路 x、y 分别生成随机标签 $A_0$、$A_1$ 和 $B_0$、$B_1$，1、0 分别代表线路的两个输入状态 True、False，对输出 z 生成随机标签 $C_0$、$C_1$，则其加密真值表见表 5-1。

表 5-1　"异或"门加密真值表

| x | y | z | Enc(z) |
| --- | --- | --- | --- |
| $A_0$ | $B_0$ | $C_0$ | $E_{A_0,B_0}(C_0)$ |
| $A_0$ | $B_1$ | $C_1$ | $E_{A_0,B_1}(C_1)$ |
| $A_1$ | $B_0$ | $C_1$ | $E_{A_1,B_0}(C_1)$ |
| $A_1$ | $B_1$ | $C_0$ | $E_{A_1,B_1}(C_0)$ |

生成加密真值表后，将对它按行进行打乱，得到乱码表，见表 5-2，且 Garbler 将其输入对应激活标签（假设 Garbler 对应线路 x，激活值为 1，则对应 $A_1$）发送给 Evaluator，Evaluator 再根据自身输入值通过 1-2 的 OT 向 Garbler 获取其对应激活标签（假设 Evaluator 激活值为 0，得到 $B_0$），使用两个激活标签即可对门电路输出的加密标签 $E_{A_1,B_0}(C_1)$ 进行解密，得到 $C_1$。显然，因为标签都是随机生成的，且乱码表由 Garbler 持有，所以 Evaluator 虽然能得到 Garbler 标签，但无法通过标签 $A_1$ 推导出 Garbler 激

表 5-2　输出乱码表

| Enc(z) |
| --- |
| $E_{A_1,B_1}(C_1)$ |
| $E_{A_1,B_1}(C_0)$ |
| $E_{A_1,B_0}(C_1)$ |
| $E_{A_0,B_0}(C_0)$ |

活值，也不知道 Garbler 对应非激活标签，而 Evaluator 使用 1-2 的 OT 也保证 Garbler 无法知道 Evaluator 激活值，且 Evaluator 也无法获取自身输入线路的非激活标签，这样保证了 Evaluator 仅能正确解密加密真值表中双方激活标签对应输出标签的密文。

## 5.1.2　点置换技术 Point-and-Permute

在姚氏混淆电路中，Evaluator 需要使用加密标签对四个密文进行解密，且仅能正确解密其中一个，由于输出标签 $C_0$、$C_1$ 是随机生成的，因此 Evaluator 并不能确定具体哪一个是正确的标签，即无法判断解密成功或失败。一种解决方案是在标签末尾附加 $k$ 个 0，如果解密

到错误的密文，则解密结果的末尾仅有较低的概率（$1/2^k$）包含 $k$ 个 0，这样 Evaluator 可以通过解密后结果末尾是否有 $k$ 个 0 判断是否解密成功，但该方案效率较低，Evaluator 需要平均解密至少两条密文才能得到正确的输出标签。

Beaver 等人在 1990 年提出了点置换（Point-and-Permute）技术，对于上述 Evaluator 判断是否解密成功问题给出了更高效的方案。该方案的主要思想是在每个线路标签的末尾附加一个随机置换位（permutation bit），当然，对于同一个线路的两个标签，其随机置换位不能存在冲突且和标签对应真值无关，然后根据线路标签置换位对加密真值表进行置换（排序）操作，得到乱码表。假设对每个线路标签生成置换位，见表 5-3。

表 5-3　线路标签置换位

| $A_0$ | $A_1$ | $B_0$ | $B_1$ | $C_0$ | $C_1$ |
| --- | --- | --- | --- | --- | --- |
| 0 | 1 | 1 | 0 | 1 | 0 |

对"异或"门进行加密及按照以上置换位进行置换后得到的乱码表见表 5-4。

表 5-4　按线路置换位置换得到的乱码表

| x | y | z | Enc(z) |
| --- | --- | --- | --- |
| $A_0\|0$ | $B_1\|0$ | $C_1\|0$ | $E_{A_0\|0,B_1\|0}(C_1\|0)$ |
| $A_0\|0$ | $B_0\|1$ | $C_0\|1$ | $E_{A_0\|0,B_0\|1}(C_0\|1)$ |
| $A_1\|1$ | $B_1\|0$ | $C_0\|1$ | $E_{A_1\|1,B_1\|0}(C_0\|1)$ |
| $A_1\|1$ | $B_0\|1$ | $C_1\|0$ | $E_{A_1\|1,B_0\|1}(C_1\|0)$ |

Garbler 将乱码表的密文发送给 Evaluator，Evaluator 根据双方激活标签最后一位可直接获取需要解密的密文，如假设 Garbler 激活标签为 $A_1\|1$，Evaluator 激活标签为 $B_1\|0$，则直接解密第三行密文 $E_{A_1\|1,B_1\|0}(C_0\|1)$，得到 $C_0\|1$。

由于置换位为随机生成，与真值无关，因此 Evaluator 无法通过激活标签 $A_1\|1$、$B_1\|0$ 的置换位知道该标签对应的真值，保证了安全性，但可以通过置换位直接定位需要解密的密文，提升了解密正确密文的计算效率。另外，若双方约定一个随机预言机 H，则可以对输出线路标签进行一次简单加密，得到 $H(A,B)\oplus C$，对真值表每行进行一次加密及置换后发送给 Evaluator，Evaluator 在接收到双方激活标签后（假设双方激活标签分别为 $A_1\|1$、$B_1\|0$），则通过计算 $H(A_1\|1,B_1\|0)\oplus H(A_1\|1,B_1\|0)\oplus C_0\|1$ 即可解密得到输出标签 $C_0\|1$。使用随机预言机进行加密的乱码表见表 5-5。

表 5-5　使用随机预言机的加密乱码表

| x | y | z | Enc(z) |
| --- | --- | --- | --- |
| $A_0\|0$ | $B_1\|0$ | $C_1\|0$ | $H(A_0\|0,B_1\|0)\oplus(C_1\|0)$ |
| $A_0\|0$ | $B_0\|1$ | $C_0\|1$ | $H(A_0\|0,B_0\|1)\oplus(C_0\|1)$ |
| $A_1\|1$ | $B_1\|0$ | $C_0\|1$ | $H(A_1\|1,B_1\|0)\oplus(C_0\|1)$ |
| $A_1\|1$ | $B_0\|1$ | $C_1\|0$ | $H(A_1\|1,B_0\|1)\oplus(C_1\|0)$ |

### 5.1.3 行缩减技术 GRR

混淆行缩减（Garbled Row Reduction，GRR）技术是指通过一定方式选取指定输出标签而非随机选取输出标签方式，减少混淆密文表数量，降低通信量。Moni Naor、Benny Pinkas 和 Reuban Sumner 在 1999 年提出了一种 GRR3 优化方法（NPS99），将加密乱码表减少为 3 行，该优化方法根据标签位排序，总是将乱码表的第一行输出为 $0^n$，即将乱码表第一行对应输出标签设置为其对应输入标签的加密结果，如表 5-5 中，设置 $C_1|0 = H(A_0|0, B_1|0)$，使乱码表第一行输出为 $0^n$，Garbler 不再需要发送第一行密文，Evaluator 在本地设置加密乱码表第一行为 $0^n$ 即可进行正常解密。由于 Evaluator 无法有效区分 3 行乱码表的密文，因此第一个密文取 $0^n$ 并不影响混淆电路的安全性，且将通信量降低 25%。

BennyPinkas 等人在 2009 年首次提出了 GRR2 技术（PSW09），将乱码表减少为两行，通信量降低 50%。GRR2 根据输入标签 $A_i$、$B_j$ 与置换位 $p_{A_i}$、$p_{B_j}$ 计算得到四个条目位置 $r = 2p_{A_i} + p_{B_j} + 1$ 和掩码 $K_r || M_r = \mathrm{KDF}^{t+1}(A_i, B_j, \mathrm{Gid} || p_{A_i} || p_{B_j})$，对具有相同输出的行对应条目位置和掩码 $(k, K_r)$ 构造拉格朗日插值多项式 $P$，且将输出线路标签定义为函数的 $y$-截距，因为输出真值有两个状态，所以一个门电路可得到两个插值多项式 $P$、$Q$。Garbler 将两个插值多项式的公共点或辅助点和置换位加密密文 $p_{C_i} = e_r \oplus M_r$ 发送给 Evaluator，Evaluator 根据输入线路标签计算其输出 $K_r || M_r$ 和条目位置 $r$，并联合公共点或辅助点构造插值多项式 $R$，此时 $R$ 必为 $P$ 和 $Q$ 中的一个，但 Evaluator 并不能区分 $R$ 为 $P$ 还是 $Q$，然后通过计算 $R(0)$ 得到输出线路标签 $C_i$，通过 $p_{C_i} = e_r \oplus M_r$ 计算 $C_i$ 的置换位，将 $C_i || p_{C_i}$ 作为下一个门电路的输入标签和置换位。具体的多项式构造方式如下。

1）对于奇数门电路（如"或"门），Garbler 使用点 $(2, K_2)$、$(3, K_3)$、$(4, K_4)$ 构造二次多项式 $P$，并对多项式 $P$ 计算额外两个点 $(5, K_5)$、$(6, K_6)$，与 $(1, K_1)$ 构造另外一个二次多项式 $Q$，则此时输出线路标签为 $C_0 = P(0)$、$C_1 - Q(0)$。Garbler 将公共点 $(5, K_5)$、$(6, K_6)$，以及 $e_1$、$e_2$、$e_3$、$e_4$ 作为乱码表发送给 Evaluator，Evaluator 根据双方输入标签计算得到 $(r, K_r)$ 和 $M_r$，联合公共点构造二次多项式 $R(x)$，计算输出标签 $R(0)$ 和解密输出标签置换位后即可进行后续电路计算。

2）对于偶数门电路（如"异或"门），Garbler 对输出真值同为 0 的两个条目 $(1, K_1)$、$(4, K_4)$ 构造一次多项式 $P$ 并计算辅助点 $K_5 = P(5)$，对输出真值同为 1 的两个条目 $(2, K_2)$、$(3, K_3)$ 构造一次多项式 $Q$ 并计算辅助点 $K_5' = Q(5)$，两个辅助点根据对应输出标签的置换位进行排序，然后将两个辅助点和 $e_1$、$e_2$、$e_3$、$e_4$ 作为乱码表发送给 Evaluator，Evaluator 根据双方输入线路标签计算得到 $(r, K_r)$ 和 $M_r$，通过 $M_r$ 解密得到输出标签的置换位，根据置换位得到对应辅助点 $K_5$ 或 $K_5'$，辅助点联合 $(r, K_r)$ 构造一次多项式 $R(x)$，计算得到的输出标签结果 $C_i = R(0)$ 即可作为后续门电路输入进行计算。

Gueron 等人在 2015 年提出了一种更简单的适用于"与"门的 GRR2 技术，该技术基于 GRR3 进行优化，假设乱码表加密密钥分别为 $K_i, i \in \{0, 1, 2, 3\}$，乱码表密文输出为 $T_i, i \in \{0, 1, 2, 3\}$，乱码表对应输出标签为 $k[T_i], i \in \{0, 1, 2, 3\}$，根据 GRR3，乱码表第一行对应的输出线路标签始终为 $k[T_0] = K_0$，则加密结果为 $T_0 = K_0 \oplus K_0 = 0^n$，而将另一个输出标签始

终设置为 $K_1 \oplus K_2 \oplus K_3$，可推导出剩余三行乱码表输出密文有 $T_1 \oplus T_2 \oplus T_3 = 0^n$，即 $T_3 = T_1 \oplus T_2$，那么 Garbler 只需要将加密乱码表中的两行 $T_1$、$T_2$ 发送给 Evaluator，Evaluator 可以在运行时通过"异或"关系重构 $T_3$。其具体设置乱码表的方法如下。

1）若第 0 行输出为真值 1 对应标签，即 $K_0 = k_{out,1}$，则剩余三行对应的输出标签必为 $k[T_i] = k_{out,0} = K_1 \oplus K_2 \oplus K_3$，$i \in \{1,2,3\}$，则有 $T_1 = K_1 \oplus k_{out,0} = K_2 \oplus K_3$，同理有 $T_2 = K_1 \oplus K_3$。

2）若第 0 行输出为真值 0 对应标签，即 $K_0 = k_{out,0}$，则判断：

- 若第 1 行与第 2 行输出标签相同，则必为 $K_i = k_{out,0}$，$i \in \{1,2\}$，此时有 $T_1 = K_0 \oplus K_1$，$T_2 = K_0 \oplus K_2$，$k[T_3] = K_1 \oplus K_2 \oplus K_3$，$T_3 = K_1 \oplus K_2$；

- 若第 1 行与第 2 行输出标签不同，那么第一行或第二行必有输出为真值 1 对应标签 $k[T_i] = k_{out,1} = K_1 \oplus K_2 \oplus K_3$，若 $i = 1$，则 $T_1 = K_2 \oplus K_3$，$T_2 = K_0 \oplus K_2$，若 $i = 2$，则 $T_1 = K_0 \oplus K_1$，$T_2 = K_1 \oplus K_3$，且第三行输出必为真值 0 对应标签，有 $k[T_3] = k_{out,0}$，$T_3 = K_0 \oplus K_3$。

若 $s$ 为真值 1 对应行号，则可得到乱码表，见表 5-6。

表 5-6 GRR2 "与"门乱码表

| $s$ | 真值表 | $T_1$ | $T_2$ | $k_{out,0}$ | $k_{out,1}$ |
| --- | --- | --- | --- | --- | --- |
| 3 | 0001 | $K_0 \oplus K_1$ | $K_0 \oplus K_2$ | $K_0$ | $K_1 \oplus K_2 \oplus K_3$ |
| 2 | 0010 | $K_0 \oplus K_1$ | $K_1 \oplus K_3$ | $K_0$ | $K_1 \oplus K_2 \oplus K_3$ |
| 1 | 0100 | $K_2 \oplus K_3$ | $K_0 \oplus K_2$ | $K_0$ | $K_1 \oplus K_2 \oplus K_3$ |
| 0 | 1000 | $K_2 \oplus K_3$ | $K_1 \oplus K_3$ | $K_1 \oplus K_2 \oplus K_3$ | $K_0$ |

根据以上推导可知，该方法只适合奇数门电路，即需要保证真值表中有三个输出相同，否则无法实现三个输出密文 $T_1 \oplus T_2 \oplus T_3 = 0^n$。例如，若真值表为 0110，则 $T_1 = K_2 \oplus K_3$，$T_2 = K_1 \oplus K_3$，$T_3 = K_0 \oplus K_3$，$T_1 \oplus T_2 \oplus T_3 = K_0 \oplus K_1 \oplus K_2 \oplus K_3 \neq 0^n$，无法满足 $T_3 = T_1 \oplus T_2$，即 Evaluator 无法在本地重构出 $T_3$。

## 5.1.4 "免费""异或"门 Free-XOR

Free-XOR 技术由 Kolesnikov 和 Schneider 于 2008 年提出，该方案主要针对"异或"门进行优化，使"异或"门计算的双方既不需要发送混淆表，又不需要进行加解密计算，从而实现"免费"的"异或"计算。

该方案为电路定义了一个全局偏移量 $\Delta$，对"异或"门的所有线路的两个标签 $W_{i,0}$、$W_{i,1}$ 设置偏移关系，即对"异或"门中的一个输入线路，首先随机选取标签 $W_0$，然后使 $W_1 = W_0 \oplus \Delta$，则该"异或"门的输出为两条输入线路标签的"异或"。

假设输入线路分别为 $w_i$、$w_j$，输出线路为 $w_k$，则 $w_k$ 的标签可通过简单计算 $W_i \oplus W_j$ 得到，且此时满足 $W_{k,0} = W_{i,0} \oplus W_{j,0}$，$W_{k,1} = W_{k,0} \oplus \Delta$，其结果正确性可通过枚举所有情况验证：

$$W_{i,0} \oplus W_{j,0} = W_{k,0}$$

$$W_{i,0} \oplus W_{j,1} = W_{i,0} \oplus (W_{j,0} \oplus \Delta) = (W_{i,0} \oplus W_{j,0}) \oplus \Delta = W_{k,0} \oplus \Delta = W_{k,1}$$

$$W_{i,1} \oplus W_{j,0} = (W_{i,0} \oplus \Delta) \oplus W_{j,0} = (W_{i,0} \oplus W_{j,0}) \oplus \Delta = W_{k,0} \oplus \Delta = W_{k,1}$$

$$W_{i,1} \oplus W_{j,1} = (W_{i,0} \oplus \Delta) \oplus (W_{j,0} \oplus \Delta) = W_{i,0} \oplus W_{j,0} = W_{k,0}$$

Free-XOR 可与 GRR3 技术兼容，但对于 GRR2 技术，由于其输出线路标签由伪随机函数计算得到，无法使线路标签满足常数项的偏移关系，因此 Free-XOR 技术无法与 GRR2 兼容。Kolesnikov 等人提出了 FleXOR（灵活"异或"门）技术，将 Free-XOR 技术与 GRR2 进行兼容，该方案通过加入缓冲门进行偏移量转换，使线路标签具有相同偏移量，使 XOR 乱码表密文数在 0~2 个之间，密文个数由门电路输入是否需要进行偏移量转换决定。

Free-XOR 被广泛应用在各种协议中，如下文介绍的 Half-Gates 技术、ABY 协议中的姚氏混淆电路的替代等。

## 5.1.5 半门技术 Half-Gates

Zahur、Rosulek 和 Evans 等人在 2015 年提出了一种半门技术，该技术不仅可以使"与"门混淆计算仅需要两个密文，且兼容 Free-XOR。

半门是指一个"与"门，其中一个参与方已知其中一个输入线路的真值，根据已知输入的参与方角色，分为电路生成方半门（Generator half-gate）和电路评估方半门（Evaluator half-gate）。半门技术将两个参与方都不知道明文输入的"与"门拆分为分别知道其中一个输入的生成方半门和电路评估方半门，再将两个半门的结果进行"异或"，得到"与"门的结果。假设"与"门的输入线路分别为 $a$、$b$，输出线路为 $c$，则 Garbler 首先生成一个随机比特 $r$，"与"门电路可拆分为

$$c = a \cdot b = (a \oplus r \oplus r) \cdot b = ((a \oplus r) \cdot b) \oplus (r \cdot b)$$

由于 Garbler 知道 $r$，因此可通过调用电路生成方半门计算 $r \cdot b$，Garbler 将 $a \oplus r$ 发送给 Evaluator，由于 $r$ 是随机的，因此 Evaluator 不知道 $a$ 对应标签信息，Evaluator 知道 $a \oplus r$，则可调用电路评估方半门计算 $(a \oplus r) \cdot b$。下面将详细介绍这两个半门的构造方法。

**1. 电路生成方半门**

若将半门输入线路仍定义为输入 $a$、$b$，输出线路为 $c$，假设 Garbler 知道线路 $a$ 的输入及其标签（此时电路生成方知道 $a = r$），则：

1）当 $a = 0$ 时，电路生成方可知该半门的输出始终为 0，只需要将 $c = 0$ 对应标签 $C_0$ 用 $B_0$ 加密发送给评估方；

2）当 $a = 1$ 时，电路生成方可知该半门的输出 $c = b$，则使用 $b$ 输入值对应标签加密 $c$ 相同值对应输出标签，即 $B_0$ 加密 $C_0$、$B_1$ 加密 $C_1$，应用 Free-XOR，仍使标签之间保持偏移量关系（$B_1 = B_0 + \Delta$，$C_1 = C_0 + \Delta$），则电路评估方在运行时可直接根据 $b$ 的输入线路标签进行哈希操作后解密。

合并以上两种情况，电路生成方只需要发送以下两条密文

$$H(B_0) \oplus C_0$$

$$H(B_1) \oplus C_0 \oplus a \cdot \Delta$$

其中 $a = r$ 为已知值，即第二个密文在生成时即可确定。电路评估方接收以上两个密文后，在运行阶段，通过 $b$ 的输入值经过 OT 后得到标签 $B_0$ 或 $B_1$。

1）若 $b = 0$，则得到 $B_0$，经哈希操作后解密第一条密文，得到输出标签 $C_0$。

2）若 $b=1$，则得到 $B_1$，经哈希操作后解密第二条密文，得到输出标签 $C_0+a\Delta$，该输出标签在生成时即通过 $a=r$ 决定为 $C_0$ 或 $C_1$。

Garbler 发送密文仍然可以使用点置换技术，使 Evaluator 只需要进行一次哈希解密。另外，同样可以不随机选取 $C$ 的标签，而是设置 $C_0=H(B_0)$，则可以使用 GRR3 技术将密文减少为 1 条。

### 2. 电路评估方半门

若将半门输入线路定义为输入 $a'$、$b'$，输出线路为 $c'$，假设 Evaluator 知道电路评估方半门的线路 $a'$ 的输入真值（$a\oplus r$），则：

1）若 $a'=0$，Evaluator 运行时得到 $A_0'$，该半门输出标签必为 $C_0'$，若 Garbler 使用 $A_0'$ 加密 $C_0'$，则 Evaluator 可直接解密；

2）若 $a'=1$，Evaluator 运行时得到 $A_1'$，半门输出标签由 $b'$ 输入决定，若 Garbler 将 $B_0'\oplus C_0'$ 使用 $A_1'$ 加密发送给 Evaluator，Evaluator 将它与 $b'$ 输入标签（$B_0',B_1'$）进行"异或"，即可得到正确的输出标签

$$C_0'=B_0'\oplus C_0'\oplus B_0'$$

$$C_1'=B_0'\oplus C_0'\oplus B_1'=B_0'\oplus C_0'\oplus B_0'\oplus\Delta=C_0'\oplus\Delta$$

合并以上两种情况，Garbler 只需要发送以下两个密文

$$H(A_0')\oplus C_0'$$

$$H(A_1')\oplus B_0'\oplus C_0'$$

由于 $a'$ 的真值已知，因此可以不需要对密文进行随机排序（也不需要点置换技术）。当 $a'=0$ 时，使用 $A_0'$ 解密第一条，即可得到输出标签 $C_0'$。当 $a'=1$ 时，使用 $A_1'$ 解密第二条密文，再与 $b'$ 对应标签进行"异或"，即可得到输出标签 $C_0'$ 或 $C_1'$。另外，电路评估方半门与电路生成方半门一样，可以使用 GRR3 技术，Garbler 不随机选取 $c'$ 标签，而设置 $C_0'=H(A_0')$，则可以不用发送第一条密文，只发送第二条密文即可。

### 3. 合并半门

根据"与"门拆分方法，Garbler 每次拆分"与"门时需要生成一个随机位 $r$，并将 $a\oplus r$ 公布给 Evaluator，然而 Garbler 在电路生成时并不知道 $a$ 的真值，因此无法计算 $a\oplus r$。由于 $r$ 为随机选取，标签附加置换位也是随机选取，因此不妨将 $r$ 取线路 $a'$ 标签 $A_0'$ 的置换位 $p_{A_0'}$。

若 $a=0$，则线路 $a'$ 的输入：$a\oplus r=0\oplus r=r=p_{A_0'}$。

若 $a=1$，则线路 $a'$ 的输入：$a\oplus r=1\oplus r=1\oplus p_{A_0'}=p_{A_1'}$。

因此，电路评估方只需要取出线路 $a'$ 的标签置换位，即可得到 $a\oplus r$。

在完成两个半门计算后，将两个输出结果进行"异或"（Free-XOR），即得到"与"门结果。由于最后一个过程使用的 Free-XOR 是"免费"的，因此在整个"与"门计算过程中，Garbler 只需要调用四次 $H$ 函数进行加密，并将两条密文作为乱码表发送给 Evaluator，Evaluator 调用 $H$ 函数两次进行解密，相比原始的姚氏混淆电路（无密文扩展情况），构造"与"门降低了 50% 的通信量，Evaluator 方也降低了 50% 的计算量。

以上介绍了姚氏混淆电路及其主要优化方案，通过分析可得到不同电路在构造"与"门和"或"门时所需密文大小（乱码表条目数）、Garbler 方调用加密函数（伪随机函数 $H$）次数、Evaluator 解密次数（伪随机函数 $H$），见表 5-7。

表 5-7　两个输入方的姚氏混淆电路及其优化方案效率比较

| 方　　案 | 密 文 数 量 | | 调用 $H$ 函数次数 | | | |
| --- | --- | --- | --- | --- | --- | --- |
| | | | 电路生成方 | | 电路评估方 | |
| | XOR | AND | XOR | AND | XOR | AND |
| 原始方案：姚氏混淆电路 | 4 | 4 | 4 | 4 | 4 | 4 |
| 点置换技术 Point-and-Permute | 4 | 4 | 4 | 4 | 1 | 1 |
| Free-XOR | 0 | 4 | 0 | 4 | 0 | 1 |
| GRR3+Free-XOR | 0 | 3 | 0 | 4 | 0 | 1 |
| GRR2 | 2 | 2 | 4 | 4 | 1 | 1 |
| FleXOR | {0,1,2} | 2 | {0,2,4} | 4 | {0,1,2} | 1 |
| Half-Gates | 0 | 2 | 0 | 4 | 0 | 2 |

## 5.2　基于秘密共享的混淆电路

5.1 节中主要介绍了姚氏混淆电路及其相关优化方案，此类电路基于加解密计算设计，可用于多方安全计算，其主要过程为其中一个参与方生成电路线路输入的所有可能标签，生成真值表并混淆加密后发送给另一个参与方，另一个参与方需要在获得电路所有输入的激活标签后才能进行解密，且依赖于加密函数的计算困难问题仅能正确解密混淆表中的一条输出。

本节将介绍基于秘密共享的混淆电路，基于秘密共享的方案提供信息论安全性，可以不依赖于计算困难问题，在计算过程中，仅通过秘密共享实现数据的密态下计算，极大降低了计算复杂度。另外，通过秘密共享的密态下的数据具有更高的编码效率，1bit 数据在密态下仍为 1bit，而基于混淆加密表方案的 1bit 密态数据会膨胀至计算安全参数的倍数大小。

基于秘密共享的混淆电路根据秘密共享方式分为两种类型：一种是在电路线路上进行秘密共享，其中一方（生成方）通过布尔秘密共享生成混淆真值表，并发送本方输入线路关联的秘密共享值（不需要发送混淆表）给另一方（评估方），评估方根据自身输入值通过 OT 获取另一个线路的秘密共享值，当需要获取输出时，将双方的秘密共享值进行输出重构即可，该类型方案的主要代表为 GESS 协议；另一种是在参与方之间对线路输入进行秘密共享，该类型电路更为直接地使用秘密共享技术，所有输入线路的激活值将被秘密共享给相关参与方，且该类型电路通常同时支持布尔电路和算术电路的计算，该类型方案的主要代表有 GMW、BGW 等协议。

### 5.2.1　GESS 协议

门估值秘密共享（Gate Evaluation Secret Sharing，GESS）协议由 Vladimir Kolesnikov 在 2005 年发表的论文 *Gate Evaluation Secret Sharing and Secure One-Round Two-Party Computation* 中提出，是高效的信息论安全的乱码电路方案。如图 5-2 所示布尔门 G，有两个输入线路

Wire1、Wire2，分别由电路计算参与方 Bob 和 Alice 持有，布尔门 G 真值表见表 5-8，其输出线路 Output wire 上所有可能的输出值被编码为 $s_{00}$、$s_{01}$、$s_{10}$、$s_{11}$，将作为秘密值被分享到两个输入线路 Wire1 和 Wire2 上，其秘密共享方案：假设 Bob 为 Garbler，Alice 为 Evaluator，Bob 通过随机值编码其关联输入线路 Wire1 的两个取值以作为两个秘密份额，即 $sh_{10} = R_0$，$sh_{11} = R_1$，然后对四个输出编码通过"异或"方式得到 Wire2 上的两个秘密共享，四个输出编码根据 Wire2 输入值的不同被分配到 Wire2 的两个秘密份额上，每个秘密份额又根据 Wire1 输入的不同得到两个不同的数据块，其分配方式如下。

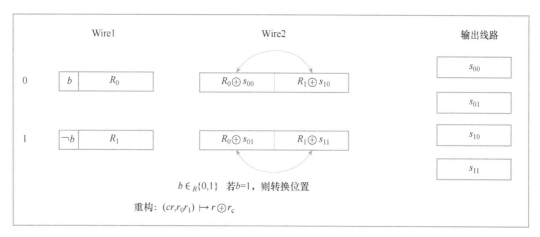

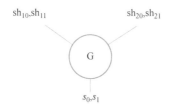

• 图 5-2 线路间的秘密共享

1）若 Wire2 的输入为 0，则构造第一个秘密份额 $sh_{20}$，根据真值表找到关联对应输出值为 $s_{00}$、$s_{10}$。

- 若 Wire1 的输入为 0，则构造第一个数据块 $R_0 \oplus s_{00}$。
- 若 Wire1 的输入为 1，则构造第一个数据块 $R_1 \oplus s_{10}$。拼接两个数据块以作为第一个秘密份额：$sh_{20} = R_0 \oplus s_{00} || R_1 \oplus s_{10}$

2）若 Wire2 的输入为 1，则构造第二个秘密份额 $sh_{21}$，根据真值表找到关联对应输出值为 $s_{01}$、$s_{11}$。

- 若 Wire1 的输入为 0，则构造第一个数据块 $R_0 \oplus s_{01}$。
- 若 Wire1 的输入为 1，则构造第一个数据块 $R_1 \oplus s_{11}$。拼接两个数据块以作为第一个秘密份额：$sh_{21} = R_0 \oplus s_{01} || R_1 \oplus s_{11}$。

然后需要将上述四个秘密份额中的分别关联两个线路输入值的秘密份额传输给 Alice 进行电路评估，其中 Bob 输入线路关联的秘密份额 $sh_{1i}$ 直接传输给 Alice，Alice 输入线路关联的秘密份额以 $\{sh_{20}, sh_{21}\}$ 为输入，线路输入值 $j$ 为选择位，通过 OT 从 Bob 获得其秘密份

额 $sh_{2j}$，最后 Alice 将得到的两个秘密份额进行重构，即得到输出线路的编码。重构方法：首先取出线路 1 的秘密份额头部标志作为线路 2 数据块选择位 $c$，以及线路 1 参与计算的秘密份额 $r$，然后根据选择位 $c$ 取出线路 2 的秘密份额数据块 $r_0 r_1$ 中的指定数据块 $r_c$，进行异或计算 $r \oplus r_c$，即得到输出结果。将该结果作为下一个门电路的输入秘密份额，通过递归方式逐门计算即可实现完整的混淆电路。

表 5-8　布尔门 G 真值表

| Wire1 | Wire2 | 输出线路 |
|---|---|---|
| 0 | 0 | $s_{00}$ |
| 0 | 1 | $s_{01}$ |
| 1 | 0 | $s_{10}$ |
| 1 | 1 | $s_{11}$ |

GESS 协议同样可以使用点置换技术，如图 5-2 所示，只需要在 $R_0$ 和 $R_1$ 的头部分别添加标识位随机生成的标志位 $b$ 和 $\neg b$，若 $b = 1$，则对 Wire2 上两个数据块的位置进行互换，Bob 根据 $R_0$ 或 $R_1$ 对应标志位进行取值，若标志位为 0，则取 $sh_{2i}$ 左侧数据块，否则取其右侧数据块。

从以上电路构造方法可知，Wire2 的数据大小是输出线路对应秘密值的两倍，随着电路深度的增加，Wire2 的数据将呈指数或增长。通过分析 AND/OR 电路真值表可知，输出秘密值中总有三个相等，因此 Wire2 线路中的两个秘密份额总存在左侧（"与"门）或右侧（"或"门）的数据块相等，于是可以利用该性质对秘密值和秘密份额的大小进行优化。

不妨设输出秘密值由 $n$ 个长度为 $k$ 的数据块组成

$$s_{00} = (t_1, \cdots, t_{j-1}, t_j^{00}, t_{j+1}, \cdots, t_n),$$
$$\vdots$$
$$s_{11} = (t_1, \cdots, t_{j-1}, t_j^{11}, t_{j+1}, \cdots, t_n)$$

且对于所有输出值，除第 $j$ 个数据块以外，其他块都相等，则可将数据块按列进行秘密共享。秘密共享方式：除第 $j$ 个数据块之外的其他数据块 $i$，在 Wire1 的两个秘密份额上生成相同随机数块 $R_i$，在 Wire2 上按加法秘密共享生成秘密份额：$t_i \oplus R_i$；对于第 $j$ 个数据块，Wire1 的两个秘密份额为 $R_j$ 和 $R_j'$，在 Wire2 上，根据其输入对应输出真值仍按照常规方法分别在两个秘密份额上生成两个数据块。

以 $n = 3$，$j = 2$ 为例，如图 5-3 所示，Wire1 的第 2 列秘密份额分别为 $R_2$ 和 $R_2'$，在 Wire2 上生成 $sh_{20} = R_2 \oplus t_2^{00}$，$R_2' \oplus t_2^{10}$，$sh_{21} = R_2 \oplus t_2^{01}$，$R_2' \oplus t_2^{11}$，即每个秘密份额都生成两个数据块，则此时，对于 3 个数据块的输出秘密值，Wire2 的每个秘密份额增长为 4 个，减慢了电路输入大小的增长速度。

使用优化方法同样需要应用点置换技术。对于线路上的输入秘密份额，若将相同列看作一个 tuple，首先对 Wire2 上的所有 tuple 进行随机置换 $\pi$，并将置换结果使用 $\lceil \log(n+1) \rceil$ 的比特位作为标志位，追加到 Wire1 除第 $j$ 列以外的 tuple 的每个数据块上，对于第 $j$ 列（如第 2 列），则根据其随机值 $R_j$ 和 $R_j'$ 对应的 Wire2 秘密共享的数据块所在列置换后对应的位置作为标志位，分别追加到数据块上。如图 5-3 所示，$R_2$ 追加 $\pi(2)$，$R_2'$ 追加 $\pi(3)$。因此，对于 Wire1，每个数据块大小增加了 $\lceil \log(n+1) \rceil$（置换位大小），对于 Wire2，增加了 1 个数据块 $t_j$，则电路输入线路秘密份额总大小为 $n(k+\lceil \log(n+1) \rceil)$（$k$ 为数据块 $t_j$ 的大小）。

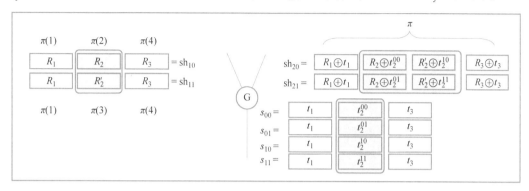

● 图 5-3　GESS 优化输入秘密份额大小

电路评估方在接收到 $sh_{1i}$ 和 $sh_{2j}$ 后，对 $sh_{1i}$ 中的每个数据块 $R_i$，使用其标志位 $\pi(i)$ 找到 $sh_{2j}$ 中对应数据块，通过加法重构即可得到输出秘密值对应数据块 $t_i$。

对于 XOR，其构造较为简单，定义输出秘密值为 $\{s_0, s_1\}$，将秘密值在线路上进行分享，首先生成随机值 $R$，定义 $sh_{10}=R$，$sh_{11}=s_0 \oplus s_1 \oplus R$，$sh_{20}=R \oplus s_0$，$sh_{21}=R \oplus s_1$，电路评估方仅需要计算 $sh_{1i} \oplus sh_{2j}$ 即得到输出秘密值。XOR 电路输入大小不会随着电路深度增加而增长，且若将 $s_0 \oplus s_1 = \Delta$，则可推导出 $sh_{10} \oplus sh_{11} = \Delta$，$sh_{20} \oplus sh_{21} = \Delta$，即两条输入线路秘密共享的重构和输出线路均有相同全局偏移量，这与 Free-XOR 非常类似。事实上，Free-XOR 是在 GESS XOR 基础上，通过加入混淆表使它能和姚氏混淆电路兼容。

## 5.2.2　GMW 协议

GMW 协议由 Oded Goldreich 等人在 1987 年提出，该协议实现了在参与方之间对线路输入的秘密共享，可以同时适用在布尔电路和算术电路，并支持 $n$ 个参与方参与计算。

在参与方之间，对线路输入进行秘密共享，即对输入方 $P_i$ 及其输入线路输入 $x_i$，通过加法秘密共享将该线路标签的秘密份额传输给其他参与方。考虑最简单的输入为 1bit，仅有两个参与方的场景，参与方 $P_0$ 持有线路 0 的激活值 $x$，$P_0$ 随机选择比特位 $r_x \in_R \{0,1\}$，然后计算 $[x]_0 = x \oplus r_x$，并将 $r_x$ 发送给 $P_1$，$P_1$ 设置 $[x]_1 = r_x$，即完成了线路 0 的激活值在参与方间的秘密共享，对于参与方 $P_1$ 及其线路 1 的激活值 $y$，使用相同的方式进行秘密共享，$P_1$ 得到秘密份额 $[y]_1 = y \oplus r_y$，$P_0$ 得到秘密份额 $[y]_0 = r_y$。在完成线路激活值秘密共享后，即可进行门电路计算。

对于 NOT 和 XOR 门，在本地对秘密份额进行相应计算即可。例如，对于 XOR 门，$P_0$ 计算 $[z]_0 = [x]_0 \oplus [y]_0$，$P_1$ 计算 $[z]_1 = [x]_1 \oplus [y]_1$，重构验证即可得

$$z = [z]_0 \oplus [z]_1 = [x]_0 \oplus [y]_0 \oplus [x]_1 \oplus [y]_1 = x \oplus y$$

对于 AND 门，可推导：

$$z = xy = ([x]_0 \oplus [x]_1)([y]_0 \oplus [y]_1) = [x]_0[y]_0 \oplus [x]_0[y]_1 \oplus [x]_1[y]_0 \oplus [x]_1[y]_1$$

由于各方均未持有全部的秘密份额，则其中 $[x]_0[y]_1$、$[x]_1[y]_0$ 无法在参与方本地计算，

因此双方必须进行交互以完成计算。GMW 使用 $\begin{pmatrix}1\\4\end{pmatrix}$ OT 实现 $[z']=[x]_0[y]_1\oplus[x]_1[y]_0$，即将它看作一个需要秘密计算的函数，枚举其所有可能的输出值并通过秘密共享，使 OT 的发送方和接收方根据实际输入分别得到该函数计算值的秘密共享，具体步骤如下。

1) $P_0$ 生成随机值 $r_z$，并枚举 $T=f([x]_1,[y]_1)=r_z\oplus([x]_0\oplus[x]_1)([y]_0\oplus[y]_1)$ 所有可能取值，共四种，即 $T=\{f(0,0),f(0,1),f(1,0),f(1,1)\}$。

2) $P_0$ 作为发送方，$P_1$ 作为接收方，$P_1$ 将其持有秘密份额 $[x]_1$、$[y]_1$ 的实际值在 $T$ 中的下标作为选择位，双方运行 $\begin{pmatrix}1\\4\end{pmatrix}$ OT。

3) 在 OT 结束后，$P_0$ 得到 $[z']$ 的秘密共享份额 $[z']_0=r_z$，$P_1$ 得到 $[z']$ 的秘密共享份额 $[z']_1=[z']_0\oplus f([x]_1,[y]_1)$。

最后，$P_0$ 计算 $[z]_0=[x]_0[y]_0\oplus[z']_0$，$P_1$ 计算 $[z]_1=[x]_1[y]_1\oplus[z']_1$，即得到 AND 门结果的秘密共享。

AND 门可以通过布尔乘法三元组预计算的方式进行优化。在离线阶段，构造乘法三元组 $c=ab$，参与方 $P_0$ 得到 $[a]_0$、$[b]_0$、$[c]_0$，$P_1$ 得到 $[a]_1$、$[b]_1$、$[c]_1$。然后，在在线阶段中，双方同时计算 $[e]_i=[a]_i\oplus[x]_i$、$[f]_i=[b]_i\oplus[y]_i$，双方重构 $e$、$f$ 并计算
$$[z]_i=ief\oplus f[a]_i\oplus e[b]_i\oplus[c]_i, i\in\{0,1\}$$

对于三元组，可通过半同态加密方式生成，即双方同时随机生成 $a$、$b$ 的秘密份额，然后使用半同态加密方式完成 $c$ 的秘密共享；也可通过 R-OT 方式生成，即在无输入情况下第一次调用 R-OT，$P_0$ 作为接收方得到 $([a]_0,[u]_0)$，$P_1$ 作为发送方得到 $([b]_1,[v]_1)$，且满足 $[a]_0[b]_1=[u]_0\oplus[v]_1$，然后第二次调用 R-OT，$P_0$ 作为发送方得到 $([b]_0,[v]_0)$，$P_1$ 作为接收方得到 $([a]_1,[u]_1)$，最后 $P_0$ 在本地计算 $[c]_0=[a]_0[b]_0\oplus[u]_0\oplus[v]_0$，$P_1$ 在本地计算 $[c]_1=[a]_1[b]_1\oplus[u]_1\oplus[v]_1$，即得到乘法三元组。

## 5.2.3　BGW 协议

5.2.1 节和 5.2.2 节中介绍了通过加法秘密共享实现的 MPC 协议，本节介绍一种在参与方之间使用 Shamir 秘密共享实现的 MPC 协议——BGW 协议。该协议由 Ben 等人在 1988 年发表的论文 *Completeness Theorems for Non-Cryptographic Fault-Tolerant Distributed Computation* 中提出，基于 Shamir$(t,n)$ 门限秘密共享机制，支持 $t<n/2$ 门限半诚实对手场景和使用可验证秘密共享的 $t<n/3$ 门限恶意对手场景，也是首个基于可验证秘密共享的具有信息论安全多方计算协议。本节主要介绍 $t<n/2$ 门限半诚实对手场景。

考虑 $n$ 个参与方 $P_0,P_1,\cdots,P_{n-1}$，且 $n\geq 2t+1$，$F$ 为需要多方计算的函数，定义有限域 $E$，且 $|E|>n$，不失一般性，假设参与方的输入均为 $E$ 中的元素，且 $F$ 为各方输入的多项式函数，各参与方预先确定有限域 $E$ 内的 $n$ 个不同非零点 $\alpha_1$，$\cdots$，$\alpha_n$ 分别作为 Shamir 秘密共享多项式的输入。若某参与方输入秘密值 $a$，则根据 Shamir 秘密共享，该参与方随机选择 $a_i\in E$，$i=1,\cdots,t$，生成 $t$ 阶多项式 $f_a(x)=a+a_1x+\cdots+a_tx^t$，根据固定点 $\alpha_1$，$\cdots$，$\alpha_n$ 生成秘密共享 $\text{Shr}(a)=(f_a(\alpha_0),\cdots,f_a(\alpha_{n-1}))$ 以作为各参与方的秘密份额输入，并销毁多项式系数，即完成秘密共享过程。当需要重构该秘密值时，仅需至少收集 $t$ 个参与方的秘密份

额，通过拉格朗日插值法计算出多项式 $f_a(x)$ 的系数，$f_a(0)$ 即为输入的秘密值。当多个参与方需要计算电路时，各参与方对电路进行逐门计算，将门计算的秘密输出份额作为下一个门计算的秘密输入份额。

对于加法或"异或"门，若另一个秘密值 $b$ 输入后各参与方得到的秘密份额为 $f_b(\alpha_i)$，则根据 Shamir 秘密共享的同态性质，各参与方仅需要在本地进行加法计算 $r(\alpha_i) = f_a(\alpha_i) + f_b(\alpha_i)$，对于各参与方持有的加法计算后的点 $(\alpha_i, r(\alpha_i))$，通过插值得到的 $t$ 阶多项式 $r(x)$ 仍满足 $r(0) = a+b$。

对于标量乘法（数乘运算），同样可以在本地计算完成，即若输入为 $a$，则本地计算 $f_{ac}(\alpha_i) = c \cdot f_a(\alpha_i)$，多项式 $f_{ac}(x)$ 的阶为 $t$，且 $f_{ac}(0) = c \cdot a$。

对于乘法或"与"门，各参与方可同样进行本地计算 $f_{ab}(\alpha_i) = f_a(\alpha_i) \cdot f_b(\alpha_i)$，且该多项式满足 $f_{ab}(0) = f_a(0) \cdot f_b(0) = a \cdot b$。然而，在直接进行本地乘法后，多项式 $f_{ab}(x)$ 存在下列两个问题。

1）由于 $f_a(x)$ 和 $f_b(x)$ 的阶都为 $t$，因此经过乘法计算后的多项式 $f_{ab}(x)$ 的阶是 $2t$ 而不是 $t$，然而在秘密重构阶段使用的是阶为 $t$ 的多项式，虽然当 $n \geqslant 2t+1$ 时可进行一次秘密重构，但当乘法次数增加时，必然存在 $f_{ab}(x)$ 的阶大于 $n$ 的问题，这将导致重构阶段没有足够的数据进行多项式插值，也无法恢复秘密值 $f_{ab}(0)$。

2）$f_{ab}(x)$ 不是系数随机的多项式，而是具有 $f_a(x) \cdot f_b(x)$ 固定结构的可约多项式，这可能导致信息泄露。

因此仅通过本地计算无法实现乘法门，为解决这两个问题，该协议引入了降阶和因子随机化两种方法，通过各参与方的一定交互，得到 $t$ 阶多项式 $\tilde{k}(x)$，且满足 $\tilde{k}(0) = a \cdot b$，具体方法如下。

**1. 降阶**

各参与方进行本地乘法，将得到 $n$ 个输出 $s_i = f_{ab}(\alpha_i) = f_a(\alpha_i) \cdot f_b(\alpha_i)$，这 $n$ 个输出和其持有的固定点 $\alpha_i$ 即组成 $2t$ 阶多项式 $f_{ab}(x) = h_0 + h_1 x + \cdots + h_{2t} x^{2t}$ 上的插值点 $(\alpha_1, s_0)$，$\cdots$，$(\alpha_n, s_n)$。若将系数扩展成长度为 $n$ 的向量 $\boldsymbol{H} = (h_0, h_1, \cdots, h_{2t}, 0, \cdots, 0)$，则 $n$ 个输出 $S = (s_0, \cdots, s_n)$ 可通过向量 $\boldsymbol{R}$ 与固定点 $\alpha_1, \cdots, \alpha_n$ 组成的范德蒙德矩阵 $\boldsymbol{B}$ 相乘得到，即定义

$$\boldsymbol{B} = \left\{ \begin{matrix} 1 & \alpha_1 & \cdots & \alpha_1^{n-1} \\ 1 & \alpha_2 & \cdots & \alpha_2^{n-1} \\ \vdots & \vdots & \ddots & \vdots \\ 1 & \alpha_n & \cdots & \alpha_n^{n-1} \end{matrix} \right\}$$

使得 $\boldsymbol{HB} = \boldsymbol{S}$。定义 $r(x)$ 为 $t$ 阶截断多项式 $k(x) = h_0 + h_1 x + \cdots + h_t x^t$（降阶后的多项式），其输出 $r_i = k(\alpha_i)$，令长度为 $n$ 的系数向量 $\boldsymbol{K} = (h_0, \cdots, h_t)$，则可定义线性映射

$$\boldsymbol{P} = \begin{bmatrix} I_t & 0 \\ 0 & 0 \end{bmatrix}$$

使得 $\boldsymbol{HP} = \boldsymbol{K}$。同时，对于 $t$ 阶截断多项式 $k(x)$ 在 $n$ 个参与方的输出向量 $\boldsymbol{R}$，也可通过固定点向量 $\alpha_1, \cdots, \alpha_n$ 与范德蒙德矩阵乘法得到：$\boldsymbol{KB} = \boldsymbol{R}$。由于矩阵 $\boldsymbol{B}$ 为非奇异矩阵，因此可通过矩阵变换直接计算 $\boldsymbol{S}(\boldsymbol{B}^{-1}\boldsymbol{PB}) = \boldsymbol{R}$，令 $\boldsymbol{A} = \boldsymbol{B}^{-1}\boldsymbol{PB}$，显然矩阵 $\boldsymbol{A}$ 为常数矩阵，不存在其他秘密

份额，于是可通过 BGW 协议的加法和标量乘法安全实现。

从另一种角度考虑，矩阵 $\boldsymbol{B}$ 可被看作傅里叶变换，将 $t$ 阶多项式系数变换为该多项式下的 $n$ 个数据点（秘密份额），则进行本地两个秘密份额的乘法计算后，得到的是 $2t$ 阶多项式下的数据点，即其变换为

$$
\begin{Bmatrix} 1 & \alpha_1 & \cdots & \alpha_1^{2t} \\ 1 & \alpha_2 & \cdots & \alpha_2^{2t} \\ \vdots & \vdots & \ddots & \vdots \\ 1 & \alpha_n & \cdots & \alpha_n^{2t} \end{Bmatrix} \begin{Bmatrix} ab \\ h_1 \\ \vdots \\ h_{2t} \end{Bmatrix} = \begin{Bmatrix} h(\alpha_1) \\ h(\alpha_2) \\ \vdots \\ h(\alpha_n) \end{Bmatrix}
$$

其中 $ab$ 为 $2t$ 阶多项式的常数项，也是乘法结果的秘密值，通过求逆计算可得到（仅考虑常数项 $ab$ 和矩阵第一行）

$$
\begin{Bmatrix} ab \\ h_1 \\ \vdots \\ h_{2t} \end{Bmatrix} = \begin{Bmatrix} \lambda_1 & \cdots & \lambda_n \\ \vdots & \ddots & \vdots \\ \cdots & & \cdots \end{Bmatrix} \begin{Bmatrix} h(\alpha_1) \\ h(\alpha_2) \\ \vdots \\ h(\alpha_n) \end{Bmatrix}
$$

参与方仅需要秘密计算 $ab = \lambda_1 \cdot h(\alpha_1) + \cdots + \lambda_n \cdot h(\alpha_n)$，由于 $h(\alpha_i) = p(\alpha_i) \cdot q(\alpha_i)$ 可通过本地计算得到，但不可泄露，否则各方可以通过重构明文计算出 $ab$，因此各参与方可将 $h(\alpha_i)$ 作为持有的秘密值使用 $t$ 阶多项式进行秘密共享，假设各参与方秘密共享的 $t$ 阶多项式函数为 $H_1(x), \cdots, H_n(x)$，所有参与方获得 $H_i(x)$ 的数据点后共同计算 $H(x) = \lambda_1 H_1(x) + \cdots + \lambda_n H_n(x)$，即完成了 $ab = \lambda_1 \cdot h(\alpha_1) + \cdots + \lambda_n \cdot h(\alpha_n)$ 的秘密线性变换，可验证

$$
H(0) = \lambda_1 H_1(0) + \cdots + \lambda_n H_n(0) = \lambda_1 H_1(\alpha_1) + \cdots + \lambda_n H_n(\alpha_n) = ab
$$

### 2. 因子随机化

由于 $f_{ab}(x)$ 的系数不是完全随机化的，因此其截断函数 $k(x)$ 的系数也不是完全随机的。多项式的系数随机化可通过各参与方进行 0 秘密值分享实现，即各参与方 $P_i$ 选取常数项为 0 的 $2t$ 阶随机系数多项式 $q_j(x)$ 进行秘密共享。因此，随机化可表示为乘法本地输出的 $f_{ab}(x)$ 的多项式加随机系数多项式

$$
\widetilde{f}_{ab}(x) = f_{ab}(x) + \sum_{j=1}^{n} q_j(x)
$$

该多项式满足 $\widetilde{f}_{ab}(0) = f_{ab}(0) = a \cdot b$，且对于非常数项系数，均为完全随机选取。因此，各参与方通过计算输出数据

$$
\widetilde{s}_i = \widetilde{f}_{ab}(\alpha_i) = s_i + \sum_{j=1}^{n} q_j(\alpha_i)
$$

得到 $n$ 个输出 $(\alpha_1, \widetilde{s}_1), \cdots, (\alpha_n, \widetilde{s}_n)$ 后，再按照降阶中的截断方式 $S(B^{-1}PB)$ 得到最终输出的随机多项式 $\widetilde{k}(x)$，该多项式同时满足阶为 $t$，以及 $\widetilde{k}(0) = a \cdot b$，且 $\widetilde{k}(x)$ 对应数据点被安全共享到所有参与方。

显然，在 $f_{ab}(x)$ 的阶未达到 $n$ 之前，各参与方可直接在本地完成乘法计算，而不需要进行交互，当各参与方所持秘密份额对应多项式接近 $n$ 时，再进行一次随机化和降阶过程，使多项式的阶降到 $t$。

在进行布尔电路计算时，可将"异或"门和"与"门分别当作有限域 $F_2 = \{0,1\}$ 上的加法与乘法，即"异或"门转换为 $a \oplus b = a+b$，"与"门转换为 $a \wedge b = a \cdot b$，"或"门转换为 $a \vee b = a+b-a \cdot b$。

BGW 协议同样可使用 Beaver 三元组进行乘法优化，不过对于满足 $c=ab$ 的三元组秘密份额 $[a]$、$[b]$、$[c]$，需要使用 Shamir$(t,n)$ 的方式进行分享，然后使用三元组秘密份额对各参与方的秘密份额进行掩盖后公开，并通过公开的掩盖值进行本地乘法结果的秘密份额计算即可。

## 5.2.4 BMR 协议

在以上基于秘密共享实现的混淆电路方案（如 GMW、BGW）中，其评估阶段需要参与方之间进行通信，且通信轮数随着电路深度的增加而线性增长，对于较深的电路，评估阶段将存在很大的延时。Beaver 等人在 1990 年发表的论文 *The Round Complexity of Secure Protocol* 中提出了 BMR 协议，该协议支持常数轮通信次数，且支持 $n$ 个参与方的任意 $t<n$ 门限的合谋攻击。BMR 协议采用姚氏混淆电路方案，使用加密方式构建混淆表，然后进行混淆电路评估计算。然而，姚氏混淆电路仅支持两个参与方的计算，BMR 协议将计算方拓展到任意多方。

在电路生成阶段，姚氏混淆电路由一个参与方生成混淆电路，显然，在多个参与方场景，若电路生成方腐化任一评估方，则由于电路生成方知道整个混淆电路表，将导致线路激活标签及输入被泄露，无法保证计算安全。BMR 协议让所有参与方通过 MPC 协议（如GMW）共同生成混淆电路的加密乱码表，没有任何一方知道每条线路对应的完整标签及标签对应的激活值，而且各参与方可独立地在本地完成对线路和门的并行计算，因此各参与方可并行地完成整体电路的生成。在电路评估阶段，各参与方公开揭秘加密乱码表、输入对应线路的标签，则通过对混淆加密表进行解密，各方即可在本地对电路逐门计算得到整个电路的输出。

假设该协议共有 $n$ 个参与方，定义 $[n] = \{1, \cdots, n\}$，参与方为 $P_i$，$i \in [n]$，$\kappa$ 为计算安全参数，电路中共有 $W$ 条线路，序号为 $0, \cdots, W-1$，由于每条线路的两个真值可关联两个标签，因此电路共有 $2W$ 个标签，对于参与方 $P_i$ 的线路 $(0 \le \omega \le W-1)$，定义其关联的两个随机标签 $s_{\omega,0}^i$ 和 $s_{\omega,1}^i$，$s_{\omega,j}^i \in \{0,1\}^\kappa$，对于电路中的一个门 $g$，实现运算 $f_g: \{0,1\} \times \{0,1\} \to \{0,1\}$，若两条输入线路分别为 $a$、$b$，关联输入真值为 $\rho_a$、$\rho_b$，输出线路为 $c$，关联输出真值为 $\rho_c$，与姚氏混淆电路中使用输入的两条线路 $a$、$b$ 的真值对应标签构造 PRF/RO 加密输出标签不同，BMR 协议对每条线路通过串联方式构造超级标签 $s_{\omega,j}^i = s_{\omega,j}^0 || \cdots || s_{\omega,j}^n$，以输入的两条线路对应真值标签 $s_{\omega,0}^i$、$s_{\omega,1}^i$ 为种子，在本地分别输入伪随机数生成器 G：$\{0,1\}^\kappa \to \{0,1\}^{2n\kappa}$，得到 $\tilde{\gamma}_{x,b}^i$ 和 $\gamma_{x,b}^i$，作为混淆加密的密钥，$x \in \{a,b,c\}$，$b \in \{0,1\}$，$\tilde{\gamma}_{x,b}^i$ 为 G 输出的前 $n\kappa$ 位，$\gamma_{x,b}^i$ 为 G 输出的后 $n\kappa$ 位（即每个随机标签将输出两个密钥），然后通过 MPC 协议使用两个标签的密钥进行"异或"并加密对应输出真值的超级标签，即得到混淆表的一个条目。

由于在电路评估阶段各参与方需要广播其激活标签来构造超级标签，若激活标签与真值对应，则其他参与方可能通过观测超级标签中的子标签了解到线路具体输入值，导致信息泄露，因此各输入方使用一个掩盖位 $\lambda_\omega$ 对线路 $\omega$ 输入真值进行掩盖 $\Lambda_w = \rho_\omega \oplus \lambda_\omega$，且掩盖位通过秘密共享方式分享给其他参与方，各参与方将分别得到 $\lambda_\omega^1, \cdots, \lambda_\omega^n$，满足 $\lambda_\omega = \oplus_{i=1}^n \lambda_\omega^i$。

在各参与方拥有门 g 的输入掩盖值 $\lambda_x^i$、随机标签 $s_{x,b}^i$、加密密钥 $\gamma_{x,b}^i$ 和 $\tilde{\gamma}_{x,b}^i$ 后，即可通过 MPC 协议生成门 g 加密乱码表的四个条目

$$A_g = \tilde{\gamma}_{a,0}^1 \oplus \cdots \oplus \tilde{\gamma}_{a,0}^n \oplus \tilde{\gamma}_{b,0}^1 \oplus \cdots \oplus \tilde{\gamma}_{b,0}^n \oplus S_{c,A}$$

$$B_g = \gamma_{a,0}^1 \oplus \cdots \oplus \gamma_{a,0}^n \oplus \tilde{\gamma}_{b,1}^1 \oplus \cdots \oplus \tilde{\gamma}_{b,1}^n \oplus S_{c,B}$$

$$C_g = \tilde{\gamma}_{a,1}^1 \oplus \cdots \oplus \tilde{\gamma}_{a,1}^n \oplus \gamma_{b,0}^1 \oplus \cdots \oplus \gamma_{b,0}^n \oplus S_{c,C}$$

$$D_g = \gamma_{a,1}^1 \oplus \cdots \oplus \gamma_{a,1}^n \oplus \gamma_{b,1}^1 \oplus \cdots \oplus \gamma_{b,1}^n \oplus S_{c,D}$$

其中 $S_{c,K} = f_g(\lambda_a, \lambda_b) = \lambda_c ? S_{c,1} : S_{c,0}$，$K \in \{A, B, C, D\}$。由于 $S_{c,K} = S_{c,\rho \oplus \lambda}$，若 $f_g(\lambda_a, \lambda_b) = \lambda_c$，则根据定义有 $f_g(\lambda_a, \lambda_b) = f_g(\rho_a, \rho_b) = \rho_c = \lambda_c$，此时 $S_{c,K} = S_{c,0}$，否则 $S_{c,K} = S_{c,1}$。

在电路评估阶段，各参与方根据掩盖值所关联标签进行广播，各参与方都将得到电路所有输入线路对应的超级标签，然后在本地按照姚氏混淆电路进行解密即可。

BMR 协议同样可以使用点置换技术，由于输入线路的真值被掩盖，因此直接在 $s_{\omega,0}^i$ 和 $s_{\omega,1}^i$ 末尾附加 0 和 1 的标志位，并不影响安全性。

## 5.3  混合协议

混淆电路理论上可实现所有函数的安全计算，然而在处理复杂函数（如机器学习或深度学习）时，其效率通常会成为较大问题，因此，学术界提出了将混淆电路（以 Free-XOR 为主）和秘密共享协议（算术共享、布尔共享）混合的方案，通过设计转换协议实现密态数据的转换，从而使密态数据在非常高效的协议下计算。本书将结合经典的 ABY 和 ABY3 协议进行介绍。

### 5.3.1  ABY 混合协议框架

ABY 协议是一种两方专用的安全计算，它由 3 个协议混合组成，其中 A 代表算术秘密共享、B 代表布尔秘密共享，Y 代表姚氏混淆电路。该框架由 Daniel Demmler 等人在 2015 年提出，并给出了开源实现：https://github.com/encryptogroup/ABY。在该协议被提出之前，有其他多种协议混合计算的方法，其目的是使密态数据适配对应高效的安全计算方法，如将同态加密（可高效计算加法和乘法）和姚氏混淆电路（可高效进行比较和位运算等）混合，然而其转换协议操作的成本都比较高，导致混合协议相对单个协议的效率提升较小。ABY 协议中的单个协议都使用了先进的优化技术，如算术共享中的乘法使用 C-OT 优化过的 Gilboa 乘法，姚氏混淆电路使用点置换技术优化过的 Free-XOR，布尔共享使用了 R-OT 优化过的 GMW 协议，并且实现了协议之间的高效转换，使协议整体效率得到了较大提升。ABY 协议之间的相互转换示意图如图 5-4 所示。

由于在前面章节已经介绍了算术秘密共享和布尔秘密共享（GMW）协议，因此本节不再介绍。在 ABY 协议中，Free-XOR 的秘密共享与前面介绍的混淆电路形式的计算方案不同，将在后面介绍。另外，ABY 协议中的核心技术是协议之间的转换，下文将进行重点介绍。

以$\langle x\rangle^t$，$t\in\{A,B,Y\}$分别表示在不同协议下的数据 $x$ 的秘密份额，定义$\langle x\rangle^t=\mathrm{Shr}_i^t(x)$为参与方 $P_i$ 持有秘密值 $x$ 并使用协议 $t$ 进行秘密共享，$x=\mathrm{Rec}_i^t(\langle x\rangle^t)$为参与方 $P_i$ 获得秘密值 $x$ 的输出，$\langle x\rangle^d=s2d(\langle x\rangle^s)$表示将协议 $s$ 下的秘密份额 $x$ 转换为协议 $d$ 下的秘密份额，统计安全参数为 $\kappa$。

在 Free-XOR 秘密共享中，假设 $P_0$ 为混淆电路生成方，$P_1$ 为电路评估方，定义全局偏移量为 $R$，且最低位 $R[0]=1$，则 $P_0$ 为每个线路 $w$ 生成标签$k_0^w$、$k_1^w$，且 $k_1^w=k_0^w\oplus R$，可得最低位 $k_1^w[0]=1-k_0^w[0]$，并将它作为标签置换位。对于姚氏混淆电路秘密值 $x$ 的拆分，可使 $\langle x\rangle_0^Y=k_0$，$\langle x\rangle_1^Y=k_x=k_0\oplus xR$。

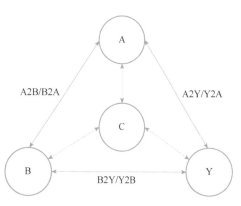

● 图 5-4　ABY 协议之间的相互转换
（ C 为明文（Clear text）)

根据秘密值持有方的不同，需要采用不同的秘密值拆分方式。以 $x$ 为 1bit 数据为例：

1）当 $P_0$ 输入秘密值 $x$ 时，由于 $P_0$ 是电路生成方，因此只需要将 $\langle x\rangle_1^Y$ 发送给 $P_1$；

2）当 $P_1$ 输入秘密值 $x$ 时，双方共同运行 C-OT，$P_0$ 作为 OT 发送方，关联函数 $f_R(x)=(x\oplus R)$，输入$\{k_0,k_1=k_0\oplus R\}$，$P_1$ 作为接收方，以 $x$ 作为选择位，得到 $\langle x\rangle_1^Y=k_x$。

其秘密恢复方式则更简单，由于 $k_0\oplus k_x=xR$，可得 $k_0[0]\oplus k_x[0]=xR[0]=x$，因此仅需要将双方的置换位进行交换。两个秘密份额 $\langle x\rangle_i^Y$、$\langle y\rangle_i^Y$ 在姚氏混淆电路分享下的位运算如下。

**1. XOR 运算**

双方可在本地计算完成：$\langle z\rangle_i^Y=\langle x\rangle_i^Y\oplus\langle y\rangle_i^Y$。

**2. AND 运算**

$P_0$ 在本地对$\langle x\rangle_0^Y$、$\langle y\rangle_0^Y$ 进行 AND 运算，得到 $\langle z\rangle_0^Y$，然后 $P_0$ 方以$\langle x\rangle_0^Y$、$\langle y\rangle_0^Y$ 所在线路标签构造混淆加密表（$P_0$ 可在离线阶段构造），$P_1$ 方使用$\langle x\rangle_1^Y$、$\langle y\rangle_1^Y$ 解密，即可得到 $\langle z\rangle_1^Y$。

在完成 ABY 秘密共享的秘密值拆分、恢复，以及基础运算定义后，可进行不同协议的秘密份额转换。

**3. 姚氏共享转布尔共享（Y2B）**

姚氏共享转布尔共享较为简单，考虑到$\langle x\rangle_0^Y$、$\langle x\rangle_1^Y$ 的置换位已经是布尔共享形式，参与方 $P_i$ 仅需要在本地取份额的最低位。因此，可得

$$\langle x\rangle_i^B=\mathrm{Y2B}(\langle x\rangle_i^Y)=\langle x\rangle_i^Y[0]$$

**4. 布尔共享转姚氏共享（B2Y）**

布尔共享转姚氏共享与姚氏共享中 $P_1$ 作为秘密值输入方进行秘密拆分类似，假设 $x$ 为 1bit 数据，$P_0$ 持有布尔秘密共享 $x_0=\langle x\rangle_0^B$，$P_1$ 持有 $x_1=\langle x\rangle_1^B$。首先，$P_0$ 随机生成标签$\langle x\rangle_0^Y=k_0\in_R\{0,1\}^\kappa$，然后双方运行 OT，$P_0$ 作为发送方，输入消息对$(k_0\oplus x_0;k_0\oplus(1-x_0)\cdot R)$，$P_1$ 作为 OT 接收方，选择位为 $x_1$，OT 结束后 $P_1$ 将得到$\langle x\rangle_1^Y=k_0\oplus(x_0\oplus x_1)\cdot R=k_x$。

**5. 算术共享转姚氏共享（A2Y）**

算术共享转姚氏共享需要使用加法电路实现。首先，$P_0$、$P_1$ 分别将各自算术共享份额进行姚氏共享，$\langle x_0\rangle^Y=\mathrm{Shr}_0^Y(\langle x_0\rangle_1^B)$，$\langle x_1\rangle^Y=\mathrm{Shr}_1^Y(\langle x_1\rangle_1^B)$，然后 $P_0$、$P_1$ 使用加法电路即

可得到 $\langle x \rangle^Y = \langle x_0 \rangle^Y + \langle x_1 \rangle^Y$。

**6. 算术共享转布尔共享（A2B）**

由于 Y2B 可直接在本地运算完成，因此算术共享转布尔共享可借助该转换协议，先将算术共享转姚氏共享，再转换为布尔共享，即

$$\langle x \rangle^B = A2B(\langle x \rangle^A) = Y2B(A2Y(\langle x \rangle^A))$$

**7. 布尔共享转算术共享（B2A）**

布尔共享转算术共享的一种简单思路是通过减法电路实现，即 $P_0$ 生成一个随机值 $\langle x \rangle_0^A = r$，则 $P_0$、$P_1$ 通过减法电路计算得到 $\langle x \rangle_1^A = x - r$，然而该方法计算复杂度较高，可使用算术共享的乘法三元组技术，对布尔分享进行按位"异或"并将"异或"结果乘以该位对应的二进制位权即可。为了保证安全，实际计算过程仍需要对每位的"异或"结果使用随机数进行掩盖。例如，对于布尔分享第 $i$ 位 $\langle x \rangle_0^B[i]$，$P_0$、$P_1$ 运行 OT，$P_0$ 作为发送方，生成随机数 $r$，输入消息对

$$m_0 = (1 - \langle x \rangle_0^B[i]) \cdot 2^i - r_i, m_1 = \langle x \rangle_0^B[i] \cdot 2^i - r_i$$

$P_1$ 以 $\langle x \rangle_1^B[i]$ 作为选择位，OT 结束后得到

$$m_{x[i]} = (\langle x \rangle_0^B[i] \oplus \langle x \rangle_1^B[i]) \cdot 2^i - r_i = x[i] \cdot 2^i - r_i$$

最后，对所有位进行按位相加。

1）$P_0$ 得到算术共享：

$$\langle x \rangle_0^A = \sum_{i=1}^l r_i$$

2）$P_1$ 得到算术共享：

$$\langle x \rangle_1^A = \sum_{i=1}^l m_{x[i]} = \sum_{i=1}^l x[i] \cdot 2^i - \sum_{i=1}^l r_i = x - \langle x \rangle_0^A$$

**8. 姚氏共享转算术共享（Y2A）**

姚氏共享转算术共享同样可通过随机掩码+减法电路的方案实现，然而，由于 Y2B 可在本地计算，且 B2A 有相对更少的计算量，因此可将姚氏共享先转换为布尔共享，再将布尔共享转换为算术共享实现，即

$$\langle x \rangle^A = Y2A(\langle x \rangle^Y) = B2A(Y2B(\langle x \rangle^Y))$$

在所有协议之间的转换设计完成之后，可根据不同计算在不同协议上的效率进行份额转换，ABY 混合协议给出了不同共享协议下 3 个基础的安全算子的密文运算次数及在线运行的通信轮数，见表 5-9。

表 5-9　不同共享协议的 3 个基础的安全算子的密文运算次数及在线运行的通信轮数

| 共享协议 | 安全算子 | | | | | | | | |
|---|---|---|---|---|---|---|---|---|---|
| | 乘法算子 | | | 比较算子 | | | 选择算子 | | |
| | 大 | 小 | 轮 数 | 大 | 小 | 轮 数 | 大 | 小 | 轮 数 |
| 算术共享 | $l$ | | 1 | — | — | — | — | — | — |
| 布尔共享 | $2l^2$ | $l$ | | $3l$ | | $\log_2 l$ | 1 | | 1 |
| 姚氏共享 | $2l^2$ | 0 | | $l$ | | 0 | $l$ | | 0 |

注：—表示未实现该算子。

由表 5-9 可知，使用算术共享可高效实现乘法计算，对于姚氏共享秘密份额的乘法，可先转换为算术共享并进行乘法后再转换为姚氏共享，其效率也比直接使用姚氏共享乘法更高。比较算子使用姚氏共享具有最高效率，多路选择算子使用布尔共享具有最高效率。另外，ABY 论文给出了 $l=32$ 位数据在不同网络场景、不同协议转换下的时间对比，感兴趣的读者可自行查阅。

## 5.3.2 ABY3 混合协议框架

ABY3 协议是混合算术共享、布尔共享和姚氏共享的专用于三个参与方的安全计算协议框架，由 Payman Mohassel 和 Peter Rindal 于 2018 年提出。前面章节中介绍的 SecureNN 也是三个参与方，然而其中的 $P_2$ 节点主要作为辅助节点，与 $P_0$、$P_1$ 节点的角色不同，而 ABY3 协议中的三个参与方具有对等角色。与 ABY 框架不同的是，ABY3 将复制秘密共享作为基础秘密共享方案，提出了多个新的技术方案，使安全算子具有更高的计算效率，包括新的定点乘法协议、新的三方 OT 原语优化分段多项式计算、延迟重分享（delayed re-share）优化向量乘法、更高效的 ABY 的协议转换，且该框架适用于恶意敌手的安全模型。

4.1.3 节已经对复制（算术）秘密共享方案的秘密拆分与恢复、加法和乘法进行了简单介绍，然而，由于浮点数的秘密值在秘密拆分前进行了 $d$ 位缩放（scaling）操作，因此乘法操作必须进行一次截断。两方秘密共享的截断算法有两类误差：秘密份额在 $d$ 位到 $d+1$ 位的进位丢失误差和秘密份额恢复的溢出错误，而在三方秘密共享中，由于存在两次进位的可能性，导致存在更高概率的计算错误，于是 ABY3 提出了两个新的乘法截断方案。

**1. 截断算法一**

第一种截断算法的目标是最小化乘法和截断过程的通信轮数，将三方截断协议转换为两方截断协议（另一方仅生成随机数而不参与截断计算），假设 $[\![x']\!]=[\![y]\!][\![z]\!]$ 为秘密乘法未截断前的结果，三个秘密份额为 $(x_0', x_1', x_2')$，转换为两方截断，即其中两方（假设为 $P_0$、$P_1$）计算 $(x_0'/2^d, (x_1'+x_2')/2^d)$，第三方（$P_2$）与其中一方（假设为 $P_1$）进行 0 秘密共享，将得到新的三个秘密份额 $(x_0'/2^d, (x_1'+x_2')/2^d-r, r)$，最后 $P_1$ 将秘密份额 $(x_1'+x_2')/2^d-r$ 发送给 $P_2$（re-sharing），得到新的复制秘密份额。

**2. 截断算法二**

第二种截断算法需要对秘密份额 $[\![x']\!]$ 使用随机值 $[\![r']\!]$ 进行盲化，并在各方恢复秘密值 $x'-r'$ 为明文，在明文上，截断得到 $(x'-r')/2^d$，并将它作为标量加上已截断的随机值 $[\![r]\!]=[\![r'/2^d]\!]$，得到的 $(x'-r')/2^d+[\![r]\!]$ 即为乘法截断结果。$[\![r']\!]$ 与 $[\![r]\!]$ 的生成过程如下。

1）所有参与方使用布尔分享生成 $[\![r'_1]\!]^B$、$[\![r'_2]\!]^B$、$[\![r'_3]\!]^B$。

2）使用行波进位减法电路计算 $[\![r_0]\!]=[\![r]\!]-[\![r_1]\!]-[\![r_2]\!]$。

3）通过本地位移操作，得到 $[\![r]\!]^B$、$[\![r_1]\!]^B$、$[\![r_2]\!]^B$。

4）在 $P_0$、$P_1$ 恢复 $r'_1$ 和 $r_1$，在 $P_1$、$P_2$ 恢复 $r'_2$ 和 $r_2$，在 $P_0$、$P_2$ 恢复 $r'_0$ 和 $r_0$。

这样，所有参与方可得到 $[\![r']\!]^A=(r'_0, r'_1, r'_2)$ 和 $[\![r]\!]^A=(r_0, r_1, r_2)$ 的复制秘密共享，然后可使用算术秘密共享的减法计算 $[\![x'-r']\!]$，所有方恢复为明文 $x'-r'$ 后计算 $(x'-r')/2^d+[\![r]\!]$，得到最终截断结果。

乘法计算的另一个优化是对向量内积操作的优化。向量内积可先在秘密份额上进行乘法后进行累加并使用 0 秘密共享盲化，得到未截断的结果（仅 1 个元素）后再进行截断运算。矩阵乘法操作中大量的内积操作均可使用向量化内积进行优化。

布尔复制秘密共享与算术复制秘密共享类似，其拆分和恢复操作均使用"异或"运算。布尔分享的二元算子主要为"异或"运算 $\oplus$ 和"与"运算 $\wedge$，"异或"运算可在各参与方本地计算，"与"运算和算术分享的乘法操作类似，使用"异或"运算得到 3-out-of-3 的秘密份额，然后进行重分享，得到 2-out-of-3 的秘密份额，"与"运算后不需要进行截断。另外，布尔分享可更方便地实现位移操作和位抽取操作。

在三方的姚氏共享中，可将 $P_0$ 当作评估方，$P_1$、$P_2$ 作为混淆电路生成方。$P_1$、$P_2$ 初始化相同的随机种子来生成所有电路线路标签（即生成相同电路）和其他电路所需随机值，然后 $P_1$、$P_2$ 将混淆电路发送给评估方 $P_0$，$P_0$ 可检查接收的两个电路是否相等。其秘密值共享方式如下。

1）当 $P_1$ 或 $P_2$ 需要共享其秘密值 $x$ 时，$P_1$ 或 $P_2$ 作为混淆电路生成方与评估方 $P_0$ 一起执行和两方姚氏共享一样的操作，即生成方持有 $\langle x \rangle_0^Y = k_0$，并发送 $\langle x \rangle_1^Y = k_x = k_0 \oplus xR$ 给评估方 $P_0$。

2）当 $P_0$ 持有秘密值 $x$ 需要进行共享时，可以不使用 OT，可先对 $x$ 进行秘密拆分 $x = x_1 \oplus x_2$，并将 $x_i$ 发送给两个电路生成方 $P_i$，两个电路生成方分别将 $x_i$ 作为其持有秘密值，再分别按照 1）中方式进行秘密值共享。

三方的姚氏共享中的"异或"和"与"运算和 ABY 中的姚氏共享运算操作一致，相关的电路优化同样可以使用。在完成算术共享、布尔共享和姚氏共享的秘密拆分、恢复与基础运算定义后，可进行三方场景下不同协议的秘密份额转换。

**3. 算术共享转布尔共享**（A2B）

对于秘密值 $x$ 的算术共享 $[\![x]\!]^A = (x_0, x_1, x_2)$，若直接将秘密份额转换为布尔共享，则通过加法电路求和即可，然而这样的操作将需要使用两个加法电路 RCFA（RCFA$(x_0, x_1), x_2$），可将其优化为一个加法电路 RCFA$(x_0 + x_1, x_2)$，且加法电路可通过 PPA 电路并行优化，将通信减少为 $1 + \log k$ 轮，即 $[\![x]\!]^B = \text{A2B}([\![x]\!]^A) = [\![x_0 + x_1]\!]^B + [\![x_2]\!]^B$。

**4. 算术共享进行位抽取**

位抽取功能实现 $[\![x]\!]^A \rightarrow [\![x[i]]\!]^B$，即对 $x$ 的算术共享秘密份额抽取其中某位，且结果为布尔共享形式的秘密份额。该操作与 A2B 类似，可先将 3 个算术共享秘密份额转换为两个秘密输入值再进行布尔共享，然后使用 PPA 电路并移除不必要的门电路，得到第 $i$ 位的布尔秘密共享值。

**5. 布尔共享转算术共享**（B2A）

B2A 与 A2B 使用类似的思路，对于布尔共享 $[\![x]\!]^B$，$P_0$、$P_1$ 共同生成随机值 $x_1$，并将它作为输入以进行布尔秘密共享，得到 $[\![x_1]\!]^B$，$P_1$、$P_2$ 共同生成随机值 $x_2$，并将它作为秘密输入，得到 $[\![x_2]\!]^B$，$P_1$ 将 $-x_1 - x_2$ 作为秘密输入以进行布尔秘密共享，得到 $[\![-x_1 - x_2]\!]^B$，所有参与方共同运行 PPA 加法电路，得到 $[\![x_0]\!]^B = [\![x]\!]^B + [\![-x_1 - x_2]\!]^B$，将 $[\![x_0]\!]^B$ 恢复到 $P_0$、$P_2$，得到 $x_0$，这样各方便得到 $x$ 的算术秘密共享。

**6. 姚氏共享转布尔共享（Y2B）**

在两方的 ABY 中，Y2B 可在本地通过取姚氏共享秘密份额的标签最低位（置换位）实现。在三方的 ABY 中，有两个混淆电路生成方，对于某线路 $w$，两个生成方都知道 $k_0^w[0]$，为了生成复制秘密共享形式，可由生成方生成随机位 $r$ 并发送给评估方，评估方计算 $k_x^w[0] \oplus r$，生成方的其中一方持有 $r$，另一个生成方持有 $k_0^w[0]$，得到三个秘密份额：$[\![x]\!]^B = (k_x^w[0] \oplus r, r, k_0^w[0])$。

**7. 布尔共享转姚氏共享（B2Y）**

三方布尔共享 $[\![x]\!]^B = (x_0, x_1, x_2)$ 可将三个份额作为秘密值进行姚氏共享，得到 $[\![x_0]\!]^Y$、$[\![x_1]\!]^Y$、$[\![x_2]\!]^Y$，然后根据 Free-XOR 的特性，在本地进行"异或"计算，即可得到 $[\![x]\!]^Y$。同样，也可将三个份额转换为两个秘密值输入形式，即在 $P_1$ 中计算 $x_1 \oplus x_2$ 并将结果作为秘密值进行姚氏共享，得到 $[\![x_1 \oplus x_2]\!]^Y$ 并将它发送给 $P_0$，$P_0$、$P_1$ 在本地计算 $[\![x]\!]^Y = [\![x_0]\!]^Y \oplus [\![x_1 \oplus x_2]\!]^Y$。

**8. 姚氏共享转算术共享（Y2A）**

姚氏共享转算术共享可直接使用 RCFA 加法器实现，其基本思路与 B2A 类似，使用 $[\![x_0]\!]^Y = [\![x]\!]^Y + [\![-x_1 - x_2]\!]^Y$ 方式进行优化，不再赘述。

**9. 算术共享转姚氏共享（A2Y）**

算术共享转姚氏共享同样使用 RCFA 加法器实现，其基本思路与 A2B 类似，将三个秘密份额转换为两个秘密份额 $(x_0, x_1 + x_2)$，并将秘密份额作为秘密值进行姚氏共享，然后使用加法器得到 $[\![x]\!]^Y = [\![x_0]\!]^Y + [\![x_1 + x_2]\!]^Y$。

**10. 位注入（$\mathrm{mul}_{ba}([\![b]\!]^B, [\![a]\!]^A) = [\![b]\!]^B[\![a]\!]^A = [\![ab]\!]^A$）**

位注入是指，如在分段多项式和选择算子中，需要将布尔共享秘密份额和算术共享秘密份额混合乘法计算，存在两种形式的位注入方式：$a$ 为明文值或算术秘密值。由于 $b$ 为 1bit 数据，其取值仅有 0、1 两种情况，因此位注入计算可转换为 OT 方式实现，通过随机值 $s_0$ 构造消息对 $(b \cdot a + s_0, (1 \oplus b) \cdot a + s_0)$，则其中 1 个参与方将得到 $ba + s_0$，再通过 3-out-of-3 的 0 秘密共享 $(s_0, s_1, s_2)$ 构造复制秘密共享的三个秘密份额 $(s_1, ba + s_0, s_2)$。

ABY3 框架给出了一种更高效的三方 OT，与传统两方 OT 中仅有发送方和接收方不同，三方 OT 增加了一个辅助方。对于发送方的消息对 $(m_0, m_1)$，辅助方和发送方共享随机掩码 $(w_0, w_1)$，发送方使用掩码对消息对进行盲化 $m_s = (m_0 \oplus w_0, m_1 \oplus w_1)$ 并将结果发送给接收方，同时，辅助方和接收方共享选择位 $c$，因此辅助方可将选择位对应掩码 $w_c$ 发送给接收方，最后，接收方根据选择位 $c$ 及对应掩码 $w_c$ 解密消息，得到其所选择消息 $m_c = m_s[c] \oplus w_c$。

当 $a$ 为明文值时，若 $P_0$ 持有 $a$，则 $P_0$ 可作为 OT 发送方，构造消息对

$$m_0 = (b_0 \oplus b_1) a + s_0$$
$$m_1 = (1 \oplus b_0 \oplus b_1) a + s_0$$

然后 $P_1$ 以 $b_2$ 作为选择位来担任接收方，$P_2$ 担任辅助方以执行三方 OT，得到 $m_b = ba + s_0$，由于 $P_2$ 也持有 $b_2$，因此可并行地将 $P_2$ 担任接收方、$P_1$ 担任辅助方，执行三方 OT，得到 $m_b = ba + s_0$。结合 0 秘密共享，最终三个参与方得到 2-out-of-3 的复制秘密份额。

当 $a$ 为秘密值时，可将其三个秘密份额转换为两个秘密份额 $(a_0, a_1 + a_2)$，然后分别将其两个秘密份额作为明文值来执行两次 $a$ 为明文值的位注入算法即可。

在完成以上所有基础算子及份额转换设计之后，可构造更复杂的比较、选择、分段多项式、ReLU 激活函数等运算。

1）比较：$[\![x]\!] < [\![y]\!] = \mathrm{msb}([\![x-y]\!])$。

2）选择：$\mathrm{select}(\mathrm{choice}, [\![x]\!], [\![y]\!]) = \mathrm{mul}_{ba}(\mathrm{choice}, [\![y-x]\!]) + [\![x]\!]$。

3）分段多项式：

$$f(x) = \begin{cases} f_1(x) & x < c_1 \\ f_2(x) & c_1 < x < c_2 \\ \vdots & \\ f_m(x) & c_{m-1} \le x \end{cases}$$

对于分段多项式，可对分段条件使用比较算子，得到 $[\![b_1]\!], \cdots, [\![b_m]\!]$，其中 $[\![b_i]\!] = [\![1]\!] \Leftrightarrow c_{i-1} < [\![x]\!] \le c_i$，然后分段多项式 $f(x)$ 可通过累加计算 $f([\![x]\!]) = \sum_i [\![b_i]\!] f_i([\![x]\!])$ 得到。

4）ReLU 激活函数：$\mathrm{ReLU}(x) = \mathrm{select}([\![x]\!] > 0, 0, [\![x]\!])$。

然后可通过以上安全算子构造更复杂的排序、聚合、sigmoid、log、exp、MaxPool 等运算。

## 5.3.3　TF Encrypted 中的 ABY3 实现

TF Encrypted 中实现了 ABY3 协议，相关代码在 tf_encrypted/protocol/aby3 目录中。

```
$tf-encrypted/tf_encrypted/protocol/aby3# ls
__init__.py    aby3.py       aby3_tensors.py aby3_test.py    fp.py
```

aby3.py 实现了 ABY3 协议的安全算子。aby3_tensors.py 主要定义了 ABY3 中的秘密共享类型，TF Encrypted 中对于 ABY3 仅实现了算术秘密共享和布尔秘密共享，由于其主要使用场景为机器学习和深度学习，算术秘密共享和布尔秘密共享可覆盖其使用场景，因此并未实现姚氏共享。在 aby3_tensors.py 中，通过继承 TFETensor 类，实现明文常量和变量、密文常量和变量的不同接口，得到不同的 TFETensor 类的子类，如 ABY3PublicTensor、ABY3Constant、ABY3PrivateTensor、ABY3PrivateVariable 等。TFETensor 子类中使用 dispatch_id 属性来区分明文和密文 Tensor，但 Tensor 的运算主要通过调用 aby3.py 中的方法实现。fp.py 使用近似算法实现了一些非线性函数运算。本书将主要介绍 aby3.py 中的一些重要的安全算子。

在 aby3.py 中，相关安全算子定义在 ABY3 类的方法中，其大多数二元安全算子的方法实现首先使用 lift 方法将操作数对齐为相同类型 Tensor，然后在 dispatch 函数中，通过算子操作数的 Tensor.dispatch_id 属性对明文 Tensor 和密文 Tensor 操作进行区分，调用正确的协议实现，而一元算子不需要进行 lift，仅调用 dispatch 函数即可。

**1. 协议初始化**

在 ABY3 协议初始化阶段，需要配置随机种子，用于 0 秘密共享、随机值秘密共享等，其随机种子按照复制秘密份额方式由各方成对持有。实现代码如下。

```
def _setup_pairwise_randomness(self):
    """
```

```
Initial setup for pairwise randomness: Every two parties hold a shared key.
"""

with tf.name_scope("pair-randomness-setup"):
    keys = [None, None], [None, None], [None, None]

    if crypto.supports_seeded_randomness():
        with tf.device(self.servers[0].device_name):
            seed_0 = crypto.secure_seed(name="seed0")
        with tf.device(self.servers[1].device_name):
            seed_1 = crypto.secure_seed(name="seed1")
        with tf.device(self.servers[2].device_name):
            seed_2 = crypto.secure_seed(name="seed2")
    else:
        with tf.device(self.servers[0].device_name):
            seed_0 = tf.random.uniform(
                [2],minval=tf.int64.min, maxval=tf.int64.max, dtype=tf.int64
            )
        with tf.device(self.servers[1].device_name):
            seed_1 = tf.random.uniform(
                [2],minval=tf.int64.min, maxval=tf.int64.max, dtype=tf.int64
            )
        with tf.device(self.servers[2].device_name):
            seed_2 = tf.random.uniform(
                [2],minval=tf.int64.min, maxval=tf.int64.max, dtype=tf.int64
            )

    with tf.device(self.servers[0].device_name):
        keys[0][0] = seed_0
        keys[0][1] = seed_1
    with tf.device(self.servers[1].device_name):
        keys[1][0] = seed_1
        keys[1][1] = seed_2
    with tf.device(self.servers[2].device_name):
        keys[2][0] = seed_2
        keys[2][1] = seed_0
    nonces = np.array([0, 0, 0], dtype=np.int64)

    self.pairwise_keys_ = keys
    self.pairwise_nonces_ = nonces
```

如上面代码所示，各方分别生成 1 个随机种子 seed_i，然后通过 TensorFlow 分布式方式进行分发，使 $P_0$ 持有 seed_0、seed_1，$P_1$ 持有 seed_1、seed_2，$P_2$ 持有 seed_2、seed_0。而且，各方共同持有相同的 nonces，用于更新随机种子。

在 B2A 操作中，需要 $P_0$、$P_1$ 共同生成随机值 $x_1$ 且仅能被 $P_0$、$P_1$ 知晓，$P_1$、$P_2$ 共同生成随机值 $x_2$ 且仅能被 $P_1$、$P_2$ 知晓，因此需要初始化两种场景下的公共随机种子来生成不同持有方的随机值 $x_1$、$x_2$，随机值 $x_1$ 的三个秘密份额的种子由 $P_0$、$P_1$ 持有，但 $P_2$ 仅持有 $[\![x_1]\!]$ 的第 1 个和第 3 个秘密份额对应随机种子，同样，随机值 $x_2$ 的三个秘密份额的种子由 $P_1$、$P_2$ 持有，但 $P_0$ 仅持有 $[\![x_2]\!]$ 的第 1 个和第 2 个秘密份额对应随机种子。实现代码如下。

```python
def _setup_b2a_generator(self):
    """
    Initial setup for generating shares during the conversion
    from boolean sharing to arithmetic sharing
    """
    with tf.name_scope("b2a-randomness-setup"):

        # Type 1: Server 0 and 1 hold three keys, while server 2 holds two
        b2a_keys_1 = [[None, None, None], [None, None, None], [None, None, None]]

        if crypto.supports_seeded_randomness():
            with tf.device(self.servers[0].device_name):
                seed_0 = crypto.secure_seed(name="seed1-0")
            with tf.device(self.servers[1].device_name):
                seed_1 = crypto.secure_seed(name="seed1-1")
            with tf.device(self.servers[2].device_name):
                seed_2 = crypto.secure_seed(name="seed1-2")
        else:
            # Shape and Type are kept consistent with the 'secure_seed' version
            with tf.device(self.servers[0].device_name):
                seed_0 = tf.random.uniform(
                    [2], minval=tf.int64.min, maxval=tf.int64.max, dtype=tf.int64
                )
            with tf.device(self.servers[1].device_name):
                seed_1 = tf.random.uniform(
                    [2], minval=tf.int64.min, maxval=tf.int64.max, dtype=tf.int64
                )
            with tf.device(self.servers[2].device_name):
                seed_2 = tf.random.uniform(
                    [2], minval=tf.int64.min, maxval=tf.int64.max, dtype=tf.int64
                )

        with tf.device(self.servers[0].device_name):
            b2a_keys_1[0][0] = seed_0
            b2a_keys_1[0][1] = seed_1
            b2a_keys_1[0][2] = seed_2
        with tf.device(self.servers[1].device_name):
            b2a_keys_1[1][0] = seed_0
            b2a_keys_1[1][1] = seed_1
            b2a_keys_1[1][2] = seed_2
        with tf.device(self.servers[2].device_name):
            b2a_keys_1[2][0] = seed_0
            b2a_keys_1[2][2] = seed_2

        # Type 2: Server 1 and 2 hold three keys, while server 0 holds two
        b2a_keys_2 = [[None, None, None], [None, None, None], [None, None, None]]

        if crypto.supports_seeded_randomness():
            with tf.device(self.servers[0].device_name):
                seed_0 = crypto.secure_seed(name="seed2-0")
            with tf.device(self.servers[1].device_name):
```

```
            seed_1 = crypto.secure_seed(name="seed2-1")
        with tf.device(self.servers[2].device_name):
            seed_2 = crypto.secure_seed(name="seed2-2")
    else:
        # Shape and Type are kept consistent with the 'secure_seed' version
        with tf.device(self.servers[0].device_name):
            seed_0 = tf.random.uniform(
                [2],minval=tf.int64.min, maxval=tf.int64.max, dtype=tf.int64
            )
        with tf.device(self.servers[1].device_name):
            seed_1 = tf.random.uniform(
                [2],minval=tf.int64.min, maxval=tf.int64.max, dtype=tf.int64
            )
        with tf.device(self.servers[2].device_name):
            seed_2 = tf.random.uniform(
                [2], minval=tf.int64.min, maxval=tf.int64.max, dtype=tf.int64
            )

    with tf.device(self.servers[0].device_name):
        b2a_keys_2[0][0] = seed_0
        b2a_keys_2[0][1] = seed_1
    with tf.device(self.servers[1].device_name):
        b2a_keys_2[1][0] = seed_0
        b2a_keys_2[1][1] = seed_1
        b2a_keys_2[1][2] = seed_2
    with tf.device(self.servers[2].device_name):
        b2a_keys_2[2][0] = seed_0
        b2a_keys_2[2][1] = seed_1
        b2a_keys_2[2][2] = seed_2

    b2a_nonce = 0
    self.b2a_keys_1_ = b2a_keys_1
    self.b2a_keys_2_ = b2a_keys_2
    self.b2a_nonce_ = b2a_nonce
```

如上面代码所示，b2a_keys_1 用于生成随机值 $x_1$，其中 $P_0$、$P_1$ 同时持有 seed_0、seed_1、seed_2，而 $P_2$ 仅持有 seed_0、seed_2，同样，b2a_keys_2 用于生成随机值 $x_2$，其中 $P_1$、$P_2$ 同时持有 seed_0、seed_1、seed_2，而 $P_0$ 仅持有 seed_0、seed_1。

随机种子配置是协议初始化的重要过程。协议初始化还包括当前计算节点名称配置、定点数表达配置、秘密份额位长度及对应秘密份额数据类型工厂配置。通过以上操作，完成 ABY3 协议的初始化。

**2.** 秘密拆分及恢复

某个参与方希望对持有的秘密变量进行拆分，在秘密拆分前，需要确定其秘密共享类型、是否需要缩放、该变量 Tensor 名称等。

秘密值定义及拆分的代码实现如下。

```
def define_private_variable(
self,initial_value,apply_scaling:bool = True,share_type=ShareType.ARITHMETIC,
name: Optional[str] = None,factory: Optional[AbstractFactory] = None,
```

```
):
    init_val_types = (np.ndarray, tf.Tensor, ABY3PrivateTensor)
    assert isinstance(initial_value, init_val_types), type(initial_value)
    factory = factory or self.default_factory
    suffix = "-" + name if name else""
    with tf.name_scope("private-var{}".format(suffix)):

        if isinstance(initial_value, np.ndarray):
            initial_value = self._encode(initial_value, apply_scaling)
            v = factory.tensor(initial_value)
            shares = self._share(v, share_type=share_type)
...
        else:
            raise TypeError(
                ("Don't know how to turn {} ""into private variable").format(
                    type(initial_value)))
        factory = shares[0][0].factory
        x = [[None, None], [None, None], [None, None]]
        with tf.device(self.servers[0].device_name):
            x[0][0] = factory.variable(shares[0][0])
            x[0][1] = factory.variable(shares[0][1])
        with tf.device(self.servers[1].device_name):
            x[1][0] = factory.variable(shares[1][0])
            x[1][1] = factory.variable(shares[1][1])
        with tf.device(self.servers[2].device_name):
            x[2][0] = factory.variable(shares[2][0])
            x[2][1] = factory.variable(shares[2][1])
    x = ABY3PrivateVariable(self, x, apply_scaling, share_type)
return x


def _share(self, secret:AbstractTensor, share_type: str, player=None):
    with tf.name_scope("share"):
        if share_type ==ShareType.ARITHMETIC or share_type == ShareType.BOOLEAN:
            secret_shape = secret.shape
            if isinstance(secret_shape, tf.TensorShape):
                secret_shape = secret_shape.as_list()
randoms = secret.factory.sample_uniform([2] + secret_shape)
            share0 =randoms[0]
            share1 =randoms[1]
            if share_type ==ShareType.ARITHMETIC:
                share2 = secret - share0 - share1
                elif share_type == ShareType.BOOLEAN:
                share2 = secret ^ share0 ^ share1
            # Replicated sharing
            shares = [[None, None], [None, None], [None, None]]
            with tf.device(self.servers[0].device_name):
                shares[0][0] = share0.identity()
                shares[0][1] = share1.identity()
            with tf.device(self.servers[1].device_name):
                shares[1][0] = share1.identity()
                shares[1][1] = share2.identity()
```

```
    with tf.device(self.servers[2].device_name):
        shares[2][0] = share2.identity()
        shares[2][1] = share0.identity()
    return shares
else:
    raiseNotImplementedError("Unknown share type.")
```

如上面代码所示，define_private_variable 函数实现隐私变量 Tensor 的实例化，首先使用 _encode 函数对输入值 initial_value 进行定点编码，得到新的初始化值 initial_value，再将定点编码转换为对应数据类型的 Tensor，然后通过 _share 函数得到 2-out-of-3 的秘密份额，最后根据秘密份额 Tensor 创建对应 TensorFlow 的变量。_share 函数根据秘密共享类型判断是进行算术共享还是布尔共享，然后生成两个随机值以作为秘密份额，对初始值进行减法或"异或"以得到第三个秘密份额。对于秘密恢复，根据秘密共享类型，对三个秘密份额使用加法或"异或"运算，得到明文值。

### 3. 算术运算

隐私变量之间的加法仅需要各计算节点在本地将对应份额相加。若隐私变量 $x$ 与公开变量 $y$ 进行求和，则需要先将 $y$ 值按照与 $x$ 一样的编码方式进行编码，再对编码后的 $y$ 创建 TensorFlow 常数项并分享到各个节点，最后与 $x$ 任意一个秘密份额相加即可。

隐私变量之间的乘法需要首先进行本地 3-out-of-3 的秘密份额计算，然后进行重秘密共享（resharing）和截断，实现代码如下。

```
def _mul_private_private(prot, x, y):
assert isinstance(x, ABY3PrivateTensor), type(x)
assert isinstance(y, ABY3PrivateTensor), type(y)
x_shares = x.unwrapped
y_shares = y.unwrapped
z = [[None, None], [None, None], [None, None]]

with tf.name_scope("mul"):
    a0, a1, a2 = prot._gen_zero_sharing(x.shape)
    with tf.device(prot.servers[0].device_name):
        z0 = (x_shares[0][0] * y_shares[0][0]+ x_shares[0][0] * y_shares[0][1]
            + x_shares[0][1] * y_shares[0][0]+ a0)

    with tf.device(prot.servers[1].device_name):
        z1 = (x_shares[1][0] * y_shares[1][0]+ x_shares[1][0] * y_shares[1][1]
            + x_shares[1][1] * y_shares[1][0]+ a1)

    with tf.device(prot.servers[2].device_name):
        z2 = (x_shares[2][0] * y_shares[2][0]+ x_shares[2][0] * y_shares[2][1]
            + x_shares[2][1] * y_shares[2][0]+ a2)
    # Re-sharing
    with tf.device(prot.servers[0].device_name):
        z[0][0] = z0
        z[0][1] = z1.identity()
    with tf.device(prot.servers[1].device_name):
        z[1][0] = z1
        z[1][1] = z2.identity()
```

```
    with tf.device(prot.servers[2].device_name):
        z[2][0] = z2
        z[2][1] = z0.identity()
    z = ABY3PrivateTensor(prot, z, x.is_scaled or y.is_scaled, x.share_type)
    z = prot.truncate(z) if x.is_scaled and y.is_scaled else z
return z
```

在_mul_private_private 函数中，首先计算 3-out-of-3 的秘密份额并使用 0 秘密共享对每个份额进行盲化，然后进行 2-out-of-3 的重秘密共享，若 $x$ 和 $y$ 都进行过缩放，则调用 truncate 函数进行截断。隐私变量 $x$ 与公开变量 $y$ 的乘法和加法类似，需要先对 $y$ 进行编码，然后将 $y$ 对应 TensorFlow 常数项分享到各个节点，与 $x$ 的所有秘密份额进行乘法运算。

### 4. A2B 与 B2A

TF Encrypted 框架实现了算术共享和布尔共享之间的协议互相转换（A2B 与 B2A），两个转换均使用了 PPA 电路，并将它作为布尔秘密份额的加法器来进行相关计算。

```
def _a2b_private(prot, x,nbits):
    assert isinstance(x, ABY3PrivateTensor), type(x)
    assert x.share_type ==ShareType.ARITHMETIC

    x_shares = x.unwrapped
    zero = prot.define_constant(np.zeros(x.shape,dtype=np.int64), apply_scaling=False)
    zero_on_0, zero_on_1, zero_on_2 = zero.unwrapped
    a0, a1, a2 = prot._gen_zero_sharing(x.shape, share_type=ShareType.BOOLEAN)

    operand1 = [[None, None], [None, None], [None, None]]
    operand2 = [[None, None], [None, None], [None, None]]
    with tf.name_scope("a2b"):
        with tf.device(prot.servers[0].device_name):
            x0_plus_x1 = x_shares[0][0] + x_shares[0][1]
            operand1[0][0] = x0_plus_x1 ^ a0
            operand1[0][1] = a1.identity()
            operand2[0][0] = zero_on_0
            operand2[0][1] = zero_on_0
        with tf.device(prot.servers[1].device_name):
            operand1[1][0] = a1
            operand1[1][1] = a2.identity()
            operand2[1][0] = zero_on_1
            operand2[1][1] = x_shares[1][1]
        with tf.device(prot.servers[2].device_name):
            operand1[2][0] = a2
            operand1[2][1] = operand1[0][0].identity()
            operand2[2][0] = x_shares[2][0]
            operand2[2][1] = zero_on_2
        operand1 = ABY3PrivateTensor(prot, operand1, x.is_scaled, ShareType.BOOLEAN)
        operand2 = ABY3PrivateTensor(prot, operand2, x.is_scaled, ShareType.BOOLEAN)
        result = prot.ppa(operand1, operand2, nbits)
    return result

def _b2a_private(prot, x, nbits, method="ppa"):
    assert isinstance(x, ABY3PrivateTensor), type(x)
```

```
assert x.share_type ==ShareType.BOOLEAN

with tf.name_scope("b2a"):
    if (nbits is None or nbits == x.backing_dtype.nbits) and method == "ppa":
        x1_on_0, x1_on_1, x1_on_2, x1_shares = prot._gen_b2a_sharing(
            x.shape, prot.b2a_keys_1(), x.backing_dtype)
        assert x1_on_2 is None
        x2_on_0, x2_on_1, x2_on_2, x2_shares = prot._gen_b2a_sharing(
            x.shape, prot.b2a_keys_2(), x.backing_dtype)
        assert x2_on_0 is None
        a0, a1, a2 = prot._gen_zero_sharing(x.shape, share_type=ShareType.BOOLEAN)
        neg_x1_neg_x2 = [[None, None], [None, None], [None, None]]
        with tf.device(prot.servers[1].device_name):
            value = -x1_on_1 - x2_on_1
            neg_x1_neg_x2[1][0] = value ^ a1
            neg_x1_neg_x2[1][1] = a2
        with tf.device(prot.servers[0].device_name):
            neg_x1_neg_x2[0][0] = a0
            neg_x1_neg_x2[0][1] = neg_x1_neg_x2[1][0]
        with tf.device(prot.servers[2].device_name):
            neg_x1_neg_x2[2][0] = a2
            neg_x1_neg_x2[2][1] = a0
        neg_x1_neg_x2 = ABY3PrivateTensor(
            prot, neg_x1_neg_x2, x.is_scaled, ShareType.BOOLEAN)

        # Compute x0 = x + (-x1-x2) using the parallel prefix adder
        x0 = prot.ppa(x, neg_x1_neg_x2)

        # Reveal x0 to server 0 and 2
        with tf.device(prot.servers[0].device_name):
            x0_on_0 = prot._reconstruct(
                x0.unwrapped, prot.servers[0],ShareType.BOOLEAN)
        with tf.device(prot.servers[2].device_name):
            x0_on_2 = prot._reconstruct(
    x0.unwrapped, prot.servers[2], ShareType.BOOLEAN)
        # Construct the arithmetic sharing
        result = [[None, None], [None, None], [None, None]]
        with tf.device(prot.servers[0].device_name):
            result[0][0] = x0_on_0
            result[0][1] = x1_on_0
        with tf.device(prot.servers[1].device_name):
            result[1][0] = x1_on_1
            result[1][1] = x2_on_1
        with tf.device(prot.servers[2].device_name):
            result[2][0] = x2_on_2
            result[2][1] = x0_on_2
        result =ABY3PrivateTensor(prot, result, x.is_scaled, ShareType.ARITHMETIC)
    else:
        k = x.backing_dtype.nbits if nbits is None else nbits
        bits = prot.bits(x, bitsize=k)
        arithmetic_bits = prot.b2a_single(bits)
```

```
            i = np.reshape(np.arange(k), [1] * (len(x.shape) - 1) + [k])
            two_power_i = prot.define_constant(np.exp2(i), apply_scaling=False)
            arithmetic_x = arithmetic_bits * two_power_i
            result = arithmetic_x.reduce_sum(axis=-1, keepdims=False)
            result.is_scaled = x.is_scaled

    return result
```

在上面代码的_a2b_private 函数中，各参与方先分别通过算术共享份额构造两个布尔秘密值operand1 = $[\![x_0 + x_1]\!]^B$ 和 operand2 = $[\![x_2]\!]^B$，再通过 PPA 电路进行加法计算，得到 A2B结果。在_b2a_private 函数中，servers[1]（$P_1$）得到 $-x1\_on\_1 - x2\_on\_1$ 的结果后进行布尔秘密共享，各方得到 $[\![-x_1 - x_2]\!]^B$，再与布尔秘密共享的 $[\![x]\!]^B$ 通过 PPA 电路计算加法得到 $[\![x_0]\!]^B$，由于 servers[0]、servers[1]已知 $x_1$，servers[1]、servers[2]已知 $x_2$，因此最后只需要将 $[\![x_0]\!]^B$ 恢复到 servers[0]、servers[2]。

### 5. 三方 OT 与 $[\![b]\!]^B$ $[\![a]\!]^A$

对于三方 OT，由于任何一方都可能是发起方或接收方，因此 ABY3 框架给出了三方 OT的通用函数，如下。

```
def _ot(self, sender, receiver, helper, m0, m1,
    c_on_receiver, c_on_helper, key_on_sender, key_on_helper, nonce):
    assert m0.shape == m1.shape, "m0 shape {}, m1 shape {}".format(
        m0.shape, m1.shape
    )
    assert ...
    factory = m0.factory

    with tf.name_scope("OT"):
        with tf.device(sender.device_name):
            w_on_sender = factory.sample_seeded_uniform(
                shape=[2] + m0.shape.as_list(), seed=key_on_sender + nonce)
            masked_m0 = m0 ^ w_on_sender[0]
            masked_m1 = m1 ^ w_on_sender[1]
        with tf.device(helper.device_name):
            w_on_helper = factory.sample_seeded_uniform(
                shape=[2] + m0.shape.as_list(), seed=key_on_helper + nonce)
            w_c = factory.where(c_on_helper.value, w_on_helper[1], w_on_helper[0])
        with tf.device(receiver.device_name):
            masked_m_c = factory.where(c_on_receiver.value, masked_m1, masked_m0)
            m_c = masked_m_c ^ w_c
    return m_c
```

函数入参需要确定发送节点（sender）、接收节点（receiver）和辅助节点（helper），发送方的消息对 m0 和 m1，接收节点和辅助节点的选择位 c_on_receiver、c_on_helper，发送节点和辅助节点用于生成掩码的随机种子 key_on_sender、key_on_helper，以及 nonce。随后sender 与 helper 生成掩码，sender 使用掩码对消息对加密并发送给接收方，helper 根据选择位选择对应掩码并发送给 receiver，receiver 使用掩码解密选择位对应消息。在实现三方 OT后，可基于 OT 实现 $[\![b]\!]^B$ $[\![a]\!]^A$。由于 $[\![b]\!]^B$ $[\![a]\!]^A$ 可由 $[\![b]\!]^B \cdot a$ 进行简单构造，因此仅对$[\![b]\!]^{\mathrm{B}} \cdot a$代码进行介绍，如下。

```python
def __mul_ab_routine(prot, a, b, sender_idx):
    assert isinstance(a, AbstractTensor), type(a)
    assert isinstance(b, ABY3PrivateTensor), type(b)
    shape = tf.broadcast_static_shape(a.shape, b.shape).as_list()

    with tf.name_scope("__mul_ab_routine"):
        b_shares = b.unwrapped
        s = [None, None, None]
        s[0], s[1], s[2] = prot._gen_zero_sharing(shape, ShareType.ARITHMETIC)

        z = [None, None], [None, None], [None, None]
        idx0 = sender_idx
        idx1 = (sender_idx + 1) % 3
        idx2 = (sender_idx + 2) % 3
        with tf.device(prot.servers[idx0].device_name):
            z[idx0][0] = s[idx2].identity()
            z[idx0][1] = s[idx1].identity()
        tmp = (b_shares[idx0][0] ^ b_shares[idx0][1]).cast(a.factory) * a
            m0 =tmp + s[idx0]
            m1 = -tmp + a + s[idx0]

        with tf.device(prot.servers[idx1].device_name):
            z[idx1][0] = s[idx1]
            z[idx1][1] = prot._ot(prot.servers[idx0],prot.servers[idx1],prot.servers[idx2],
            m0,m1,b_shares[idx1][1],b_shares[idx2][0],prot.pairwise_keys()[idx0][0],prot.
    pairwise_keys()[idx2][1],prot.pairwise_nonces()[idx2])

        with tf.device(prot.servers[idx2].device_name):
            z[idx2][0] = prot._ot(
                prot.servers[idx0],prot.servers[idx2],prot.servers[idx1],
            m0,m1,b_shares[idx2][0],b_shares[idx1][1],prot.pairwise_keys()[idx0][1],prot.
    pairwise_keys()[idx1][0],prot.pairwise_nonces()[idx0])
            z[idx2][1] = s[idx2]
        prot._update_pairwise_nonces()
    return z
```

　　__mul_ab_routine 函数为$[\![b]\!]^{\mathrm{B}} \cdot a$的实现，其输入参数为算术值$a$、布尔共享秘密值$b$，以及算术值输入方，以算术值作为 idx0，令两个参与方为 idx1、idx2。首先在布尔共享秘密值持有方通过$[\![b]\!]^{\mathrm{B}}[0]$、$[\![b]\!]^{\mathrm{B}}[1]$及$a$计算消息对 m0 和 m1，然后分别将 idx1、idx2 中的一方作为接收节点，另一方作为辅助节点，算术值输入方为发送节点，idx1、idx2 以它们持有的$[\![b]\!]^{\mathrm{B}}[2]$作为选择位，执行三方 OT 协议，得到最终结果$[\![b]\!]^{\mathrm{B}} \cdot a$。

　　以上介绍了 TF Encrypted 中 ABY3 协议的一些较重要的算子，其余大部分算子可通过这些重要的算子进行组合得到，该协议中涉及更复杂的 PPA 电路、进位计算电路、Cheetah 截断、SecureQ8 截断，以及 tf_encrypted/protocol/aby3/fp.py 中给出的基于基础算子的对非线性函数的近似实现，读者可自行参考代码和相关论文进行研究。

# 第6章 面向应用的隐私保护技术

在隐私计算中，一些专用的协议和方案可用于实现特定功能，比如隐私集合求交和隐私信息检索（隐匿查询）。隐私集合求交在营销、社交、位置服务等多种业务场景中具有较多应用，隐私信息检索则在风控、反欺诈、DNS/股票查询保护等业务场景具有较多应用。这些功能理论上可采用通用的安全多方计算协议（如混淆电路和秘密共享）实现，然而，通用的安全多方计算协议实现安全求交和隐私信息检索会更复杂，且带来巨大的通信和计算开销。因此，研究者对这些特定功能设计了多种实现方案，特定方案具有更强的实用性、较小的计算和通信开销，甚至使之可以提供在线服务。

## 6.1 应用介绍

### 6.1.1 隐私集合求交

隐私集合求交（Private Set Intersection，PSI）是隐私计算领域的应用问题，使参与双方/多方在不泄露任何额外信息的情况下，得到双方持有数据的交集。PSI有很多应用场景，如下。

1）基于地理位置（LBS）的社交或游戏提供发现附近的人的服务，即邻近检测。用户需要允许应用获取实际地理位置信息并上传到服务器，服务器通过计算用户之间的距离判断是否邻近。然而，这种服务未考虑用户隐私保护，可能泄露用户地理位置信息，使用户面临财产或人身安全威胁。在这种场景下，通过PSI方法实现邻近检测，可以在不暴露用户地理位置信息的情况下提供对应服务。通常的方案是将用户LBS信息进行网格化编码（如Geo-Hash），并通过某种加密进行保护，然后将近邻检测转化为子集查询问题，通过PSI判断用户A和用户B是否在同一网格单元中。

2）社交软件通过通讯录进行好友发现。当一个用户注册使用一种新的服务（如微信、Whatsapp等）的时候，从用户的现有联系人中寻找已经注册了同类服务的人是一种在大多数情况下必要的操作。通过将用户的联系人发送给服务提供商可以有效地实现这项功能，但与此同时，用户的联系人信息，一种在大多数情况下被认为是隐私的信息，也被暴露给服务提供商了。因此，在这种场景下，将用户的联系人信息作为一方的输入，将服务提供商的所有用户信息作为另一方的输入来实现PSI协议，可以实现发现联系人的功能，而且可以防止交集以外的信息泄露给任何一方。

3）在线广告的效果衡量。线上广告是一种重要的广告形式。对于广告的有效程度的衡量，常见的方法是计算转换率，也就是浏览广告的用户中有多少用户最终浏览了相应的商品页面，或最终购买了相应的商品或服务。一种通用的计算方法是计算浏览广告的用户信息（由广告发送方占有）和完成相应交易的用户信息（由商家占有）的交集（如计算交易总额或总交易量等）。而与此同时，双方的用户信息又是私密的。如果使用不安全的协议，就会导致一方的信息暴露给另一方，从而造成用户、商家或广告主的隐私泄露。

4）在纵向联邦学习过程之前，先进行样本对齐，也需要使用 PSI 技术。联邦学习在联合训练之前需要首先根据 ID 对齐样本，然后按照数据纵向划分方式进行建模。在一些应用场景中，用于对齐的 ID 通常是姓名、身份证号和手机号（三要素）等隐私信息，因此需要在不泄露私密数据的前提下进行样本对齐后才能进行纵向联邦建模。

以上场景中涉及不同规模数据，可能是平衡的大规模数据间进行 PSI，也可能是大规模数据与小规模数据间进行非平衡（Unbalanced）PSI，数据持有方的不同设备对计算或网络通信也可能有不同要求。针对不同场景需求，已有各类研究给出不同场景 PSI 解决方案，本书将在后续内容介绍多个常用的 PSI 方案。

## 6.1.2 隐私信息检索

隐私信息检索（Private Information Retrieval，PIR），也称为匿踪查询，是由 Chor B.等人提出的解决保护用户查询隐私问题的方案，在信息检索过程中，保证用户查询请求信息不被泄露，服务器不知道用户具体查询信息及检索出的数据。隐私信息检索的应用场景如下。

1）病患想通过医药系统查询其疾病的治疗药物，如果以疾病名为查询条件，则医疗系统将会得知该病人可能患有这样的疾病，从而病人的隐私被泄露，通过隐私信息检索，可以避免此类泄露问题。

2）在域名、专利申请过程，用户需要首先向相关数据库提交自己申请的域名或专利信息以查询是否已存在，但又不想让服务提供方知晓自己的申请名称，从而能够抢先注册。

3）在证券市场中，某用户想查询某个股票信息，但又不能将自己感兴趣的股票泄露给服务方从而影响股票价格和暴露自己的偏好。

4）在金融场景的贷款业务中，客户向银行或贷款公司申请贷款时，贷款公司为了足够了解用户的信用情况，会向其他多家银行或贷款公司查询用户借贷情况或信用记录，但不希望客户信息被泄露。

## 6.2 PSI 主要实现方案

PSI 有多种实现方案，早期的典型方案基于公钥加密方式实现，包括 RSA 盲签名和 Diffie-Hellman（DH）密钥交换算法，这两种算法在 FATE 中均给出了具体实现。随着密码学和安全多方计算的不断发展，逐渐有更多方案被提出，包括基于同态加密、OTE、OPRF、OPPRF、VOLE、混淆电路等方案，PSI 问题也出现了很多专用场景下的变种，如下。

1）PSI-CA（PSI Cardinality）：不泄露隐私交集下的基数计算，返回隐私集合交集的个数。

2）TPSI/PSI-CAT（Threshold PSI）：判断隐私交集基数是否满足某个阈值，当满足阈值时，才输出交集基数。

3）PJC（Private Join and Compute）：不泄露隐私交集的关联数据（associated values/payloads）求和与内积计算。

4）PSI-Stats（PSI Supporting Secure Statistical functions）：不泄露隐私交集的数据统计。

5）Circuit-PSI：将隐私交集结果作为秘密值输入后续的混淆电路或秘密共享。

本节首先结合 FATE 安全求交组件介绍经典的 RSA 盲签名和 DH 密钥交换算法，然后介绍经典的混淆布隆过滤器和 OPRF 方案，这两个方案涉及的（混淆）布隆过滤器和 Cuckoo Hashing 是后续其他 PSI 方案中常见的数据结构，具有较高的研究价值。

## 6.2.1　RSA 盲签名

盲签名的概念首先由 David Chaum 于 1982 年提出。盲签名实现了签名者对接收者的消息进行签名，却不能知道接收者消息的具体内容，类比于将文件放入带有复写纸功能的信封，签名者在信封上对文件进行签名，而不知道具体的文件内容。盲签名的实现方式有很多，比如基于 RSA 的盲签名、基于 BLS 的盲签名、基于 Schnorr 的盲签名、基于 MDSA 的盲签名、基于 NR 签名的盲签名、基于身份的盲签名、基于 SM9 数字签名的盲签名等。以 RSA 盲签名为例，若 A 是接收者，B 是签名者，签名者持有 RSA 私钥 $d$，并公开公钥（$n,e$），B 对 A 的消息 $m$ 进行盲签名的过程如下。

1）A 选取盲因子 $r$，对消息 $m$ 进行盲化，$m'=m\times r^e \bmod n$，并发送给 B。

2）B 对盲化后的消息 $m'$ 进行签名：$m'^d=(m\times r^e)^d \bmod n$，将盲签名消息发送给 A。

3）A 对盲签名消息进行去盲，得到原始签名消息：

$$s=m'^d\times r^{-1}=(m\times r^e)^d\times r^{-1}\bmod n=m^d\times r^{ed-1}\bmod n=m^d\bmod n$$

即 A 的消息得到了经过 B 的私钥的签名，但是 B 并不知道 A 发送消息的具体值。在隐私集合求交场景中，若 B 的原始消息为需要进行匹配的 ID，经过盲签名后即可得到 A 对 B 所持有 ID 的签名，而若 A 同时将自身持有的 ID 进行签名并发送给 B，则在 B 中可对双方签名后的 ID 进行求交，然而，若 A 直接将持有 ID 的签名发送给 B，则 B 可根据 RSA 加解密的可交换性得到 A 的明文 ID，因此需要在中间加入两次哈希以保证安全。A、B 交互如图 6-1 所示，具体协议流程如下。

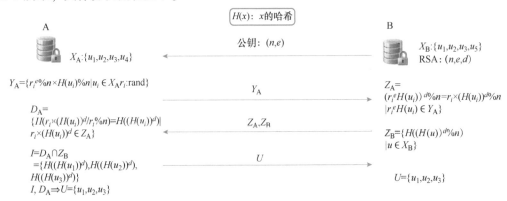

• 图 6-1　RSA 盲签名的 PSI 示意图

1) A 持有 ID 集合 $X_A$，B 持有 ID 集合 $X_B$，B 生成 RSA 公私钥参数 $(n,e,d)$。

2) 签名方 B 将公钥 $(n,e)$ 发送给 A。

3) A 对所持有 ID 集合 $X_A$ 的元素先进行哈希再进行盲化，得到 $Y_A$，并发送给 B。

4) B 对 $Y_A$ 进行签名，得到 $Z_A$，然后对自身持有 ID 集合 $X_B$ 的元素进行哈希后签名，并对签名结果再进行一次哈希，得到 $Z_B$，将 $Z_A$ 和 $Z_B$ 同时发给 A。

5) A 对 $Z_A$ 先进行去盲化操作，得到 $X_A$ 的元素的哈希结果在 B 方的签名，再对签名进行一次哈希，得到 $D_A$，将 $D_A$ 与 $Z_B$ 进行求交，即得到双方的交集结果，并可通过 $X_A \leftrightarrow Y_A \leftrightarrow Z_A$ 的映射关系找出 ID 交集的明文。

6) 若 B 也需要知道交集结果，则 A 直接发送明文交集给 B。

显然，当双方 ID 集合基数大小相差较大（非平衡）时，可将 ID 集合较小的一方作为 A，ID 集合较大的一方作为 B，可花费更少的计算和通信时间。

在 FATE 中，有基于 RSA 盲签名的隐私集合求交的具体算法实现，且在双方集合基数相差不大（平衡）时进行了并行优化，即双方同时将 ID 元素的哈希结果进行奇偶划分得到子集合，双方子集合分别作为 A、B 运行协议（如偶子集合以 Guest 作为角色 B、Host 作为 A 运行协议，奇子集合以 Host 作为 B、Guest 作为 A 运行协议），这样双方均可以在一部分子集等待对方消息时进行另一部分子集的计算。

以数据集大小平衡场景为例，在 FATE 中，隐私集合求交代码主要在 federatedml/statistic/intersect/rsa_intersect 包下，在 guest 和 host 脚本中，分别实现了父类的 unified_calculation_process 方法，该方法为主要的协议流程。Guest 方代码如下。

```python
def unified_calculation_process(self, data_instances):
    LOGGER.info("RSA intersect using unified calculation.")
    # 接收公钥(n,e)
    public_keys = self.transfer_variable.host_pubkey.get(idx=-1)
    LOGGER.info(f"Get RSA host_public_key from Host")
    self.rcv_e = [int(public_key["e"]) for public_key in public_keys]
    self.rcv_n = [int(public_key["n"]) for public_key in public_keys]

    # 使用多个 Host 方的公钥分别盲化 guest ID
    pubkey_ids_process_list = [self.pubkey_id_process(data_instances, fraction=self.random_
base_fraction, random_bit=self.random_bit, rsa_e=self.rcv_e[i], rsa_n=self.rcv_n[i],
hash_operator=self.first_hash_operator, salt=self.salt) for i in range(len(self.rcv_e))]
    LOGGER.info(f"Finish pubkey_ids_process")

    for i, guest_id in enumerate(pubkey_ids_process_list):
        mask_guest_id = guest_id.mapValues(lambda v: None)
        self.transfer_variable.guest_pubkey_ids.remote(mask_guest_id,
                            role=consts.HOST, idx=i)
    LOGGER.info("Remote guest_pubkey_ids to Host {}".format(i))

    host_prvkey_ids_list = self.get_host_prvkey_ids()
    LOGGER.info("Get host_prvkey_ids")

    # 接收由 Host 方盲签名后的 ID 列表
    # table(r^e % n * hash(sid), guest_id_process)
    recv_host_sign_guest_ids_list = self.transfer_variable.host_sign_guest_ids.get(idx=-1)
    LOGGER.info("Get host_sign_guest_ids from Host")
```

```
    # table(r^e % n * hash(sid), sid, hash(guest_ids_process/r))
    # g[0]=(r^e % n * hash(sid), sid), g[1]=random bits r
    host_sign_guest_ids_list = [v.join(recv_host_sign_guest_ids_list[i],
    lambda g, r: (g[0], RsaIntersectionGuest.hash(gmpy2.divm(int(r), int(g[1]), self.rcv_n
[i]), self.final_hash_operator, self.rsa_params.salt)))
    for i, v in enumerate(pubkey_ids_process_list)]

    # table(hash(guest_ids_process/r), sid))
    sid_host_sign_guest_ids_list = [g.map(lambda k, v: (v[1], v[0])) for g in
host_sign_guest_ids_list]

    # intersect table(hash(guest_ids_process/r), sid)
    encrypt_intersect_ids_list = [v.join(host_prvkey_ids_list[i], lambda sid, h: sid) for i,
v in enumerate(sid_host_sign_guest_ids_list)]

    intersect_ids = self.filter_intersect_ids(encrypt_intersect_ids_list, keep_encrypt_ids
=True)

    if self.sync_intersect_ids:
        self.send_intersect_ids(encrypt_intersect_ids_list, intersect_ids)
    else:
        LOGGER.info("Skip sync intersect ids with Host(s).")

    return intersect_ids
```

如上述代码所示，Guest 方通过联邦通信接收来自多个 Host 的 RSA 公钥（$n,e$），使用这些公钥分别对 Guest 持有 ID 进行盲化，得到盲化 ID 列表 pubkey_ids_process_list，将列表中对应数据表（协议流程图中的 $Y_A$）分别发送给对应 Host，然后通过联邦通信接收各 Host 对 ID 分别进行私钥签名的密文列表 host_prvkey_ids_list（协议流程中的 $Z_B$），同时 Host 方分别对 Guest 发送的盲化 ID 列表进行盲签名（协议流程中的 $Z_A$）并发送给 Guest，得到 recv_host_sign_guest_ids_list，Guest 方对盲签名 ID 列表进行去盲和二次哈希，得到各 Host 对 Guest 方 ID 的签名哈希结果（协议流程中的 $D_A$），再通过 map 函数调整表 k、v 结构映射，得到以 $D_A$ 为 key、原始 ID 为 value 的列表 sid_host_sign_guest_ids_list，将其中的各表与 Host ID 通过私钥签名的表 host_prvkey_ids_list 按主键进行 join 操作，得到 Guest 与各 Host 方交集的明文 ID 的结果列表，最后对结果列表调用通用的 self.filter_intersect_ids 来求交集，得到所有方的交集明文 ID 列表及其对应各 Host 方私钥签名密文，并将明文 ID 对应的各 Host 方私钥签名的 ID 列表返回给各 Host 方。协议对应的 Host 方代码如下。

```
def unified_calculation_process(self, data_instances):
    LOGGER.info("RSA intersect using unified calculation.")
    # 生成 RSA 公私钥对
    # self.e, self.d, self.n = self.generate_protocol_key()
    self.generate_protocol_key()
    LOGGER.info("Generate protocol key!")
    public_key = {"e": self.e, "n": self.n}

    # 向 Guest 发送公钥
    self.transfer_variable.host_pubkey.remote(public_key, role=consts.GUEST, idx=0)
```

```
LOGGER.info("Remote public key to Guest.")

# 对自有 ID 进行私钥签名
prvkey_ids_process_pair = self.cal_prvkey_ids_process_pair(data_instances, self.d,
self.n, self.p, self.q, self.cp, self.cq, self.first_hash_operator)

prvkey_ids_process = prvkey_ids_process_pair.mapValues(lambda v: None)
self.transfer_variable.host_prvkey_ids.remote(prvkey_ids_process,
            role=consts.GUEST,idx=0)
LOGGER.info("Remote host_ids_process to Guest.")

# 接收 Guest 盲化 ID
guest_pubkey_ids = self.transfer_variable.guest_pubkey_ids.get(idx=0)
LOGGER.info("Get guest_pubkey_ids from guest")

# 进行盲签名
host_sign_guest_ids = guest_pubkey_ids.map(lambda k, v: (k, self.sign_id(k, self.d,
self.n, self.p, self.q, self.cp, self.cq)))
self.transfer_variable.host_sign_guest_ids.remote(host_sign_guest_ids,
role=consts.GUEST,   idx=0)
LOGGER.info("Remote host_sign_guest_ids_process to Guest.")

# 接收交集 ID
intersect_ids = None
if self.sync_intersect_ids:
    encrypt_intersect_ids = self.transfer_variable.intersect_ids.get(idx=0)
    intersect_ids_pair = encrypt_intersect_ids.join(prvkey_ids_process_pair,
lambda e, h: h)
    intersect_ids = intersect_ids_pair.map(lambda k, v: (v, None))
    LOGGER.info("Get intersect ids from Guest")
return intersect_ids
```

其主要过程包括首先生成 RSA 公私钥对，将公钥发送给 Guest，对自身持有的 ID 进行一次哈希、私钥签名、二次哈希，得到 prvkey_ids_process_pair，过滤表数据仅保留签名后的 ID，得到 prvkey_ids_process（协议流程中的 $Z_B$），发送给 Guest，然后接收 Guest 方盲化 ID 列表 guest_pubkey_ids（协议流程中的 $Y_A$）并使用私钥进行盲签名，得到 host_sign_guest_ids（协议流程中的 $Z_A$），再将它发送给 Guest，最后通过联邦通信接收交集 ID 对应的本方 ID 的私钥签名密文列表，并与 prvkey_ids_process_pair 进行 join 操作，得到明文交集 ID 列表。

对于数据集平衡场景，在 FATE 实现中，各方首先对 ID 集合进行一次哈希并分别切分为奇、偶集合 sid_hash_odd、sid_hash_even，然后，对于偶集合，Guest 方扮演 B，其他方扮演 A 运行协议，得到所有方的偶集合交集列表 intersect_even_ids，对于奇集合，Guest 方扮演 A，其他方扮演 B 运行协议，得到所有方的奇集合交集列表 intersect_odd_ids，将两份结果进行 union 操作后即得到全量 ID 的交集列表。

另外，当原始 ID 集合规模较大时，可以在原始 ID 集合安全求交前，先进行预匹配操作以降低集合大小。FATE 中使用布隆过滤器实现预匹配操作，即先在任意一方（通常选择集合基数较小的一方）构建布隆过滤器（其布隆过滤器的假阳性率一般设置得较大），再将构建好的布隆过滤器发送给另一方，在另一方，通过布隆过滤器检测进行过滤。由于布隆过滤器存在假阳性问题，命中的 ID 不一定是真实交集 ID，因此后续仍需要运行精确的 PSI 过程。

## 6.2.2 DH 密钥交换

DH 密钥交换是最早的密钥交换算法之一，它使得通信的双方能在非安全的信道中安全地交换密钥（更准确的说法是双方共同生成密钥），用于加密后续的通信消息。Whitfield Diffie 和 Martin Hellman 于 1976 提出该算法，之后它被应用于安全领域。DH 密钥交换算法依赖于著名的离散对数问题（Discrete Logarithm Problem，DLP），即在很多群中进行指数运算是容易的，而其逆运算——对数运算却是困难的。DH 密钥交换算法的整体流程如下。

1）初始时，计算方 A 和 B 共同确定一个素数 $p$ 及其原根 $g$，并进行公开。

2）计算方 A 秘密选取一个随机整数 $a$，计算 $key_A = g^a \bmod p$ 并发送给计算方 B。

3）计算方 B 秘密选取一个随机整数 $b$，计算 $key_B = g^b \bmod p$ 并发送给计算方 A。

4）计算方 A 通过接收到的 $key_B$ 计算共享密钥 $key_{AB} = key_B^a \bmod p = g^{ab} \bmod p$。

5）计算方 B 通过接收到的 $key_A$ 计算共享密钥 $key_{AB} = key_A^b \bmod p = g^{ab} \bmod p$。

这样，两个计算方安全地生成了公共密钥，此时双方可以分别删除整数 $a$、$b$，因为后面不再需要使用。双方得到的公共密钥可在任何对称密码体系中用于加密数据。虽然 $p$、$g$、$key_A$、$key_B$ 均在公开网络传输，但对于窃听者，由于不知道 $a$、$b$，因此无法直接计算出 $key_{AB}$。

根据 DH 密钥交换算法的可交换加密特性，可以构造隐私集合求交算法，算法流程如图 6-2 所示，具体描述如下。

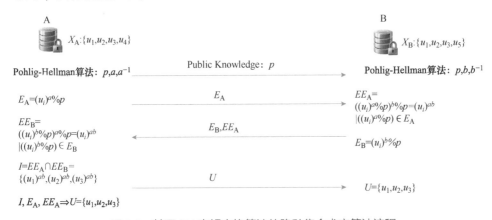

● 图 6-2　基于 DH 密钥交换算法的隐私集合求交算法流程

1）计算方 A 和 B 持有各自 ID 集合 $X_A$、$X_B$。

2）A 根据 Pohlig-Hellman 算法安全性要求生成安全素数 $p$ 及与 $\phi(p)$ 互素的整数 $a$，并将 $p$ 公开给 B。

3）B 生成与 $p$ 互素的整数 $b$。

4）A 对集合 $X_A$ 中的每个元素以 $a$ 为指数、$p$ 为模数计算得到第一次加密结果 $E_A$ 并发送给 B。

5）B 对集合 $X_B$ 和 $E_A$ 中的每个元素都进行以 $b$ 为指数、$p$ 为模数的计算，得到 B 方 ID

的第一次加密结果 $E_B$ 和 A 方 ID 的第二次加密结果 $EE_A$，将 $E_B$、$EE_A$ 发送给 A。

6）A 对收到的 $E_B$ 中的每个元素同样进行模幂运算，得到 B 方 ID 的第二次加密结果 $EE_B$，将 $EE_B$ 与 $EE_A$ 求交集，即可得到双方 ID 在两次加密后的密文交集，通过映射关系 $X_A \leftrightarrow E_A \leftrightarrow EE_A$ 即可找出明文 ID 交集 $U$。

在 FATE 中，实现了基于 DH 密钥交换的隐私集合求交，算法组件目录是 federatedml/statistic/intersect/dh_intersect，其核心的算法流程实现为 dh_intersect_guest.py 和 dh_intersect_host.py 中定义的 get_intersect_doubly_encrypted_id 方法。Guest 方代码如下。

```
def get_intersect_doubly_encrypted_id(self, data_instances, keep_key=True):
    self._generate_commutative_cipher()
    self._sync_commutative_cipher_public_knowledge()
    self.host_count = len(self.commutative_cipher)

    for cipher in self.commutative_cipher:
        cipher.init()
    LOGGER.info("commutative cipher key generated")

    # 1st ID encrypt: # (Eg, key)
    self.id_list_local_first = [self._encrypt_id(data_instances,
        cipher, reserve_original_key=keep_key, hash_operator=self.hash_operator,
        salt=self.salt) for cipher in self.commutative_cipher]
    LOGGER.info("encrypted guest id for the 1st time")
    id_list_remote_first = self._exchange_id_list(self.id_list_local_first, keep_key)

    # 2nd ID encrypt & receive doubly encrypted ID list: # (EEh, Eh)
    self.id_list_remote_second = [self._encrypt_id(id_list_remote_first[i],
        self.commutative_cipher[i], reserve_original_key=keep_key)
                            for i in range(self.host_count)]
    LOGGER.info("encrypted remote id for the 2nd time")

    # receive doubly encrypted ID list from all host:
    self.id_list_local_second = self._sync_doubly_encrypted_id_list()  # get (EEg, Eg)

    # find intersection per host
    id_list_intersect_cipher_cipher = [self.extract_intersect_ids(self.id_list_remote_sec-
ond[i],self.id_list_local_second[i], keep_both=keep_key)
        for i in range(self.host_count)]  # (EEi, [Eh, Eg])
    LOGGER.info("encrypted intersection ids found")

    return id_list_intersect_cipher_cipher
```

Guest 方首先根据 Host 方个数调用_generate_commutative_cipher()以生成对应的加密器，此时仅生成了每个加密器的安全素数，通过调用_sync_commutative_cipher_public_knowledge()将加密器对象发送给各个 Host，再对每个加密器分别生成指数 a 及其逆元。然后，开始第一次加密，得到 id_list_local_first（即算法流程中的 $E_A$），并和各 Host 方进行一次加密 ID 交换，获得 Host 方 id_list_remote_first（即算法流程中的 $E_B$），对 id_list_remote_first 使用加密器进行二次加密，得到 id_list_remote_second（即算法流程中的 $EE_B$），并通过_sync_doubly_encrypted_id_list()方法获得 Host 方对 Guest 方 ID 的二次加密结果 id_list_local_second（即算法流程中的

$EE_A$），最后对每个 Host 方的 id_list_remote_second 和 Guest 方的 id_list_local_second 求交集，即得到双方 ID 二次加密的交集。在调用 get_intersect_doubly_encrypted_id（）方法之后，通过调用 decrypt_intersect_doubly_encrypted_id（）方法获取二次加密 ID 交集与原始 ID 集合之间的映射关系（$X_A \leftrightarrow E_A \leftrightarrow EE_A$），找出原始 ID 交集。Host 方对应实现代码如下。

```
def get_intersect_doubly_encrypted_id(self, data_instances, keep_key=True):
    self._sync_commutative_cipher_public_knowledge()
    self.commutative_cipher.init()

    #1st ID encrypt: (Eh, (h, Instance))
    self.id_list_local_first = self._encrypt_id(data_instances,self.commutative_cipher,
            reserve_original_key=keep_key, hash_operator=self.hash_operator,
                salt=self.salt, reserve_original_value=keep_key)
    LOGGER.info("encrypted local id for the 1st time")
    # send (Eh, -1), get (Eg, -1)
    id_list_remote_first = self._exchange_id_list(self.id_list_local_first, keep_key)

    # 2nd ID encrypt & send doubly encrypted guest ID list to guest
    id_list_remote_second = self._encrypt_id(id_list_remote_first,
        self.commutative_cipher, reserve_original_key=keep_key)  # (EEg, Eg)
    LOGGER.info("encrypted guest id for the 2nd time")
    self._sync_doubly_encrypted_id_list(id_list_remote_second)
```

如上面代码所示，Host 方通过_sync_commutative_cipher_public_knowledge（）获取加密器安全素数，通过 commutative_cipher.init（）初始化加密器指数 $b$ 及其逆元，对自身 ID 集合进行一次加密得到 id_list_local_first（即算法流程中的 $E_B$），然后通过_exchange_id_list 与 Guest 方 ID 集合的一次加密进行交换，得到 Guest 方 ID 集合的一次加密结果 id_list_remote_first（即算法流程中的 $E_A$），并对 id_list_remote_first 使用本方加密器进行二次加密后得到 id_list_remote_second 发送给 Guest 方，在 Guest 方完成二次加密 ID 集合求交后，通过_sync_doubly_encrypted_id_list（）同步其交集结果。同样，在 get_intersect_doubly_encrypted_id（）方法后，通过 decrypt_intersect _doubly_encrypted_id（）方法获取二次加密 ID 交集与原始 ID 集合之间的映射关系，获得原始 ID 交集。

## 6.2.3　混淆布隆过滤器方案

布隆过滤器（Bloom Filter，BF）是一种数据结构，由布隆于 1970 年提出，它由一个很长的二进制向量和一系列哈希函数组成，它将集合中的元素通过多个哈希函数映射到二进制向量的多个位置，当需要检测一个元素是否存在时，仅需要检测该元素在多个哈希函数映射后对应的位置是否被置位。布隆过滤器的优点是其空间效率和查询时间方面都比一般的算法要好得多，其缺点是有一定的假阳性比例和删除困难。

Dong 等人在 *When Private Set Intersection Meets Big Data：An Efficient and Scalable Protocol* 中提出了一种混淆布隆过滤器（Garbled Bloom Filters，GBF）结构，它结合不经意传输技术可高效地实现 PSI。文中根据安全模型的不同，分别给出了基础协议和增强协议，适用于半诚实模型和恶意敌手模型。

混淆布隆过滤器的构造与布隆过滤器基本类似，首先初始化一个元素长度为 $\lambda$（安全参数）位、大小为 $m$ 的数组，对于包含 $n$ 个元素的集合 $S$，使用 $k$ 个哈希函数将每个元素映射到数组的 $k$ 个位置，并使用（布尔）秘密共享方式设置第 $k$ 个位置的填充值，如图 6-3 所示。

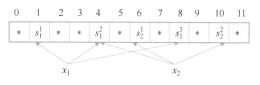

● 图 6-3　向混淆布隆过滤器中插入新元素

简单来讲，对于集合 $S$ 及混淆布隆过滤器 $GBF_S$，遍历集合中的每个元素 $x \in S$，首先生成临时秘密份额 ts=x，使用 $k$ 个哈希函数对 $x$ 进行映射，在第 $i \in \{1,\cdots,k\}$ 个哈希函数时，得到映射位置 $j=h_i(x)$，若 $GBF_S$ 的第 $j$ 个槽为空，则随机生成一个长度为 $\lambda$ 的字符串并插入第 $j$ 个槽，使用"异或"方式更新临时秘密份额 ts=ts$\oplus GBF_S[j]$，若 $GBF_S$ 的第 $j$ 个槽不为空（可能被其他元素的某个秘密份额插入），则直接进行"异或"计算 ts=ts$\oplus GBF_S[j]$，这样 $x$ 将被秘密拆分为 $k$ 个秘密份额。当需要查询一个元素是否存在时，收集该元素对应的所有 $k$ 个位置的元素，再进行秘密恢复。

在进行安全求交时，首先在参与方 A 的元素集合 $S$ 上构建 $GBF_S$，在另一方 B 的元素集合 $C$ 上使用相同的 $k$ 个哈希函数和 $m$ 位大小的数组构建常规布隆过滤器 $BF_C$，显然，当一个元素存在于双方的交集中时，那么，在布隆过滤器上，该元素映射后对应的数组位值一定全为 1，而 $GBF_S$ 上对应的该元素映射后对应的数组秘密份额值一定为该元素的所有秘密份额，因此，可使用 OT 技术（或 OT 扩展），将 A 作为发送方，以随机值和 $GBF_S$ 数组元素构造 $m$ 个消息对，将 B 作为接收方，将布隆过滤器的每个位作为选择位，则 B 方将得到一个新的 $GBF_{S \cap C}$，然后，在 B 方，通过遍历集合，查询对应元素方式，获得所有交集结果。

在上述协议中，若参与方 B 恶意将布隆过滤器所有位设置为 1，则 B 可获取 A 方的整个 GBF 数组，A 将泄露非交集外的额外数组元素。因此，文中给出了一个增强协议，该协议需要参与方 B 首先生成 $m$ 个随机字符串 $(r_0, \cdots, r_{m-1})$ 并发送给 A，A 随机生成一个密钥 sk，将 GBF 每个数组与对应位置随机字符串进行拼接，使用对称加密方法进行加密，即 $c_i=E(sk, r_i \| GBF_A[i])$，然后使用 $(m/2, m)$ 门限秘密共享将密钥 sk 拆分为 $m$ 个秘密份额 $(t_0, \cdots, t_{m-1})$，最后，客户端与服务端运行 $m$ 次 2 选 1 的 OT 协议，若 BF 位置元素为 1，则收到加密值 $c_i$，否则收到密钥 sk 的某个秘密份额 $t_i$，客户端接收 $GBF_{S \cap C}$ 后，从所有 $t_i$ 中恢复密钥 sk，然后解密其他位置的 $c_i$，$d_i=E^{-1}(sk, c_i)$，校验对应 $r_i$ 并解析出 $GBF_S[i]$，即得到明文下的 $GBF_{S \cap C}$。

使用增强协议可强制使客户端 $BF_C$ 至少一半位 $(m/2)$ 为 0，否则根据门限秘密共享协议，客户端无法恢复密钥 sk，而考虑到客户端可能至多存在 $n$ 个交集元素，且每个元素被 $k$ 个哈希函数映射，因此 $BF_C$ 值为 1 的位数不超过 $k \times n=m/2$，值为 0 的位个数至少为 $m/2$，实际运行中可设置 $m=1.44 \times k \times n$。在增强协议中，客户端发送的随机字符串 $r_i$ 也可以防止参与方 A 恶意或错误设置密钥 sk 的秘密份额而使 B 方无法检测密钥的正确性，由于随机值 $r_i$ 和秘密份额进行拼接后加密，当密钥正确恢复时，其解密出的 $d_i$ 中的前 $\lambda$ 位和 $r_i$ 一定相等，否则，B 方恢复的密钥为错误密钥。

## 6.2.4　OPRF 方案

3.3.1 节介绍了 KKRT 等人实现的 OPRF 技术，同时，介绍了将 OPRF 与 Cuckoo Hashing

进行结合而实现的高效的安全求交方案。KKRT 方案主要是指使用 OPRF 技术对 PSSZ15 隐私集合求交的优化。

Cuckoo Hashing（也称为布谷鸟哈希）由 Rasmus Pagh 和 Flemming Friche Rodler 于 2001 年提出，它使用多个哈希函数对元素进行映射，当存在哈希冲突时，将哈希桶中的旧元素"踢"出，插入新元素，并将被踢出元素作为新元素插入其他桶中，直到没有被踢出元素为止。

KKRT 方案首先在双方共同确认 3 个哈希函数，在 OPRF 接收方 Bob 中，使用待求交集合 $X$ 所有元素和 3 个哈希函数构建 Cuckoo Hashing 表，将 Cuckoo Hashing 表的每个分桶中的单个元素作为 OPRF 的输入，每个分桶将得到一个 OPRF 的加密输出，在发送方 Alice 中，使用待求交集合 $Y$ 所有元素和 3 个哈希函数构造简单哈希表，每个分桶会有多个元素，对每个分桶的多个元素都使用对应分桶的 OPRF 发送端密钥进行加密，生成多个元素的密文。然后，Alice 将每个分桶的密文结果发送给 Bob，Bob 判断每个分桶元素的密文是否包含于 Alice 对应分桶的密文集合，即可得到所有元素的交集。

由于 Bob 的 Cuckoo Hashing 表会存在插入失败问题，因此方案中增加了 $s$ 个贮藏桶 Stash，存储插入失败的元素，同样 Alice 也需要考虑追加相应的 $s$ 个分桶，且每个分桶都需要插入所有元素的加密密文，这样在 Bob 方可以对 Stash 中的单个元素的密文判断是否包含于 Alice 中所有元素的密文集合。

KKRT 方案的详细流程如下。

输入：参与方 Alice 持有元素集合 $X$，Bob 持有元素集合 $Y$，且 $|X|=|Y|=n$。

协议执行流程如下。

1）Alice 和 Bob 共同初始化 3 个哈希函数 $h_1, h_2, h_3: \{0,1\}^* \to [b]$，$b = 1.2n$。

2）Bob 根据元素集合 $Y$ 构建 Cuckoo Hashing 表，将 $Y$ 中所有元素 $y_i$ 插入大小为 $b$ 的 Cuckoo Hashing 表的分桶 $z(y_i)$ 中，若插入失败（经过一定次数的踢出操作后未被插入的元素），则放入大小为 $s$ 的贮藏桶 Stash 中。然后，Bob 准备与 Alice 运行 $1.2n+s$ 个 OPRF 实例，Bob 作为接收方，对前 $1.2n$ 个映射到 Cuckoo Hashing 表的第 $i$ 个分桶中的元素，若被插入元素为 $y$，则将 $r_i = y \| z(y)$ 作为 OPRF 实例的输入，若为空桶，则使用 dummy 值作为输入 $r_i$。对后 $s$ 个 Stash 中的元素，直接使用 $r_i = y$ 作为输入。

3）双方运行 $1.2n+s$ 个 OPRF 实例，在 Bob 方得到 $1.2n+s$ 个 OPRF 输出 $F(k_i, r_i) = F((q_i, s), \cdot)$，在 Alice 方仅得到 $1.2n+s$ 个密钥 $(k_1, \cdots, k_{1.2n+s})$。

4）在 Alice 方，对集合 $X$ 的每个元素 $x$ 计算 OPRF 输出。首先使用 3 个哈希函数计算每个元素在前 $1.2n$ 个分桶的位置；然后使用对应分桶 OPRF 密钥加密其元素：$H_i = \{ F((q_{h_i(x)}, s), x \| i) | x \in X, i \in \{1, 2, 3\} \}$，总共输出 $3 \times 1.2n$ 个元素；最后对于后 $s$ 个分桶，使用其 OPRF 密钥加密 $X$ 的所有元素：$S = \{ F((q_{1.2n+j}, s), x) | x \in X, j \in \{1, \cdots, s\} \}$，总共输出 $s \times n$ 个元素。Alice 对每个 $H_i$ 和 $S$ 每个分桶进行随机排序后发送给 Bob。

5）Bob 接收到 $H$、$S$ 后，即可计算 $X$ 和 $Y$ 的交集：对于被映射到 Stash 桶中的元素 $y$，判断其 OPRF 输出密文 $F((q_{1.2n+j}, s), y)$ 是否在 $S$ 中。否则，若元素映射到 Cuckoo Hashing 桶，则判断其 OPRF 输出密文 $F((q_i, s), y \| z(y))$ 是否在 $H$ 对应分桶中。遍历集合 $Y$ 的所有元素进行判断，即可得到 $X$ 和 $Y$ 的交集。

KKRT 四人已将该方案在 GitHub 上开源，项目地址：https://github.com/osu-crypto/BaRK-OPRF。

## 6.2.5 基于 OPPRF 的 Circuit-PSI

在前面的多个 PSI 方案中，都可在保护双方非交集 ID 的情况下，输出交集 ID。然而，在有些场景中，不仅需要保护非交集 ID，还需要保护交集 ID 信息，使交集 ID 作为参与方的秘密信息接入后续的安全多方计算。该问题通常被称为 Circuit-PSI。目前，有多种实现 Circuit-PSI 的方案，本节主要介绍经典的 PSTY19 方案，该方案由 Pinkas 等人于 2019 年在 *Efficient Circuit-based PSI with Linear Communication* 中提出，是第一个具有线性通信复杂度的 Circuit-PSI 方案。

PSTY19 方案与 KKRT 方案在架构上整体相似，都是基于发送方简单哈希+接收方 Cuckoo Hashing 实现。与 KKRT 方案使用 OPRF 不同的是，PSTY19 使用了 Batch-OPPRF，使发送方和接收方的每个分桶可以输出指定数据以作为电路的输入。另外，PSTY19 使用了双向执行方式，使发送方和接收方在完成一次 Batch-OPPRF 的 PSI 后互换角色，再进行一次相同的 PSI 流程，双方执行方式可避免 Stash 桶的对比，极大地减少通信量。

Batch-OPPRF 是指，在 OPPRF 中，对于发送方简单哈希的每个分桶 $X_1,\cdots,X_\beta$，其关联的 OPRF 发送方密钥 $k=k_1,\cdots,k_\beta$ 和 hint 点集合 $T_1,\cdots,T_\beta$，仅使用一个 hint 就编码所有分桶的数据，比如使用一个多项式 $p(x)$ 编码所有的点 $\{(X_j,F'(k_j,X_j(i))\oplus T_j(i))\}_{j\in\beta;i\in[|X_j|]}$，将 $p(x)$ 作为 hint 发送给接收方，在接收方对 hint 进行查询时，返回 $F'(k,x)\oplus p(x)$。

在得到 Batch-OPPRF 后，可调用它并实现单向 OPPRF-PSI，详细流程如下。

输入：参与方 $P_1$ 的集合为 $X=\{x_1,\cdots,x_n\}$，参与方 $P_2$ 的集合为 $Y=\{y_1,\cdots,y_n\}$。

协议执行共分三步。

1）进行哈希：双方共同确定两个哈希函数 $H_1,H_2,\{0,1\}^l\rightarrow[\beta]$，然后在双方进行分桶。

- $P_1$ 使用 $H_1$ 和 $H_2$ 构造 Cuckoo Hashing 表，将 $X=\{x_1,\cdots,x_n\}$ 插入分桶个数为 $\beta=2(1+\varepsilon)n$ 的表 $Table_1$ 中。每个元素 $x_i$ 被插入桶 $Table_1[H_1(x_i)]$、桶 $Table_1[H_2(x_i)]$ 或 Stash 桶中。由于 $\beta>n$，因此剩下的空桶插入随机元素。

- $P_2$ 使用 $H_1$ 和 $H_2$ 将 $Y=\{y_1,\cdots,y_n\}$ 插入包含 $\beta$ 个分桶的简单哈希表 $Table_2$ 中，元素 $y_i$ 会被同时插入到两个位置，即桶 $Table_2[H_1(y_i)]$ 和桶 $Table_2[H_2(y_i)]$。

2）调用 Batch-OPPRF。

- $P_2$ 作为发送方，采样随机值 $t_1,\cdots,t_\beta\in\{0,1\}^\kappa$，将 $Y_1,\cdots,Y_\beta$ 和 $T_1,\cdots,T_\beta$ 作为输入，其中 $Y_j=Table_2[j]=\{y||j|y\in Y\wedge j\in\{H_1(y),H_2(y)\}\}$，$T_j$ 包含 $|Y_j|$ 个元素且所有元素都等于 $t_j$，当 $H_1(y)$ 和 $H_2(y)$ 被映射到同一个分桶时，则在 $Table_2[j]$ 中增加一个随机元素。

- $P_1$ 作为接收方，输入 $Table_1[1],\cdots,Table_1[\beta]$。调用 Batch-OPPRF 后，$P_1$ 将得到 $y_1^*,\cdots,y_\beta^*$。显然，根据 OPPRF 的定义，若 $Table_1[j]\in Table_2[j]$，则 $y_j^*=t_j$。

3）电路计算。双方运行两方安全的布尔比较电路 C，电路 C 包含 $\beta+s\times n$ 个子电路，在前 $j\in[\beta]$ 个子电路中，$P_1$ 输入 $y_j^*$ 的前 $\gamma$ 位和 $Table_1[j]$，$P_2$ 输入 $t_j$ 的前 $\gamma$ 位，比较 $y_j^*$ 和 $t_j$ 后得到 $w_j$，然后判断 $w_j$ 是否为 True 并输出 $z_j=Table_1[j]$。对于后 $j\in[\beta,s\times n]$ 个子电路，$P_1$ 输入 $Stash[\lceil j/n\rceil+1]$，$P_2$ 输入 $Table_2[(j\bmod n)+1]$，并执行相同的比较逻辑。

对于以上协议流程，在第 2）步中，调用 Batch-OPPRF 计算，hint 采用多项式会导致次数非常高，计算多项式系数会导致巨大开销，可通过将 $\beta$ 个分桶分为多个组，对每个组单独调用 OPPRF 来降低计算开销；在第 3）步中，每个子电路仅输入 $y_j^*$ 和 $t_j$ 的前 $\gamma$ 位，所以会有 $2^{-\gamma}$ 的误匹配（假阳性）率，电路整体的假阳性率为 $\beta\times 2^{-\gamma}=2(1+\varepsilon)n\times 2^{-\gamma}$。

该协议第 1）步中构造 Cuckoo Hashing 表时包含了 Stash 桶，将额外增加 $s\times n$ 个比较电路。因此，Pinkas 等人给出了一种双向执行的优化方案，使基础协议构造中可以不使用 Stash，通信复杂度达到线性 $O(n)$，且假阳性率可达到忽略不计的程度。优化方案的流程如下。

1）$P_1$ 作为接收方，$P_2$ 作为发送方，双方运行单向 OPPRF-PSI 的步骤 1）～2），记录 $P_1$ 插入 Cuckoo Hashing 表的元素集合为 $X_T$，并排除 Stash 桶。在该协议运行后，对于 $j \in [\beta]$ 分桶，$P_1$ 输出 OPPRF 结果 $y_j^*$，$P_2$ 输出目标值 $t_j$。

2）$P_1$、$P_2$ 互换角色后再执行单向 OPPRF-PSI 的步骤 1）～2），即 $P_1$ 作为发送方，$P_2$ 作为接收方，$P_1$ 输入 $X_S = X / X_T$，$P_2$ 输入 $Y$。在 $P_2$ 方构建 Cuckoo Hashing 表 $Y_T$，记录其 Stash 分桶 $Y_S$。相应的，对于 $j \in [\beta]$ 分桶，$P_2$ 输出 OPPRF 结果 $\bar{y}_j^*$，$P_1$ 输出目标值 $\tau_j$。

3）使用 $2\beta + s^2$ 个比较电路，在第 $j \in [\beta]$ 个比较电路中，$P_1$ 和 $P_2$ 分别输入 $y_j^*$ 与 $t_j$ 的前 $\gamma$ 位，在第 $j \in [\beta+1, \cdots,$ $2\beta]$ 个比较电路中，$P_1$ 和 $P_2$ 分别输入 $\tau_j$ 与 $\bar{y}_j^*$ 的前 $\gamma$ 位。在最后 $s^2$ 个比较电路中，分别输入 $X_S \times Y_S$ 的两两组合。

使用双向执行方案，其第 1）步和第 2）步可并行执行，不需要使用 Stash 桶。相比带 Stash 桶方案中的 $\beta + s \times n$ 个比较电路，优化后需要 $2\beta + s^2$ 个比较电路。在具体实现上，Pinkas 等人通过分析发现，为实现无 Stash 且达到 $2^{-40}$ 的假阳性率，需要将哈希函数设置为 3 个。

该方案也提供了开源实现：https://github.com/encryptogroup/OPPRF-PSI。

## 6.3　PIR 主要方案

PIR 有多种应用方式和实现方案。从应用方式上分类，按照查询是否需要实时响应，可分为离线 PIR 和在线 PIR，离线 PIR 适用于大批量数据查询，在线 PIR 一般有响应时间要求，适用于单次/小批量查询的在线 serving 形式。根据查询的请求信息，可将 PIR 分为基于索引的 PIR 和基于关键词的 PIR，基于索引的 PIR 需要客户端提前知道被检索数据在服务端的索引号，再通过不经意传输或同态加密方案匹配及返回检索数据。在实际的大部分场景中，客户端并不知道被检索数据的索引号，所以以基于关键词的 PIR 方式为主。从数据的安全保护方面来划分，PIR 可分为仅保护客户端查询数据的 PIR 和同时保护客户端查询数据和服务端数据的 PIR（又称为对称 PIR、Symmetric PIR 或 SPIR）。

根据实现方案，可按参与 PIR 的服务端的数量分为多服务器 PIR（Multi-Server PIR）和单服务器 PIR（Single-Server PIR），多服务器 PIR 通常基于信息论安全方案（Information-theoretic PIR，也称为 itPIR）实现，可达到更高的效率，但需要依赖多个服务器之间的不共谋假设，因此较难在实际中应用；而单服务器 PIR 通常使用基于密码学假设实现的计算安全方案（Computationally-secure PIR，也称为 cPIR）。

在 cPIR 方案中，根据服务端预处理是否需要客户端参与，又可分为无状态 PIR（Stateless PIR）和有状态 PIR（Stateful PIR），无状态 PIR 的客户端不需要存储任何信息即可发起查询，其一次查询在服务端一般有较大计算开销；有状态 PIR 可分为离线（offline）和在线（online）两个阶段，它将开销较大但与查询无关的计算在离线阶段完成，并将所查询数据库的 hint 发送给客户端，而在线阶段，客户端结合 hint 进行查询可大量减少服务端计算开销。

### 6.3.1　OT 方案

OT 由于其技术特性，可同时保护发送方发送消息和接收方的选择位，只要将发送方作为服务端，需要发送的消息作为被查询数据，将接收方作为客户端，需要查询的信息作为

（转换为）选择位，那么可自然地应用于 PIR。然而，OT 的接收方仅可使用被查询数据的索引下标，因此实际方案中通常会将关键词进行转换，得到需要查询的索引下标。

FATE 所提供的 Secure Information Retrieval（SIR）组件采用了 OT 方案，实现了离线大批量的 PIR。SIR 组件流程如图 6-4 所示，具体描述如下。

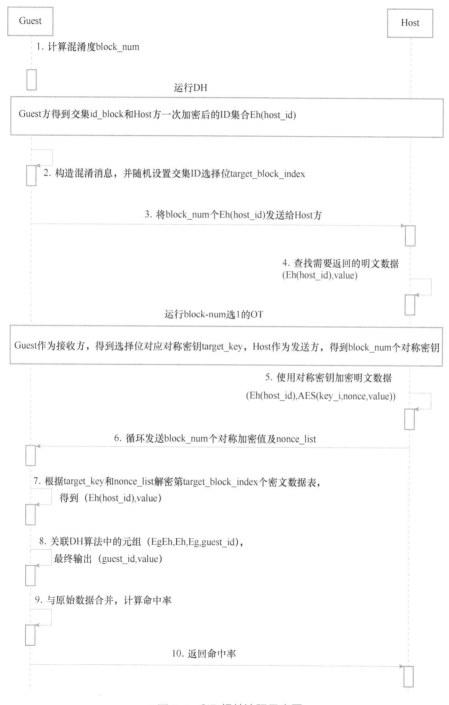

● 图 6-4　SIR 组件流程示意图

1）首先，将 Guest 作为客户端（OT 接收方），Host 作为服务端（OT 发送方）。在初始化时，根据组件配置的混淆度参数，可得到 1-out-of-$n$ 的 OT 的具体 $n$ 值。

2）双方通过 DH 密钥交换方案进行 PSI（参考 6.2.2 节），在 Guest 方得到两方的 ID 交集（二次加密后）id_block 和交集个数 intersect_count = | id_block |，然后 Guest 方根据 Host 二次加密与一次加密的映射，得到 Host 对应一次加密后的 ID 集合 Eh（host_id）。以该集合作为"关键词"，从 Host 方的所有一次加密的 ID 集合中采样 block_num-1 个大小和交集个数一样的集合作为"混淆关键词"（_fake_blocks 函数），与真实交集随机排列便得到了 block_num 个"关键词"和真实"关键词"的选择位（target_block_index）。

3）将 block_num 个"关键词"（id_block）发送给 Host 方，Host 方根据一次加密与原始 host_id 的映射，查找对应每个 id_block 集合的明文数据表。

4）双方运行 block-num 选 1 的 OT，Host 方将生成 block-num 个 AES 加密密钥，Guest 方将得到 target_block_index "关键词"的对应密钥 target_key。

5）Host 方使用 AES 密钥及对应 nonce 分别对 block-num 个集合的明文数据表进行加密，并将加密后的数据表及 nonce 列表发送给 Guest。

6）Guest 方解密第 target_block_index 个密文数据表，得到二次加密 ID 及其明文数据，根据前面 DH-PSI 中的映射关系，通过 join 操作得到二次加密 ID 对应的明文 guest_id 集合，合并原始数据表，即得到所有查询命中的 ID 集合及其在服务端的数据。最后，将命中率返回给服务端，算法结束。

OT 方案同时适用于在线 PIR。在线 PIR 一般不经过安全求交过程，而是将服务端的 ID 集合进行哈希编码 $H: \{0,1\}^* \rightarrow \{0,1\}^\lambda$，客户端查询时将关键词 key 也进行哈希编码，然后根据所配置混淆度 $n$，生成 $n-1$ 个长度为 $\lambda$ 的随机字符串并与关键词 key 进行混淆，接着可运行 1-out-of-$n$ 的 OT，服务端得到 $n$ 个密钥并加密数据后发送给客户端，客户端得到 1 个密钥并对密文数据进行解密。该种方案的较大问题是混淆度一般较低，且随着混淆度参数的增大，客户端通信开销也在增大。

## 6.3.2 全同态加密方案 XPIR

早期的无状态 PIR 构造方法基于 Kushilevitz 和 Ostrowsky 提出的框架，使用同态加密技术保护客户端查询信息，客户端无须存储任何信息即可发起查询，其大致流程如下。

1）对于服务端存储 $n$ 条记录的数据库 DB，客户端为获取第 $i$ 个数据库元素 DB[$i$]，将 $m$ 个同态加密密文向量 $v$ 发送给服务端，密文向量中的 $v[i]$ 为 1 的加密密文，其他位置为 0 的加密密文。

2）服务端返回向量 $w$，其中 $w[j] = v[j] \times DB[j], j \in [n]$，其中×为标量乘法。

3）客户端解密 $w[i]$ 后可得到 DB[$i$]。

显然，该方案需要下载 $m$ 大小的数据库密文，且服务端需要执行 $O(n)$ 的加密操作，导致巨大的计算开销。另外，该方案无法保护服务端的数据安全。2016 年，Aguilar Melchor 等人在发表的论文 *XPIR: Private Information Retrieval for Everyone* 中提出了一种基于格密码学的全同态加密算法（BV）构造的高效的单服务器 PIR 方案 XPIR，该方案中首先介绍了如何基于 Ring-LWE 对称加密方案导出 Ring-LWE（Ring-Learning With Error）公钥加密方案，使用函数定义形式给出了 cPIR 的基础范式。

  1）Setup（DB）：基于安全参数 $k$ 构建加密系统实例，得到公钥 pk 和私钥 sk。

  2）Query.Gen（pk，idx，$n$）：客户端第 idx 个元素的查询生成函数。

  ① 从 1 到 $n$ 生成查询元素，对于第 $i$ 个查询 $q_i$：

- 若 $i \neq \text{idx}$，生成 0 的随机密文 Enc(pk,0)；
- 若 $i = \text{idx}$，生成 1 的随机密文 Enc(pk,1)。

  ② 发送排序集合 $\{q_1, \cdots, q_n\}$ 到服务端。

  3）Reply.Gen（$\{q_1, \cdots, q_n\}$，DB）：服务端响应/回答生成函数。

  ① 对于查询 1 到 $n$，计算 $R_i = \text{db}_i \times q_i$（此处忽略原文中查询密文无法吸收过大 $\text{db}_i$ 问题）。

  ② 返回 $R = \sum\limits_{i=1}^{n} R_i$。

  4）Reply.Extract（sk，$R$）：解密 Dec($R$,sk)。

  该方案在性能上的优化主要有两点，第一是使用数论变化-孙子剩余定理（NTT-CRT）优化 Ring-LWE 中的多项式乘法，第二是考虑查询元素（64bit）被多次作为乘数，且与被乘数（64bit）进行乘法操作后需要进行求模（mod $q$），因此可使用位移操作将查询元素扩展到 128bit 空间，然后预计算其求模结果，这样在后续的多次乘法中可通过简单算法对模乘进行加速。虽然以上优化减少了大量计算开销，但其查询的密文条数仍为 $n$ 条，返回密文大小为 $l \times F$（$l = |DB[i]|$，$F$ 为密文数据膨胀系数）。

  为了减小客户端查询密文数，XPIR 论文参考了 J.P.Stern 于 1998 年提出的一种查询压缩方案。可将服务单数据库分解为一个矩阵 $M_{\sqrt{n} \times \sqrt{n}}$，然后将客户端查询位置分解为矩阵下标索引 $DB[\text{idx}] = M_{[r,c]}$，则客户端查询密文数可降低到 $2 \times \sqrt{n}$ 条。该优化方式可继续递归进行，以 $d$ 为数据库分解维度，则客户端查询密文数可降低到 $d \times n^{1/d}$ 条，服务端 Reply.Gen 返回密文结果大小接近为 $F^d \times l$。例如，对于服务端包含一百万条（$10^6$）密文的数据库，若单条密文膨胀系数 $F = 2$，当维度 $d = 2$ 时，则客户端仅需要发送 $2 \times 1000$ 条查询密文，服务端返回结果膨胀系数为 4；当维度 $d = 3$ 时，则客户端仅需要发送 $3 \times 100$ 条查询密文，服务端返回结果膨胀系数为 8。

  XPIR 的优化使基于 Ring-LWE 的 cPIR 达到实际可用状态，是一个里程碑式的进展。然而，其网络开销仍是数据库大小的次线性复杂度。在后续的研究中，许多基于 Ring-LWE 的全同态加密方案被提出用于改进 XPIR，其中比较著名且开源的有 SealPIR（https://github.com/microsoft/SealPIR）、OnionPIR（https://github.com/encryptogroup/onionPIR）、Labeled PSI（https://github.com/microsoft/APSI）、FastPIR（https://github.com/ishtiyaque/FastPIR）、Spiral（https://github.com/menonsamir/spiral）等。

## 6.3.3 全同态加密方案 SealPIR

  Angel 等人在 2018 年发表的论文 *PIR with compressed queries and amortized query processing* 中提出了一种更高效的查询方案——SealPIR。SealPIR 对查询压缩使用了一种完全不同的优化方式，与 XPIR 需要发送查询密文向量不同，它可使客户端仅需要 1 条查询密文就对需要查询的下标位置编码进行加密，然后在客户端执行一种不经意扩展算法，将 1 条查询密文安全地扩展为 $n$ 条查询密文，然后服务端可像 XPIR 一样继续执行后续协议。相对 XPIR，

SealPIR 的客户端查询密文大小可达到 274 倍压缩比，且客户端的 Query.Gen 计算开销减小为原来的 1/16.4，其服务端用于扩展算法的计算开销仅增加了 11%~24%。SealPIR 的优化方案使客户端和服务端的计算开销达到较好的平衡（trade-off）。

与 XPIR 使用的同态加密方案不同，SealPIR 使用了微软全同态加密库 Seal 中提供的 Fan-Vercauteren 同态加密方案（FV-FHE），Seal 向 FV-FHE 提供了一种称为 $k$-置换（Substitution，Sub）的同态操作，给定密文 $c$ 对应的明文多项式 $p(x)$ 和奇数 $k$，置换操作可返回 $Sub(c,k)=Enc(p(x^k))$。例如，密文 $c$ 对应明文多项式 $p(x)=7+x^2+2x^3$，$k=3$，则进行 3-置换操作后可得 $Sub(c,3)=7+x^6+2x^9$。

查询扩展算法的实现依赖于同态置换操作，为检索服务端第 $i$ 条数据，客户端可将其查询表达为单项式 $x^i$，$i\in[0,n-1]$，然后客户端发送 $query=Enc(x^i)$ 到服务端，服务端即可执行同态置换操作进行扩展。以服务端有两条数据为例，服务端收到 query 后，首先将它扩展为两条密文 $c_0=query$ 和 $c_0=query\times x^{-1}$，则

$$c_0=\begin{cases}Enc(1), & i=0\\ Enc(x), & i=1\end{cases}$$

$$c_1=\begin{cases}Enc(x^i\times x^{-1})=Enc(x^{-1}), & i=0\\ Enc(x^i\times x^{-1})=Enc(1), & i=1\end{cases}$$

然后服务端计算 $c_j'=c_j+Sub(c_j,N+1)$，其中 $N$ 为 FV-FHE 的多项式商环的不可约多项式最高次数，由 $x^N+1\equiv0\ (modx^N+1)$ 可推导得到 $x^{N+1}\equiv-x\ (modx^N+1)$，则对 $p(x)$ 密文进行 $N+1$-同态置换将得到 $p(-x)$ 的密文，因此可得

$$c_0'=\begin{cases}Enc(1)+Enc(1)=Enc(2), & i=0\\ Enc(x)+Enc(-x)=Enc(0), & i=1\end{cases}$$

$$c_1=\begin{cases}Enc(x^{-1})+Enc(-x^{-1})=Enc(0), & i=0\\ Enc(1)+Enc(1)=Enc(2), & i=1\end{cases}$$

若 FV-FHE 明文多项式环系数 $t$ 为奇数，则可计算 2 在 $t$ 上的逆元 $\alpha$，同样将 $\alpha$ 在明文多项式环上编码，并计算 $o_j=\alpha c_j'$，则可得到扩展算法期望输出结果，$o_i$ 为 1 的密文，$o_{1-i}$ 为 0 的密文。

显然，可将以上方法扩展到任何 2 次幂的 $N$ 上，则对于包含 $n\leq N$ 条数据的数据库，可使用该算法对客户端密文进行扩展，并将前 $n$ 条密文作为客户端查询密文向量。$n$ 条数据的扩展算法的伪代码如下。

```
function Expand(query=Enc(x^i))
    找到最小的 m=2^l,使 m≥n
    初始化密文向量 ciphertexts=[query]
    //外层循环每次将 ciphertexts 的长度扩大 2 倍,且仅有 1 条密文为非 0 多项式的加密结果
    for j=0 to l-1:
        for k = 0 to 2^j-1:
            c_0 =ciphertexts[k]
            c_1 = c_0 × x^{-2^j}
            c'_k = c_0 +Sub(c_0 , N/2^j +1)
            c'_{k+2^j} = c_1 +Sub(c_1 , N/2^j +1)
        ciphertexts=[c'_0 ,…,c'_{2^{j+1}-1}]
    //第 j 个位置为 m 的加密结果,其他位置为 0 的加密结果,因此需要求逆元
    inverse=m^{-1}(modt)
```

```
for j=0 to n-1:
    o_j=ciphertexts[j]×inverse
    return output=[o_0,···,o_n]
```

以 $n=4$，$i=2$ 为例，扩展算法流程示意图如图 6-5 所示。

如图 6-5 所示，对第 2 个元素进行索引，则初始化时明文多项式为 $x^2$ 的加密值，每个数组代表了明文多项式对应系数（服务端为密文状态），在进行两次扩展后，得到 4 条密文，最后通过求逆元得到第 2 个多项式为非 0 多项式的密文。

对于超大规模数据库，SealPIR 提供两种优化方式，第一种是先简单地使用多条查询密文，再在服务端扩展后进行拼接；第二种是使用和 XPIR 一样的密文压缩优化方式，将数据库看作 $d$ 维超立方体以进行查询，然

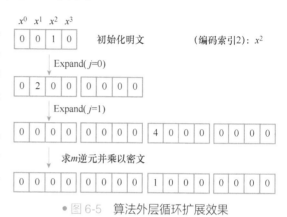

$x^0\ x^1\ x^2\ x^3$

| 0 | 0 | 1 | 0 | 初始化明文 　（编码索引2）：$x^2$

Expand($j=0$)

| 0 | 2 | 0 | 0 | 0 | 0 | 0 | 0 |

Expand($j=1$)

| 0 | 0 | 0 | 0 | 0 | 0 | 0 | 0 | 4 | 0 | 0 | 0 | 0 | 0 | 0 | 0 |

求 $m$ 逆元并乘以密文

| 0 | 0 | 0 | 0 | 0 | 0 | 0 | 0 | 1 | 0 | 0 | 0 | 0 | 0 | 0 | 0 |

● 图 6-5　算法外层循环扩展效果

而，对于超立方体中的每个子集，SealPIR 仅需要发送 1 条查询密文，因此，可将 XPIR 中的压缩比例从 $d×n^{1/d}$ 减少到 $d×\lceil n^{1/d}/N\rceil$。以 $N=4096$，$d=2$，$n=2^{30}$ 为例，每个维度仅需要 $2^{15}/4096=8$ 条密文，即总共需要 16 条密文就可检索超过 10 亿条数据。

虽然上面的优化减少了客户端的通信开销，但服务端的计算开销仍与数据库的大小线性相关。SealPIR 的第二个贡献是提出了一种新的 multi-query（单次交互多个查询、mPIR）技术，可将同一个客户端的多个查询在服务端进行分摊优化，降低了服务端的计算开销。multi-query 使用了基于概率的批量编码（Probabilistic Batch-Codes，PBC）技术，并且使 SealPIR 支持关键词查询。

一个参数为 $(n,m,k,b,p)$ 的 PBC，输入包含 $n$ 个元素的集合 DB，输出 $b$ 个桶 $C_0,···,C_{b-1}$，共 $m=\sum_{i=0}^{b}|C_i|$ 个编码，对于 $k$ 个查询，每个分桶最多返回 1 个编码。可使用 Encode、GenSchedule、Decode 三个函数定义。

1）$C_0,···,C_{b-1}\leftarrow$Encode(DB)：给定包含 $n$ 个元素的集合 DB，输出 $b\geq k$ 个桶，每个桶包含 0 或多个编码，所有编码的个数为 $m=\sum_{i=0}^{b}|C_i|$。

2）$|\sigma,\perp|\leftarrow$GenSchedule($I$)：给定包含 $k$ 个 DB 中元素位置的索引集合 $I$，输出一个 schedule $\sigma\rightarrow|\{0,···,b-1\}|^{|k|}$，对于每个位置 $i\in I$，schedule $\sigma$ 使用位置分配算法给出其检索数据对应分桶的索引。GenSchedule 执行失败的概率为 $p$，此时每个位置 $i\in I$ 都被分配至少 1 个分桶中，任何分桶都无法再次被使用，执行失败时输出 $\perp$。

3）element←Decode($W$)：给定包含 $w$ 个编码的集合 $W$，输出编码属于 DB 中的元素。

PBC 编码方案可用多种数据结构实现，其中一种与 KKRT 的 PSI 方案类似，使用 Cuckoo Hashing 数据结构，以服务端作为 PCB.Encode 的生产者，以客户端作为 PCB.GenSchedule 的消费者，定义 $w$ 个哈希函数 $h_0,···,h_{w-1}$。一个 PBC 实例可按照如下方式构造。

1）Encode（DB）：对于 DB 中的 $n$ 个元素，每个元素都用 $w$ 个哈希函数 $h_0,···,h_{w-1}$ 进行编码并分配到 $b$ 个分桶，共得到 $m=wn$ 个编码。

2）GenSchedule（$I$）：客户端给定包含 $k$ 个索引的集合 $I$，使用 Cuckoo Hashing 表将索

引分配到 $b$ 个桶（不足则插入 dummy value）。

3）Decode（$W$）：由于 DB 中的元素被 $w$ 个哈希函数编码，并被分配到所有可能的候选分桶，而 $\sigma$ 中的每个分桶都仅包含 1 个编码，因此 Encode 返回 $\sigma$ 分桶对应的 1 个编码即可。

多项研究结果表明，当 $w=3$，$b=1.5k$，$k \geqslant 200$ 时，其失败概率 $p=2^{-40}$。最后，给出 $w=2$，$n=3$，$k=2$ 时的简单流程如图 6-6 和图 6-7 所示。

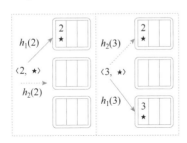

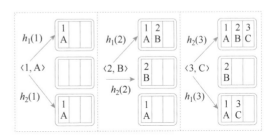

● 图 6-6　消费者构建 Cuckoo Hashing（★ 为用于检索数据而插入的任意值）

● 图 6-7　生产者对元素多次编码

使用 PBC 技术，服务端可将其所有数据编码到 $b$ 个分桶中，客户端查询 $k$ 个数据需要给出 $b$ 个分桶中的索引对应位置，构造大小为 $b$ 的查询密文向量，而服务端在 $b$ 个分桶上分别运行 Reply.Gen，返回给客户端，客户端解密查询对应 $k$ 个分桶，并抽取对应位置数据，即可得到结果。然而，客户端查询实际位置如何与具体分桶位置对应这个问题并未解决，SealPIR 中给出了多个可选方案，下面介绍其中 3 个。

1）完全二叉树搜索方案：服务端根据关键词和数据构建完全二叉树，客户端根据待查询关键词使用逐层搜索方式进行 PIR 查询。

2）布隆过滤器方案：服务端将每条记录的位置下标和关键词拼接后作为元素插入布隆过滤器，并发送给客户端，客户端使用遍历下标与待查询关键词进行拼接，对布隆过滤器进行元素测试，命中即得到关键词对应的位置下标。

3）随机预言机方案：客户端和服务端共享随机种子，然后客户端可直接构造预言机，模拟服务端插入 $n$ 个位置数据的过程，这样便可得到所需查询位置在对应 Cuckoo Hashing 分桶中的位置。

**1. 实现**

SealPIR 实现依赖于微软全同态加密库 Seal，协议中最复杂的组件是 EXPAND（扩展算法），它依赖于 Seal 库的同态置换操作，该操作通过移植 Seal 中的伽罗瓦群作用算法实现。在 SealPIR 中，一个 FV 的明文多项式使用 64bit 整数向量表示，且每个整数需要进行模 $t$ 操作，分别代表多项式的每个系数。显然，对于服务端的数据 $e \in$ DB，每个系数可存储 $e$ 中 $\log_2(t)$ 位，当 $e$ 比较小时，可将多个元素打包到一个明文多项式中来进行批量计算，以减少计算开销。

在 FV-FHE 中，对于模幂运算 $2^l \bmod 2^y = 1 \bmod 2^{y-l}$（当 $y \geqslant l$ 时），可对 EXPAND 函数中的密文与 $m=2^l$ 的逆元的乘法进行优化，直接将明文模数从 $t=2^y$ 改为 $t=2^{y-l}$，即可得到密文与 $m$ 的逆元的乘法结果。使用这个优化，要求 $t$ 可被 $m$ 整除（而非奇数）。还有一点，服务端的 FV 明文多项式能打包的数据量会变小。合理的 $t'$ 值计算方式如下。

$$\log(t') + \left\lceil \log\left( \sqrt[d]{n_{fv}} \right) \right\rceil \leq \log(t)$$

$$n_{fv} = \lceil n/\alpha \rceil$$

$$\alpha = \lfloor N\log(t')/\beta \rfloor$$

其中，$\alpha$ 是每个明文多项式能打包大小为 $\beta$ 位的元素的个数，$n_{fv}$ 是表达 $n$ 个大小为 $\beta$ 位元素所需的明文多项式的个数。

SealPIR 也支持 multi-query PIR（mPIR），mPIR 使用了 5 个位置分配算法来实现不同 PCB 构造。

2. 安装

首先通过 git clone 命令复制 Seal 仓库，接着使用 git checkout 命令切换到 4.0.0 分支，然后使用 cmake 命令进行构建、编译和安装。

```
git clone git@ github.com:microsoft/SEAL.git
 $git checkout 4.0.0
 $cmake -S .-B build
-- Build type (CMAKE_BUILD_TYPE): Debug
-- Adding CXX compiler flag: -Wall ...
-- Performing Test flag_supported
-- Performing Test flag_supported - Success
-- Adding CXX compiler flag: -Wextra ...
-- Performing Test flag_supported
...
-- SEAL_BUILD_BENCH: OFF
-- Configuring done
-- Generating done
-- Build files have been written to: /Users/xxx/xxx/xxx/SEAL/build
 $cmake --build build
Consolidate compiler generated dependencies of target libzstd_static
Consolidate compiler generated dependencies of target libzstd_static
[  1% ] Building C object thirdparty/zstd-build/lib/CMakeFiles/libzstd_static.dir/__/__/__/
lib/common/debug.c.o
[  2% ] Building C object thirdparty/zstd-build/lib/CMakeFiles/libzstd_static.dir/__/__/__/
lib/common/entropy_common.c.o
[  3% ] Building C object thirdparty/zstd-build/lib/CMakeFiles/libzstd_static.dir/__/__/__/
lib/common/error_private.c.o
...
[ 96% ] Building CXX object CMakeFiles/seal.dir/native/src/seal/util/uintcore.cpp.o
[ 97% ] Building CXX object CMakeFiles/seal.dir/native/src/seal/util/ztools.cpp.o
[ 97% ] Linking CXX static library lib/libseal-4.0.a
 $sudo cmake --install build
Password:
-- Install configuration: "Debug"
-- Installing: /usr/local/include/SEAL-4.0/seal/util/config.h
-- Installing: /usr/local/lib/libseal-4.0.a
...
-- Installing: /usr/local/include/SEAL-4.0/seal/util/uintarithsmallmod.h
-- Installing: /usr/local/include/SEAL-4.0/seal/util/uintcore.h
-- Installing: /usr/local/include/SEAL-4.0/seal/util/ztools.h
```

首先利用 git clone 命令复制 SealPIR，然后使用 cmake 命令进行项目构建、编译和测试。

```
$git clone https://github.com/microsoft/SealPIR
$cmake.
-- Looking for C++ include pthread.h
-- Looking for C++ include pthread.h - found
-- Performing Test CMAKE_HAVE_LIBC_PTHREAD
-- Performing Test CMAKE_HAVE_LIBC_PTHREAD - Success
-- Found Threads: TRUE
-- Microsoft SEAL -> Version 4.0.0 detected
-- Performance warning: Microsoft SEAL compiled in debug mode
-- Microsoft SEAL -> Targets available: SEAL::seal
-- Configuring done
-- Generating done
-- Build files have been written to: /xxx/xxx/xxx/c/SealPIR
 $ make
[  5% ] Building CXX object src/CMakeFiles/sealpir.dir/pir.cpp.o
[ 11% ] Building CXX object src/CMakeFiles/sealpir.dir/pir_client.cpp.o
[ 16% ] Building CXX object src/CMakeFiles/sealpir.dir/pir_server.cpp.o
...
[ 88% ] Built target query_test
[ 94% ] Building CXX object
test/CMakeFiles/coefficient_conversion_test.dir/coefficient_conversion_test.cpp.o
[100% ] Linking CXX executable ../bin/coefficient_conversion_test
[100% ] Built target coefficient_conversion_test
 $ctest .
Test project /xxx/xxx/xxx/xxx/SealPIR
1/6 Test #1: coefficient_conversion_test ......  Passed    0.00 sec
    Start 2: expand_test
2/6 Test #2: expand_test .....................  Passed    0.16 sec
    Start 3: query_test
3/6 Test #3: query_test ......................  Passed  179.61 sec
    Start 4: simple_query_test
4/6 Test #4: simple_query_test ...............  Passed  119.30 sec
    Start 5: replace_test
5/6 Test #5: replace_test ...................  Passed  169.59 sec
    Start 6: decomposition_test
6/6 Test #6: decomposition_test ..............  Passed    0.08 sec
100% tests passed, 0 tests failed out of 6
Total Test time (real) = 468.76 sec
```

以上测试也可通过在 ./bin 目录下执行对应可执行文件实现，可看到更详细的测试输出信息。

项目提供的默认参数包括：BFV 多项式最高次数 $N=4096$，明文多项式模数 $t=2^{20}$，每个密文可加密 20×4096bit（10KB）大小的数据，当数据库中每条记录的大小为 1KB 时，可同时将 10 条记录打包到明文多项式，当每条记录的大小为 20KB 时，需要两个 BFV 明文多项式。超级立方体的维度默认为 $d=2$。与 XPIR 不同，在 SealPIR 中，由于采用了 EXPAND 方法，因此，当数据记录条数小于 $N$ 时，增加 $d$ 反而会增加通信量，当数据库的记录条数远远大于 $N$ 时，$d=2$ 可以降低通信量，客户端的 $d$ 条查询可检索服务端的 $N^d$ 条数据。从测试中可以发现，$d>2$ 时无法获得更多通信开销方面的优化。

### 6.3.4　FrodoPIR

Brave 软件公司的 Davidson 等人于 2022 年设计了一种基于决策的 LWE 问题（Decisional Learning With Error problem）的有状态 cPIR 方案——FrodoPIR（https://github.com/brave-experiments/frodo-pir）。FrodoPIR 支持离线阶段的客户端完全独立设置，加上在线阶段很小的通信和计算开销，使服务端相对之前的 PIR 方案花费更少的平摊费用。FrodoPIR 在性能上也有较大提升，对于 100 万条 1KB 大小的记录，它响应 1 个客户查询的时间可控制在 1s 之内，且响应大小的膨胀系数在 3.6 以下，仅需要在亚马逊服务器上花费 1 美元即可响应十万条客户查询。FrodoPIR 也在 Brave 浏览器上实现了多个安全查询应用，如密码检查器、URL 安全检测等。

**1. 原理**

FrodoPIR 中的基于决策的 LWE 问题，等价于由 Regev 提出的素数模数下的搜索版本的 LWE 问题，后期被证明等价于任意模数下的 LWE 问题。该问题可进行如下简要定义：对于某个分布 $\chi$，参数 $q,n,m>0$，且依赖于参数 $\lambda$，基于决策的 LEW 问题 $\mathrm{LWE}_{q,n,m,\chi}$ 希望将以下矩阵和向量进行区分

$$(\boldsymbol{A},\boldsymbol{s}^{\mathrm{T}}\cdot\boldsymbol{A}+\boldsymbol{e}^{\mathrm{T}})\in\mathbb{Z}_q^{n\times m}\times\mathbb{Z}_q^{m}$$

$$(\boldsymbol{A},\boldsymbol{\mu})\in\mathbb{Z}_q^{n\times m}\times\mathbb{Z}_q^{m}$$

其中 $\boldsymbol{A}\leftarrow\mathbb{Z}_q^{n\times m}$，$\boldsymbol{s}^{\mathrm{T}}\leftarrow(\chi)^n$，$\boldsymbol{e}^{\mathrm{T}}\leftarrow(\chi)^m$，$\boldsymbol{\mu}\leftarrow\mathbb{Z}_q^{m}$。通过合理选择分布 $\chi$（如小的高斯分布），$\mathrm{LWE}_{q,n,m,\chi}$ 可规约到格问题上的最坏情况难度假设，即使在量子计算机上也能保持安全。

基于以上 LWE 问题，FrodoPIR 构造的整体流程如图 6-8 所示。

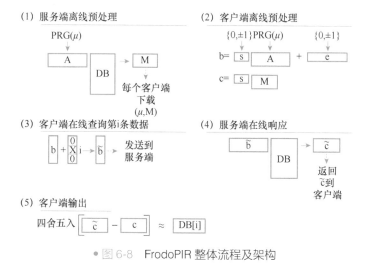

● 图 6-8　FrodoPIR 整体流程及架构

**2. 离线阶段**

服务端使用一个随机种子 $\mu\in\{0,1\}^\lambda$ 为随机数生成器函数 PRG 生成矩阵 $\boldsymbol{A}\leftarrow$ PRG $(\mu,n,m,q)\in\mathbb{Z}_q^{n\times m}$，将 $\rho$ 作为矩阵每个元素可打包的数据位大小，则对包含 $m$ 条记录且每条记录的数据大小为 $w$ 的数据库 DB 进行编码可得到编码矩阵 $\boldsymbol{D}\in\mathbb{Z}_\rho^{m\times\omega}$（其中 $\omega=\lceil w/\log(\rho)\rceil$），服务端存储 $\boldsymbol{D}$ 作为后续用于计算的数据库矩阵。然后，服务端计算 $\boldsymbol{A}\cdot\boldsymbol{D}=$

$M \leftarrow \mathbb{Z}_q^{m \times \omega}$，生成 LWE 公共参数 $(\mu, M)$ 并公开发布。通过以上离线处理，服务端的数据量被压缩，且压缩后的数据 $M$ 与原始数据库 DB 的大小不呈线性关系，$M$ 的大小仅与受安全参数 $\lambda$ 控制的参数 $n$ 有关，压缩系数大约为 $m/\lambda$。

每个客户端都从服务端下载公共参数 $(\mu, M)$，并和服务端一样生成矩阵 $A \leftarrow \mathrm{PRG}(\mu, n, m, q) \in \mathbb{Z}_q^{n \times m}$，然后根据分布 $\chi$ 随机采样 $C$ 个密钥向量 $s_j \leftarrow (\chi)^n$ 和噪声向量 $e_j \leftarrow (\chi)^m$，$j \in [C]$，并对每个密钥向量和噪声向量进行计算

$$b_j = s_j^{\mathrm{T}} \cdot A + e_j^{\mathrm{T}} \in \mathbb{Z}_q^m$$
$$c_j = s_j^{\mathrm{T}} \cdot M \in \mathbb{Z}_q^{\omega}$$

客户端存储以上预处理查询参数对 $X = (b_j, c_j)$，$j \in [C]$，该预处理查询参数可被看作客户端所保存的状态 st，st 未使用后续在线阶段进行检索所需的下标，因此可认为它与实际需要检索的下标是无关的。

**3. 在线阶段**

若客户端需要查询服务端下标为 $i$ 的数据，则首先生成向量 $f_i = (0, \cdots, 0, q/\rho, 0, \cdots, 0)$，然后从 st 中随机弹出一个预处理查询参数对 $(b, c)$，对生成向量 $f_i$ 进行加密，得到 $\tilde{b} = b + f_i \in \mathbb{Z}_q^m$，然后将 $\tilde{b}$ 作为查询向量发送给服务端。

服务端接收到客户端查询向量 $\tilde{b}$，与数据库编码矩阵 $D$ 共同计算返回值 $\tilde{c} = \tilde{b}^{\mathrm{T}} \cdot D \in \mathbb{Z}_q^{\omega}$，将它发送给客户端。

客户端使用预计算查询参数对 $\tilde{c}$ 进行解密，计算 $x = \lfloor c - \tilde{c} \rceil_\rho \in \mathbb{Z}_\rho^{\omega}$，即得到待查询位置数据。其正确性验证如下

$$\begin{aligned}
x &= \lfloor c - \tilde{c} \rceil_\rho \\
&= \lfloor (s^{\mathrm{T}} \cdot A + e^{\mathrm{T}} + f_i^{\mathrm{T}}) \cdot D - (s^{\mathrm{T}} \cdot A \cdot D) \rceil_\rho \\
&= \lfloor (e + f_i)^{\mathrm{T}} \cdot D \rceil_\rho
\end{aligned}$$

由于 $\lfloor f_i^{\mathrm{T}} \cdot D \rceil = D[i] \in \mathbb{Z}_\rho^{\omega}$，$D[i]$ 为数据库的第 $i$ 条数据，因此

$$\lfloor (e + f_i)^{\mathrm{T}} \cdot D \rceil_\rho = \lfloor f_i^{\mathrm{T}} \cdot D \rceil_\rho$$

的计算结果即为客户端所检索的正确的数据。客户端输出正确数据需要确保 $q \geqslant 8\rho^2 \sqrt{m}$，详细证明，读者可参考 FrodoPIR 相关论文。

**4. 参数配置**

FrodoPIR 给出了数据库在不同数据大小下进行 PIR 的推荐参数，见表 6-1。

表 6-1　PIR 推荐参数表

| $q$ | $2^{32}$ | $2^{32}$ | $2^{32}$ | $2^{32}$ | $2^{32}$ |
| :---: | :---: | :---: | :---: | :---: | :---: |
| $n$ | 1774 | 1774 | 1774 | 1774 | 1774 |
| $m$ | $2^{16}$ | $2^{17}$ | $2^{18}$ | $2^{19}$ | $2^{20}$ |
| $\rho$ | $2^{10}$ | $2^{10}$ | $2^{10}$ | $2^{9}$ | $2^{9}$ |
| $\kappa$ | 13.028 | 26.056 | 52.112 | 93.802 | 187.603 |
| $\lambda$ | 128 | 128 | 128 | 128 | 128 |

表中 $\kappa = (\log(\rho) \cdot m)/(n \cdot \log(q))$ 为服务端原始数据大小与客户端下载数据大小的压

缩比，默认推荐安全参数为 128 位（适用于 $2^{52}$ 次客户端查询），安全性可通过增大 LWE 维度 $n$ 得到增强，但会降低压缩比 $\kappa$。可以看到，当 $m$ 增加到超出 $2^{20}$ 时，压缩比 $\kappa$ 可以达到很高，然而，此时对在线阶段的性能却会产生影响，因为在线阶段的查询向量 $\tilde{b}$ 的长度与 $m$ 线性相关，因此 $m$ 的增大会使在线阶段的查询数据量增大，导致网络延时增大。因此，当 $m$ 增大时，一种经典的优化方式是对服务端数据进行分片，即将数据分为 $s$ 个分片，每个分片的大小为 $m/s$，客户端可以按照相同的查询过程对每个分片进行并行查询。另外，分片方式可以使服务端数据可更新，当新数据插入时，仅会在某几个分片上进行更新，相对无分片方式，大大节省了离线阶段的运行时间。当客户端存储资源有限时，也可以不进行离线阶段的预计算，而在发起查询时再执行。

FrodoPIR 方案的基础原理和其他基于 RLWE 的 PIR 方案类似，其关键不同点在于它使用安全的、客户端无关的预计算阶段。$C$ 个客户端对服务端中包含 $m$ 条数据的数据库进行隐匿查询，FrodoPIR 与其他 PIR 方案在客户端、服务端上的计算和通信等开销的对比分别见表 6-2 和表 6-3。

表 6-2　客户端开销对比表

| 方　　案 | 安 全 假 设 | 通　　信 | | 计　　算 | | 存　　储 |
|---|---|---|---|---|---|---|
| | | 离　　线 | 在　　线 | 离　　线 | 在　　线 | |
| 无状态 | RLWE | — | $m$ | — | $m$ | |
| PSIR | RLWE | — | 1 | $m$ | $\sqrt{m}$ | $\sqrt{m}$ |
| SOnionPIR[1] | RLWE | $\sqrt{m}$ | 1 | $k\sqrt{m}$ | $k$ | $\sqrt{m}$ |
| CHKPIR[2] | RLWE | $\sqrt{m}$ | $\sqrt{m}$ | $\sqrt{m}$ | $\sqrt{m}$ | $\sqrt{m}$ |
| FrodoPIR | LWE | — | $m$ | $m$ | 1 | $\lambda\sqrt{m}$ |

[1] OnionPIR：Response efficient single-server PIR 中的有状态 PIR 模式。

[2] Corrigan-Gibbs、Henzinger、Kogan 三人提出的 PIR 方案：Single-server private information retrieval with sublinear amortized time。

表 6-3　服务端开销对比

| 方　　案 | 通　　信 | | 计　　算 | | AWS EC2 云计算成本/美元 |
|---|---|---|---|---|---|
| | 离　　线 | 在　　线 | 离　　线 | 在　　线 | |
| 无状态 | — | 1 | — | $m$ | $5.2\times10^{-3}$ |
| PSIR | $|DB|/\sqrt{m}$ | 1 | — | $m$ | $8.8\times10^{-5}$ |
| SOnionPIR | $\sqrt{m}$ | 1 | $\sqrt{m}$ | $m$ | $6.4\times10^{-4}$ |
| CHKPIR | $\sqrt{m}$ | 1 | $\sqrt{m}$ | $\sqrt{m}$ | $8.8\times10^{-5}$ |
| FrodoPIR | $\lambda\sqrt{m}$ | 1 | $\sqrt{m}/C$ | $m$ | $1.9/C\times10^{-2}+1.3\times10^{-5}$ |

注：其中云计算成本为 $2^{20}$ 条 1KB 大小的数据库记录，分摊到每个客户端的每条查询上的成本。

# 第7章  隐私保护的安全联合分析

## 7.1  安全联合分析概述

在前面章节中，我们主要介绍了安全机器学习建模（联邦学习、安全多方计算）、安全查询（隐匿查询）、安全求交等场景。在实际业务中，还存在一个隐私计算需要解决的重大场景——安全联合分析（Secure Collaborative Analytics），而数据分析通常在实际业务的智能决策/分析中占较大比重，如跨医院的病例/药物分析、跨银行的欺诈检测、集团子公司间的业务指标对比等。由于数据隐私保护、安全合规或商业竞争等问题，无法直接将多方数据共享以进行分析，因此使用隐私保护技术来实现安全的多方安全联合分析具有重大价值，可在保护各方原始数据的前提下得到联合分析结果，使参与方均能从数据中受益。

近几年，多个安全联合分析技术被提出，如 Secrecy、Senate、Conclave、SMCQL 等，这些技术通常将混淆电路/秘密共享作为后端分析计算引擎，对 SQL 执行计划进行优化，以减少对安全计算的使用为目标，具有一定的实用性。联合分析整体流程通常以 SQL/类 SQL 查询作为输入，分析框架首先对 SQL 查询进行语法解析、执行计划优化、生成查询任务树/DAG 图，再对 DAG 图进行子图划分，生成多阶段的执行代码，然后进行分阶段编译，分发执行任务，最后在多个参与方分别执行，得到输出结果。

遗憾的是，目前仅有部分安全联合分析技术方案进行了开源，本章将以经典的开源项目 SMCQL 和 Conclave 为例，对安全联合分析技术进行介绍。由于这两个开源项目的开源时间较早，目前已有很多新的框架可以对其后端安全多方计算引擎进行替换，因此，深入分析这两个开源项目，可以帮助我们对它们进行优化和适配新框架。

## 7.2  SMCQL

Bater 等人在 2017 年发表了文章 *SMCQL：Secure Querying for Federated Databases*，文中提出了一种隐私数据网络（Private Data Network，PDN），用于对多方互不信任的参与者之间的联合数据库进行查询，其开源项目地址为 https://github.com/smcql/smcql。在 PDN 中，用户提交 SQL 查询到诚实的协调节点，协调节点进行规划和协调各节点使用安全多方计算在隐私数据库中执行查询，每个数据库的查询都是"不经意的"，各节点执行信息对于其他参与方来说都是不可知的。

SMCQL 是一种在 PDN 中执行 SQL 语句查询的框架，系统将 SQL 执行语句转换为安全多方计算原语，可在保护各自数据库中记录的敏感信息不被其他参与方和协调节点泄露的情况下计算查询结果，最终仅查询方和协调节点获取 PDN 查询结果。为了提升查询效率，该框架给出了一种启发式 SQL 优化器，可最小化安全多方计算的使用，并将查询切分到可估算的记录子集中。

SMCQL 提供半诚实安全模型，它提出了一种基于规则的方法来保护敏感数据且返回精确的结果，该方法不需要使用者通过编程方式显式地指定各方数据的聚合方式，仅通过 SQL 语句即可将查询需求转换为 MPC 来执行。该框架是第一个可以让用户直接使用安全多方计算而不需要考虑底层系统的安全属性的框架。

## 7.2.1　SMCQL 原理简介

### 1. 系统概述

PDN 架构如图 7-1 所示，用户提交查询到协调节点，协调节点作为一个诚实的第三方节点，将用户的查询进行计划并编排到两个或多个隐私数据提供方，各数据提供方向整体联邦提供 schema 信息以进行共享，所有数据提供方组成安全计算集群以执行 PDN 的查询，每个数据提供方执行由协调节点分配的安全计算协议，并产生对应查询输出的份额，协调节点将各查询输出份额进行组装，得到最终输出结果并返回给终端用户。SMCQL 是 PDN 系统中的 SQL 计划和查询执行框架，它使用安全多方计算执行分散在多个互不信任节点的查询任务，整体流程可描述如下。

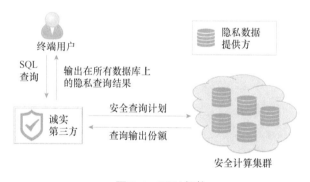

● 图 7-1　PDN 架构

1）用户根据 PDN 共享的 schema 信息编写 SQL 执行语句（SQL Statement），协调节点将 SQL 语句转换为 DAG 图，DAG 图提供了给定查询的所有步骤以生成任务树（Operator Tree），协调节点也会对任务树中各节点进行检查以确保符合 PDN 的安全策略。

2）框架根据 PDN 安全策略，由计划器自底向上遍历任务树，对隐私字段通过的节点流进行建模，确定任务树中必须以不经意方式运行的最小安全子树，并生成安全计划（Secure Plan）。

3）SMCQL 使用启发式算法对执行计划进行优化，将任务树的数据库操作进行划分，得到较小的可衡量的安全计算单元。SMCQL 也提供了对单个操作减少安全计算的优化方法，得到优化后的（逻辑）计划（Optimized Plan）。

在对任务树完成逻辑计划优化后，计划器使用多方安全计算技术生成 SQL 操作/算子对应执行代码，对每个关系代数操作，代码生成器找到对应代码模板，根据用户指定查询相关的信息（如记录的位宽度和过滤谓词）填充代码模板以得到安全执行代码（Generated SMC Code）。

完成代码生成后即得到可执行计划（物理计划）：协调节点将编译后的安全代码及明文查询的数据源分发给数据提供节点，用于生成安全计算的输入信息，数据提供节点通过标准数据库操作（数据库对应 SQL 语句）和其他节点合作运行的用于安全操作的混淆电路代码得到具体可执行计划（Executable Plan）。

整体流程如图 7-2 所示。

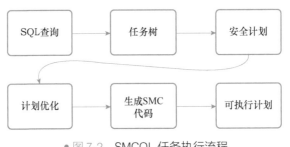

● 图 7-2　SMCQL 任务执行流程

从端到端的角度来看，SMCQL 提供了宽范围的 SQL 操作，它支持选择、投射、聚合、限定以及一些开窗聚合操作。对于 join 操作，目前仅支持 equi-join、theta-join、cross products。

**2. 安全策略**

SMCQL 提供了一个简洁、实用的安全模型。一个 PDN 包括特定数据表集合，数据表中的每个字段都指定了需要保护的安全等级以进行访问控制。安全等级指定了数据字段访问的三个级别：公开的（public）、受保护的（protected）、隐私的（private）。

公开字段对所有参与方可读，包括协调节点、数据提供节点和终端用户。公开字段具有最小的安全性，通常是不可进行独立复制的。受保护字段在原始节点可见，对终端用户和协调节点在部分条件下可见，SMCQL 通过 K-匿名方式控制受保护字段的访问，任何在受保护字段上的查询都需要安全计算。隐私字段是 PDN 中最敏感的，除原始数据提供者之外，均不可见，在这些字段上的计算必须是不经意的。隐私字段的数据不应出现在返回给用户的结果中。

访问控制策略统一了 PDN 对数据何时及如何使用安全计算。另外，PDN 配置了查询端的提交策略，该策略会拒绝重复提交或不满足安全策略的查询。

（1）安全信息流

计划器自底向上遍历任务树，记录为满足 PDN 安全策略的需要不经意执行的操作节点上，在每个操作节点上，检查其输出字段的出处以确定保护等级，使用其所有来源字段的最高安全等级作为其输出字段的保护等级。SMCQL 使用安全类型系统分析安全字段经过操作节点的流信息，安全类型系统使用计划器进行树解析的语法，其语法规则接近于关系代数的表达方式，包含如下四部分：

<短语> $\rho ::= e\,|\,E\,|\,\mathrm{Op}$

<表达式> $e ::= a\,|\,n\,|\,e+e'\,|\,e\le e'\,|\,e\wedge e'$

<表达式集合> $E ::= \{e_1, e_2, \cdots, e_n\}$

<关系操作> $\mathrm{Op} ::= \mathrm{Op}'(\mathrm{Op}(.))\,|\,\mathrm{Op}'(\mathrm{Op}(.),\mathrm{Op}(.))\,|\,\mathrm{scan}(E)\,|\,\sigma_e(E)\,|\,\pi_{E'}(E)\,|\,E\bowtie_e E'\,|$
$\qquad \mathrm{agg}(E)\,|\,\mathrm{limit}(E)\,|\,\mathrm{sort}(E)\,|\,E\cup E'\,|\,E\cap E'\,|\,E\backslash E'$

其中，$\rho$ 为短语，一条短语可能是表达式（$e$）、表达式集合（$E$）或一个关系操作（$\mathrm{Op}$），表达式中可使用字段引用（$a$），字符串或整数操作数（$n$），算术操作、比较操作和逻辑操作。框架将一个查询计划导出为一个关系操作集合，一个关系操作输入一个表达式集合 $E$ 并产生一个新的表达式集合 $E'$。语法中提供的关系操作：表扫描（scan）、过滤（filters，$\sigma_e(E)$）、投影（project，$\pi_{E'}(E)$）、joins（$\bowtie$）、聚合（agg）、限定（limit）、排序（sort）和集合。

安全类型系统为每条短语设置一个标签，标签有两种类型：$\tau ::= s\in\{\mathrm{low},\mathrm{high}\}$。标签为 low 的短语不需要进行不经意计算，用于标注公开字段或无须安全计算的配置中，可使用传统的数据库 SQL 计算。标签为 high 的短语需要进行不经意计算，用于标注隐私字段及隐私操作。为判断每条短语的标签，系统需要记录每条短语的类型，判断它们是来源于表达式或表达式集合还是来源于一个操作。

对于每个类型规则，通过确定条件做出类型判断。类型判断规则标记形式：$\gamma\vdash\rho:\tau$，即对于类型系统 $\gamma$，通过条件判断其短语 $\rho$ 的安全类型为 $\tau$。在关系数据上的表达式及其表达式集合的安全规则包含以下三条。

1）基础规则 $\gamma\vdash e:\mathrm{high}$，表示任何短语都可能为 high 安全类型。

2）low 安全类型数据 $\dfrac{h\notin\mathrm{attrs}(e)}{\gamma\vdash e:\mathrm{low}}$，表示当所有字段都不是 high 安全类型时，则表达式被标记为 low 安全类型。

3）对于表达式集合 $E=e_1, \cdots, e_n$，指定规则

$$\frac{\forall i\in\{1,\cdots,n\}:(\gamma\vdash e_i:\tau)}{\gamma\vdash E:\tau\mathrm{set}}$$

表示强制表达式集合的安全标记为集合中所有表达式的安全类型标记中的最高等级，即若存在安全类型为 low 和 high 混合的表达式集合，则将该表达式集合的安全类型标记为 high。

对于查询计划中的关系代数操作，定义了标签规则。首先将关系代数操作分为两类，第一类为单记录计算（tuple-at-a-time），包括 scan、project、limit、filters，这些操作将每条记录独立看待，其安全类型通常继承于其子节点（由于计划器自底向上遍历）；第二类为多记录共同计算（multi-tuple evaluation），这些操作包括 sorts、joins、union、集合操作等，这些操作通常将多个数据源的记录联合计算，因此其关系代数操作的标签通常定义为输入源中的最敏感安全等级，以确保无敏感数据泄露。所有的加法类操作和布尔操作也按照同样的规则，使用其输入的子节点中最高的安全类型进行标记。

（2）（逻辑）计划优化

优化器识别切分操作将任务树和输入数据切分为更细粒度的计算单元，任务切分会降低安全代码执行复杂度，从而实现安全计算加速，数据切分使安全计算可并行执行。优化器将

任务计划中的操作设置为以下三种模式。

1）明文模式：标签类型为 low 的操作，可直接在原始数据库上进行计算。

2）切分模式：在水平切分后的数据上执行的 high 标签的操作。

3）安全模式：使用安全多方计算执行的 high 操作。

任务树所有起点从明文表的 scan 操作开始，当遍历过程中遇到 high 操作时，计算引擎开始切换到切分模式或安全模式，若操作为切分模式，则其祖先节点必须处于切分模式或安全模式。对于每个被切分的操作，其输入都来源于明文数据按照切分主键划分后的分箱数据，每个被切分的记录或分区可独立执行，如 joins 搭配一个公开操作（过滤条件）就可在分区数据上每次都独立执行，聚合操作可按分组对被切分的数据进行独立统计，投影和过滤操作与切分模式无关，因此可将切分主键继承，产生更多切分模式的计算。切分操作是可组合的，优化器可将安全模式的操作序列按照相同切分主键划分到同一个任务分区，因此它是一个高效的优化方式。

在数据和任务切分后，框架给出两个优化方法来最小化安全计算。

1）可切分操作：该操作通常将执行分为两部分，一部分为本地计算，另一部分为安全计算。例如 COUNT（*）操作，可先在数据提供节点本地进行 COUNT 后得到中间结果，再通过安全计算方式将中间结果求和。聚合操作和过滤操作都是可切分操作。

2）安全的 Semi-Join：可通过仅对水平切分数据进行安全计算来减少对安全计算的依赖。例如，若某条记录仅在一个计算节点中出现，那么直接使用明文模式在本地计算，而对于跨多节点的记录，则使用安全多方计算。

SMCQL 给出三个医疗相关联合分析 SQL 样例，其数据来自跨多个医院的数据提供节点。

1）艰难梭菌并发症统计：艰难梭菌是一种常见的传染病，通常会产生其他并发症，因此需要统计出现艰难梭菌并发症的前 10 个其他疾病，需要进行统计的 SQL 语句如下。

```
SELECT diag, COUNT(*)cnt FROM diagnoses WHERE patient_id IN cdiff_cohort GROUP BY diag ORDER
BY cnt LIMIT 10;
```

该查询找出症状记录中艰难梭菌病人群的所有疾病，并对疾病进行分组计数统计，找出出现并发症的前 10 个疾病。使用 SQL 计划优化后得到的 PDN 查询任务树如图 7-3 所示，通过计划优化，将 filters 操作在本地明文模式计算，后续操作在安全多方计算中执行。

● 图 7-3　使用 SQL 计划优化后得到的 PDN 查询任务树

2）艰难梭菌复发病例统计：在医院治疗的多个病人中，找出初诊治愈后在 15~56 天内艰难梭菌复发的病人，需要进行统计的 SQL 语句如下。

```
WITH rcd AS (SELECT pid, time, row_no() OVER (PARTITION BY pid ORDER BY time)
FROM diagnosis WHERE diag=cdiff)
SELECT DISTINCT pid FROM rcd r1 JOIN rcd r2 ON r1.pid = r2.pid WHERE r2.time - r1.time >= 15 DAYS
AND r2.time - r1.time <= 56 DAYS AND r2.row_no = r1.row_no + 1;
```

该脚本首先找出疾病原因为艰难梭菌的病例，根据病人 pid 进行开窗并对就诊时间排序来获得排序序号，得到中间表，再对中间表进行统计，找出从治愈到复发的时间在 15~56 天的所有病人的 ID。使用计划优化后得到的任务树如图 7-4 所示，主要的过滤、开窗、join 操作都以 pid 为切分主键而在切分模式下运行，该优化可提高计算并行度。

3）统计服用阿司匹林后得过心脏病的人数：该统计用于研究人员确定阿司匹林预防心脏病的有效性，其 SQL 查询脚本如下。

```
SELECT COUNT(DISTINCT pid) FROM diagnosis d JOIN medication m ON d.pid = m.pid WHERE d.diag =
hd AND m.med = aspirin AND d.time <= m.time;
```

该查询从就诊记录中找出诊断为心脏病且在药物服用表中显示提前服用过阿司匹林的病人，然后进行无重复计数统计。通过计划优化后得到的任务树如图 7-5 所示，数据根据病人 ID 被水平切分，进入切分模式进行 join 和 distinct 计算，最后在安全模式下进行计数统计。

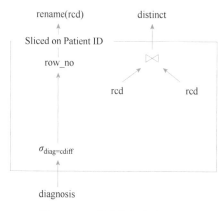

● 图 7-4　艰难梭菌复发病例统计

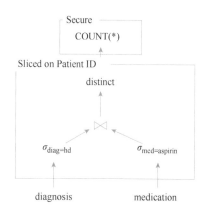

● 图 7-5　阿司匹林预防心脏病统计

## 7.2.2　架构及主要实现分析

SMCQL 框架使用 Java 语言实现，其数据的存储使用 PostgreSQL，使用 Apache Calcite 进行 SQL 语法解析和成本模型优化，安全多方计算框架为 ObliVM，并以源代码形式引用在项目中。该框架当前仍处于研究性的概念验证阶段，并在 2019 年停止更新。

项目根目录如下。

```
# ls
README.md   conf   setup.sh  src   SMCQL_Slides.pdf   build_and_execute.sh  pom.xml
```

其中 conf 包含 PDN 连接配置、示例代码数据表初始化、安全操作的代码生成模板，

setup.sh 为项目初始化脚本，build_and_execute.sh 为项目构建和示例执行脚本，pom.xml 为 Maven 构建配置文件，src 为源代码目录。

src 目录包含主要的框架代码（src/main/Java/org/smcql 目录下），所有模块如下。

```
# ls
codegen config db      executor parser plan   runner type    util
```

其中，包含主要逻辑的目录如下。

1）runner：包含项目运行 main 函数的入口类 SMCQLRunner，使用 config/SystemConfiguration.Java 初始化运行相关配置。

2）parser：包含 SQL 语句解析、验证、转换为查询任务树等功能。

3）type：定义了安全类型等级，对 Calcite 中的关系数据字段类和记录类型类使用安全等级重新封装。

4）plan：包含安全关系节点定义、逻辑计划优化、SMCQL 安全操作优化等。

5）codegen：包含操作安全类型推断和编译生成可执行代码，如明文 SQL 语句和 ObliVM Java 代码，可执行代码将与执行环境及上下文封装为操作步（Execution Step），并将同类型操作步合并为同一个执行片段（Execution Segment）。

6）executor：远程运行执行片段，并返回结果。

**1. 整体运行**

SMCQLRunner 的 main 函数定义了整体运行过程，代码如下。

```java
public static void main(String[] args) throws Exception {
        setUp();
        String sql = args[0];
        System.out.println("\nQuery:\n" + sql);
        String aWorkerId = args[1];
        String bWorkerId = args[2];
        String testName = "userQuery";
        SecureRelRoot secRoot = new SecureRelRoot(testName, sql);
        QueryCompiler qc = new QueryCompiler(secRoot, sql);
        SMCQLQueryExecutor exec = new SMCQLQueryExecutor(qc, aWorkerId, bWorkerId);
        exec.run();

        QueryTable results = exec.getOutput();
        System.out.println("\nOutput:\n" + results);
        System.exit(0);
    }
```

如上面代码所示，首先调用 setUp()，它主要进行 PDN 构建、共享 schema 初始化、SQL 解析器创建、协调节点初始化等；接着，使用 SQL 语句实例化 SecureRelRoot 类，该类将通过 SQL 语句得到优化后的安全的任务查询树（Secure Plan、安全计划）；然后，通过 QueryCompiler 类对任务查询任务查询树，该类将对安全计划中的节点进行安全类型推断和编译，生成最终需要的执行片段；最后在 SMCQLQueryExecutor 中完成执行片段的运行。

**2. 生成安全计划**

SecureRelRoot 函数在实例创建过程中将使用 SQL 解析器对 SQL 语句进行解析、验证并转化为初步的查询树（逻辑计划），使用启发式规则对查询树进行优化，查询树根据其各节点所输入关系及字段的安全等级生成具体操作并推断操作的运行模式，代码如下。

```
public SecureRelRoot(String queryName, String sql) throws Exception {
        SqlStatementParser parser = new SqlStatementParser();
        baseRoot = parser.convertSqlToRelMinFields(sql);
        baseRoot = parser.optimize(baseRoot); // 以细粒度方式优化查询树表达
        baseRoot = parser.trimFields(baseRoot); // 使用最小字段集合以避免不必要的安全多方计算
        baseRoot = parser.mergeProjects(baseRoot); // 删除计划中的非必要步骤
        name = (queryName == null) ? SystemConfiguration.getInstance().getQueryName() :
queryName.replaceAll("-", "_");
        treeRoot = TreeBuilder.create(name, baseRoot); //构建安全的计划任务树
    }
```

如上面代码所示，首先 convertSqlToRelMinFields 函数将 SQL 语句进行语法解析并转换为 sqlNode，使用 SqlValidator 结合 schema 验证 SQL 语句的正确性，确认语法正确后将 sqlNode 转换为 RelNode，并得到根节点 RelRoot；然后，调用语法解析器的 optimize、trimFields、mergeProjects 操作优化查询树；最后使用 TreeBuilder 类创建安全计划任务树。

在使用 TreeBuilder 创建安全计划时，需要自底向上遍历逻辑计划，将 RelNode 节点转换为安全操作节点（OperatorHelper 函数），其转换使用递归方式，自底向上遍历任务树，对于每个 RelNode，先使用 SecureRelNode 进行封装，再通过 OperatorFactory 找到对应安全操作并实例化。在完成操作转换后，需要对每个操作节点进行安全类型推断，除 join 和 SeqScan 操作以外，大部分安全类型推断都使用 Operator 抽象类 inferExecutionMode 的方法，代码如下。

```
public void inferExecutionMode() {
        for(Operator op : children) {
            op.inferExecutionMode();
        }
        ExecutionMode maxChild = maxChildMode(); //子节点的最高安全等级
        SecurityPolicy maxAccess = maxAccessLevel(); //输入字段的最高安全等级
List<SecureRelDataTypeField> sliceAttrs = getSliceAttributes();
        String msg = "For " + baseRelNode.getRelNode().getRelTypeName() + " have max child " +
maxChild + " and max access " + maxAccess + " slice key " + sliceAttrs;
        logger.log(Level.FINE, msg);
        if(maxChild.compareTo(ExecutionMode.Plain) <= 0 && maxAccess ==
SecurityPolicy.Public) {
            executionMode = ExecutionMode.Plain;
            return;
        }
        if(maxChild.compareTo(ExecutionMode.Plain) <= 0 & ! sliceAttrs.isEmpty()) {
            executionMode = ExecutionMode.Slice;
            sliceKey = new SliceKeyDefinition(sliceAttrs);
            sliceKey.addFilters(sliceAttrs.get(0).getFilters(), this.getSchema());
            return;
        }
        if(maxChild == ExecutionMode.Slice) {
            boolean sliceAble = true;
            for(Operator op : children) {
                if(!SliceKeyDefinition.sliceCompatible(op, this)) {
                    sliceAble = false;
                }
```

```
        }
        if(sliceAble) {
            executionMode = ExecutionMode.Slice;
            sliceKey = new SliceKeyDefinition(this);
            //For multiple filters
            for (int i=0; i< this.getChildren().size(); i++) {
                sliceKey.mergeFilters(this.getChild(i).getSliceKey().getFilters());
            }
            return;
        }
    }
    // secure mode default
}
```

如上面代码所示，首先获取当前节点的子节点的最高安全等级 maxChild 和输入字段的最高安全等级 maxAccess，并根据具体操作获取其切分字段（如 join on 条件字段、聚合分组字段）sliceKey，先通过 maxChild 和 maxAccess 判断操作是否为明文模式，若 maxChild 安全等级为明文，但存在切分字段，则定义为切分模式，若子节点安全等级也为切分，则判断当前节点与子节点是否有相同的 sliceKey，若成立，则继承其切分模式，否则默认为安全模式，安全类型推断也是通过递归方式对执行计划树进行自底向上的操作节点遍历推断，完成安全类型推断后即得到物理执行操作树。

### 3. 操作树编译

在 QueryCompiler 实例化时，其构造函数会对物理执行操作树进行编译，编译过程为对操作树的每个节点根据其安全类型创建可执行步 ExecutionStep，包含了该操作所需的执行代码、执行环境配置等信息，然后进行执行步安全推断，将相同安全等级的 ExecutionStep 序列合并为一个执行分段 ExecutionSegment，每个执行分段在一个批次中执行。对物理执行操作树的编译主要通过 addOperator 函数递归地自底向上进行。

1）当操作为明文时，通过 generatePlaintextStep 方法生成明文执行步，否则，判断其子节点与当前节点执行模式是否相同，如果不同，则需要判断当前操作是否为可分裂操作（Aggregate、Distinct、Sort），如果为可分裂操作，则需要生成两个中间子节点：childSource（可在本地执行的操作步）和 mergeStep（需要安全执行的操作步），并设置节点对应的父子关系。

2）若当前操作需要安全执行，则通过 generateSecureStep 生成安全执行步。在 generateSecureStep 中，使用 SecureOperatorFactory 工厂找到当前操作对应的安全操作类（src.main.Java.org.smcql.codegen.smc.operator. * ）并实例化，不同安全操作类都继承于父类 SecureOperator，该父类定义了动态编译的过程、环境变量以及对过滤和投影操作的特殊处理。在不同子类中，则实现了用于编译的具体的安全多方计算代码生成过程。子类的代码生成过程一般是首先找到该操作对应的代码模板，然后用对应的物理执行操作的模板变量值替换该模板中的模板变量，最后使用动态编译器类 DynamicCompiler 编译 ObliVM 可执行 Java 代码。

在得到可执行步任务树后，需要进行分段推断（QueryCompiler、inferExecutionSegment），将相同安全执行模式的执行步合并为一个执行分段，这样整棵物理执行操作树被分割为包含多个执行分段的列表，然后提交到 SMCQLQueryExecutor 中执行。

## 7.2.3 SMCQL 的安装

SMCQL 运行前需要安装相关依赖，其官方提供了 Ubuntu 系统安装教程，本书以 macOS 开发环境为例进行安装，首先使用 Docker 拉取 Ubuntu 系统镜像，并创建容器，容器需要暴露 5432 端口，进入容器并运行 apt update 以更新 apt，然后执行以下步骤。

1）安装 PostgreSQL：apt-get install postgresql postgresql-contrib。

2）创建/data 目录：mkdir/data。

3）使用 docker cp 将源码复制到容器：docker cp smcql a3f450f07ee3:/data/。

4）切换到 postgres 用户：su-postgres。

5）进入源码目录：cd/data/smcql 为 postgres 用户初始化数据集：sh conf/workload/testDB/create_test_dbs.sh，终端将输出如下日志。

```
Using test data from /data/smcql
Creating test database...
CREATE TABLE
...
psql:/data/smcql/conf/workload/testDB/test_schema.sql:48: NOTICE:   table "cdiff_cohort"
does not exist, skipping
DROP TABLE
SELECT 0
...
GRANT
GRANT
COPY 8
COPY 2
...
SELECT 4
SELECT 4
...
```

6）进入 PostgreSQL，可发现已生成三个数据库：smcql_testDB、smcql_testDB_site1、smcql_testDB_site2，每个数据库均包含医疗示例数据。

7）在 macOS 环境中，修改 conf/setup.localhost 下的 PostgreSQL 连接配置。

```
[psql]
host=localhost
port=5432
db=smcql_testDB
user=postgres
password=postgres
```

8）然后运行：sh build_and_execute.sh conf/workload/sql/comorbidity.sql testDB1 testDB2，终端将输出：

```
Query:
 SELECT d.major_icd9, count(*) as cnt
 FROMcdiff_cohort_diagnoses d
 GROUP BY d.major_icd9
```

```
ORDER BY count(*) DESC
LIMIT 10

Output:
(major_icd9, cnt)
[414, 8]
[008, 8]
```

成功运行对艰难梭菌并发症的统计。

## 7.2.4  医疗联合分析案例

本节以阿司匹林的心脏病预防效果的统计为例，使用 DEBUG 模式运行 SMCQL，演示其 SQL 计划优化过程。首先使用 IDEA 打开项目，找到 SMCQLRunner，并传入相关参数，可进入 DEBUG 模式，其第 0 个参数为需要执行的 SQL 语句，第一和第二个参数为 conf/connections/localhosts 下定义的执行方 ID，可分别配置为 testDB1、testDB2，可将第 0 个参数固定为统计 SQL 语句：

```
Stringsql="SELECT COUNT(DISTINCT d.patient_id) as rx_cnt \n" +
"FROM mi_cohort_diagnoses d JOIN mi_cohort_medications m ON d.patient_id =
m.patient_id \n" + "WHERE lower(m.medication) like '%aspirin%' AND d.icd9 like
'414%' AND d.timestamp_ <= m.timestamp_";
```

在完成参数配置后，调整 Log4j 日志等级为 DEBUG，然后以 DEBUG 模式启动 SMCQLRunner。在对 SQL 语句完成解析、验证及转为 RelNode 后，可在控制台看到其查询任务树：

```
LogicalAggregate(group=[{}], rx_cnt=[COUNT(DISTINCT $0)])
  LogicalProject(patient_id=[$0])
    LogicalFilter(condition=[AND(LIKE(LOWER($4), '%aspirin%'), LIKE($1, '414%'), <=($2, $5))])
      LogicalJoin(condition=[=($0, $3)], joinType=[inner])
        LogicalProject(patient_id=[$0], icd9=[$8], timestamp_=[$10])
          JdbcTableScan(table=[[mi_cohort_diagnoses]])
        LogicalProject(patient_id=[$0], medication=[$4], timestamp_=[$7])
          JdbcTableScan(table=[[mi_cohort_medications]])
```

在该任务树中，将诊断表和药物表先进行了 join 操作再进行 filter 操作。显然，该方式会需要较大的计算量，通过启发式统计优化后，将得到更细粒度的任务树。

```
LogicalAggregate(group=[{}], rx_cnt=[COUNT($0)])
  LogicalAggregate(group=[{0}])
    LogicalProject(patient_id=[$0])
      LogicalJoin(condition=[AND(=($0, $2), <=($1, $3))], joinType=[inner])
        LogicalProject(patient_id=[$0], timestamp_=[$2])
          LogicalFilter(condition=[LIKE($1, '414%')])
            LogicalProject(patient_id=[$0], icd9=[$8], timestamp_=[$10])
              JdbcTableScan(table=[[mi_cohort_diagnoses]])
        LogicalProject(patient_id=[$0], timestamp_=[$2])
          LogicalFilter(condition=[LIKE(LOWER($1), '%aspirin%')])
            LogicalProject(patient_id=[$0], medication=[$4], timestamp_=[$7])
              JdbcTableScan(table=[[mi_cohort_medications]])
```

在该任务树中，先将两个表按照过滤条件进行过滤，得到较小数据集后再进行 join 操作，这样可以优化计算的数据量。

然后，在 TreeBuilder.create（name，baseRoot）中，将构建安全操作树并推断每个操作的执行模式，在 DEBUG 窗口中，可以看见 root 节点的执行模式为"Secure"，distinct、join、filter 操作节点执行模式为"Slice"，Project、SeqScan 执行模式为"PlainText"。

进入查询编译过程，将安全操作树编译为安全可执行操作树，并生成执行步，在 DEBUG 窗口中，可以看到 allSteps 列表里生成了两个明文执行步（PlainStep）和三个安全执行步（SecureStep），明文执行步为直接可运行的 SQL 语句，安全执行步包含可运行的 ObliVM 代码和可执行 Java 代码，在目录 bin/org/smcql/generated/userQuery 中也生成了对应的代码文件。在执行 inferExecutionSegment（compiledRoot）后，在 executionSegments 中生成了两个执行分段，其中第 0 个分段为安全执行模式，包含 6 个安全可执行操作，第 1 个分段为切分执行模式，包含 1 条明文 SQL 语句和 4 个 Slice 模式的安全可执行操作。

```
SELECT DISTINCT d.patient_id as rx_cnt FROM mi_cohort_diagnoses d JOIN mi_cohort_medications m
ON d.patient_id = m.patient_id WHERE d.patient_id IN (3, 4, 5, 6) AND m.patient_id IN (3, 4, 5, 6)
AND lower(m.medication) like '%aspirin%' AND d.icd9 like '414%' AND d.timestamp_ <= m.timestamp_
```

在得到分段执行列表后，SMCQL 框架将在 SegmentExecutor 中倒序启动分段执行列表并运行，其运行依赖 nanocloud，nanocloud 会生成两个虚拟节点：testDB1、testDB2，并启动 RunnableSegment 线程，该线程会根据执行节点的角色（testDB1 = Alice、testDB2 = Bob）创建不同的 SMCQLRunnableImpl 对象，并启动新线程以执行对应的安全计算代码。在运行结束后，控制台输出结果如下。

```
Output:
(patient_id)
[3]
```

## 7.3  Conclave

Conclave 由 Nikolaj 等人在 2019 年于 *Conclave：secure multi-party computation on big data* 中提出，适用于标准的半诚实敌手场景的安全联合分析场景。与 SMCQL 类似，它也是一个 SQL 查询编译框架，使用了 SQL-Like 语法进行分析任务构建，将分析任务转化为 DAG 图后进行编译，得到最终执行的 SQL 算子。它提供了开源实现（https://github.com/multiparty/conclave），之后该团队在 Conclave 的基础上重新进行了实现（https://github.com/multiparty/congregation），使后端引擎更容易扩展，并且支持直接载入秘密共享数据，本书将以 congregation 实现为主进行分析。

## 7.3.1  Conclave 原理简介

Conclave 的设计原则是尽可能减少在安全多方计算下的操作，并保证数据分析中端到端的安全性，它的主要贡献如下。

1）通过对数据集、数据列进行粗粒度的可信方标记，即可进行安全查询分析，以决定哪部分的关系查询需要在 MPC 下执行。

2）对属于 MPC 中的 SQL 操作进行优化，通过上推和下推操作，将一部分计算开销大的 MPC 操作拆分为大部分本地数据执行和小部分 MPC 数据执行，在极大地提高效率的同时，能够保证安全。

3）提出一种新的 MPC-明文混合协议，使用查询关系的部分信任机制提升 join 和聚合操作的性能。

4）相比 SMCQL 只能使用 Obliv-C 作为后端，Conclave 可将 SQL 操作符生成高效的Python、Spark、Obliv-C、ShareMind 代码，可灵活地支持本地大数据系统及安全的秘密共享、GC 后端数据集和列安全标记，同时包含了数据持有方（可明文计算）和可信共享方的 PartyID 标记，一个数据集必须标记至少 1 个持有方，当有多个持有方时，则默认该数据集为多方秘密共享（MPC）数据集，列安全标记则除手动指定的明文计算方和可信方以外，对列所属数据集的持有方也是可信的。在完成对数据集的安全标记后，Conclave 可通过对 SQL 分析转换的 DAG 图进行标记传播，推断出每个查询关系所包含的参与节点及其关联的 SQL 操作是否需要在 MPC 下进行。

通过数据集和列安全标记，可推断得到 MPC 下的 SQL 操作在 DAG 图中构成了较大的 MPC 边界，Conclave 对 SQL 操作进行切分和转换，可将一部分 MPC 边界上/下沿的 SQL 操作转换为本地大量数据明文操作和少量数据的 MPC 操作，或直接将 MPC 下的 SQL 操作转换为明文下的 MPC 操作，或将 MPC 操作转换为同时执行明文和 MPC 协议的混合操作，这些操作在 DAG 图中表现为整个 MPC 边界的上推、下推及明文+MPC 的混合转换操作，如图 7-6 所示。

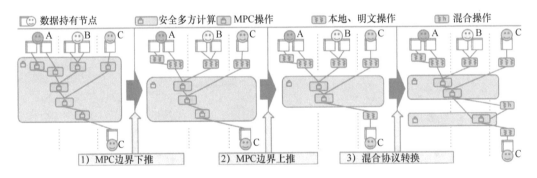

• 图 7-6 MPC 边界的上推、下推、明文+MPC 的混合转换操作

满足边界下推的情况如下。

1）操作符的输入关系只有一个，且该关系中只有一个持有方。

2）分割操作（如 concat 操作，通常是将 DAG 图分割成多个子 DAG 图的操作），如果其子节点操作是可分摊的操作（即一元操作），满足 $op(R_{pA}|\cdots|R_{pN})=op(R_{pA})|\cdots|op(R_{pN})$，即输入来自 pA~pN 的多个参与方的查询关系的操作可转化为多个输入仅来自一个参与方的查询关系的操作，那么这种分割操作可下推至其子节点操作的下方。

3）其他非完全可分割的操作，如聚合操作（sum/count/mean…group by），可将聚合操作分成两次聚合，第一次聚合为每个参与方对输入中的单个关系进行聚合，这个聚合操作可

显著地减小本地大数据的规模, 第二次聚合再通过 MPC 方式进行安全聚合。显然, 第一次聚合也属于可分摊操作, 因此, 可结合 2) 中的分割操作, 如将 cat …sum…group by 操作优化为 $\text{sum}_{\text{mpc}}(R_{\text{pA}}|\cdots|R_{\text{pN}}) \Rightarrow \text{sum}_{\text{mpc}}(\text{sum}_{\text{local}}(R_{\text{pA}})|\cdots|\text{sum}_{\text{local}}(R_{\text{pN}}))$, 各方首先在本地进行明文聚合以输出多种关系, 然后对多个关系通过 cat 输出为一个 MPC 下的查询关系, 最后通过 MPC 聚合得到最终结果。

Conclave 论文中提出的 MPC-明文混合协议, 需要引入 STP 节点 (如可信第三方节点或监管部门节点), 用于优化计算量较大的 join 和 aggregations 操作 (各聚合操作, 如 count、mean、sum 等)。该混合协议通过将操作中计算成本高的部分关联的输入列以明文形式暴露给 STP 节点, 在 STP 节点以明文形式计算, 然后 STP 将计算结果以秘密共享形式返回其他计算节点。Conclave 目前支持三种混合协议操作, 包括混合 join、公共 join、混合聚合。

混合 join 操作适用于计算方的 join key 都标记了 STP 以作为可信方的情况。在进行混合 join 操作后, 可以得知哪些行 (记录) 仍保留在秘密共享输出的关系中。与 STP 交互的流程如下, 相应的伪代码如图 7-7 所示。

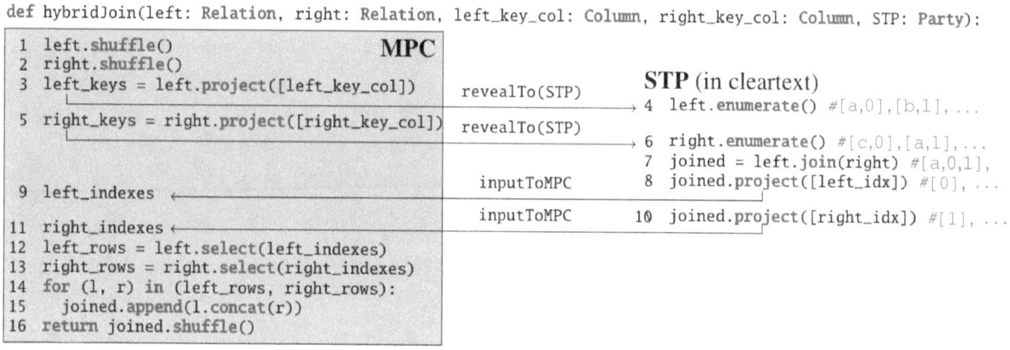

```
def hybridJoin(left: Relation, right: Relation, left_key_col: Column, right_key_col: Column, STP: Party):
 1  left.shuffle()                                              MPC
 2  right.shuffle()
 3  left_keys = left.project([left_key_col])       revealTo(STP)      STP (in cleartext)
                                                               → 4  left.enumerate() #[a,0],[b,1],...
 5  right_keys = right.project([right_key_col])    revealTo(STP)
                                                               → 6  right.enumerate() #[c,0],[a,1],...
                                                                  7  joined = left.join(right) #[a,0,1],
 9  left_indexes  ←                                inputToMPC     8  joined.project([left_idx]) #[0],...
11  right_indexes ←                                inputToMPC    10  joined.project([right_idx]) #[1],...
12  left_rows = left.select(left_indexes)
13  right_rows = right.select(right_indexes)
14  for (l, r) in (left_rows, right_rows):
15    joined.append(l.concat(r))
16  return joined.shuffle()
```

● 图 7-7　混合 join 操作伪代码

1) 各计算方秘密 (shuffle) 输入关系 (伪代码的第 1 和 2 行)。

2) 计算方对除进行 join 操作的 key 列以外的其他列重新投影, 并将仅包含 key 列的关系暴露给 STP (伪代码的第 3、5 行)。

3) STP 节点枚举 key 列的每条记录, 并建立计算方 key 列的行索引 (伪代码的第 4、6 行), 用于后续将 join 结果返回给计算方。

4) STP 对 key 列记录进行明文 join 操作 (伪代码的第 7 行), 并得到 join 结果集合及其行索引。

5) 将 join 结果的行索引重新投影为新的输入关系 (伪代码的第 8、10 行), 并秘密共享给对应计算节点 (伪代码的第 9、11 行)。

6) 计算节点通过秘密选择操作获取对应记录 (伪代码的第 12 和 13 行) 并通过 concat 操作组合成新的输入关系 (伪代码的第 14~16 行)。

公共 join 操作适用于进行 join 操作的 key 列都标记为所有计算方可明文持有的场景, 这种场景中的各方均能获取其他方进行 join 操作的 key 列, 其流程和混合 join 操作基本一致, 但不需要进行 shuffle 操作 (伪代码的第 1 和 2 行) 和秘密选择操作 (伪代码的第 12 和 13 行)。

混合聚合操作适用于 groupby 列标记了 STP 节点的聚合场景，它主要借鉴了 *Secure multi-party sorting and applications* 中的 MPC 场景中的排序操作，原始协议中的各计算方通过对 groupby 列进行秘密排序，得到排序后的多个 key 分组，对于不同 key 分组中的记录，从第一条开始进行秘密聚合，直到最后一条记录为止，然后丢弃本分组中除最后一条记录以外的其他记录，Conclave 论文将它改进为混合 STP 的排序操作，主要流程如下。

1）各计算方秘密地对输入关系随机排序，并将 groupby 列暴露给 STP 节点以作为 key。

2）STP 对明文的多个 key 生成一个新的查询关系，查询关系包含 key 值列和 key 值的行索引列，并对新的查询关系按 key 值进行排序，这将使相同 key 的行进行分组。

3）STP 扫描排序后的查询关系，计算当前行和上一行是否相等的标志 equality-flag。

4）STP 删除排序关系后的 key 列，仅保留行索引列，将它以明文发送给计算节点，然后将 equality-flag 以秘密共享方式发送给计算节点。

5）计算节点对 shuffle 后的关系根据 STP 发送的明文行索引重新排序记录，则其新的关系为 group by 后的顺序。

6）计算节点对行进行遍历，根据秘密共享得到的 equality-flag 进行分组秘密聚合。另外，在聚合过程中，除当前分组最后一条记录以外，仍然需要保留当前标志。

7）计算节点对聚合结果秘密随机排序，揭秘 equality-flag，并将设置了标志的记录全部丢弃。

该混合模式下的聚合操作相对常规 MPC 聚合操作能显著提升效率，但是将 groupby 分组大小暴露给了各计算节点，Conclave 仅在根据安全标记列可推断合适授权时才使用混合操作。由于排序操作仍是计算成本较高的操作，因此 Conclave 也会在 SQL 编译层面进行优化。例如一个排序操作后跟随着聚合操作，由于聚合操作已经进行了排序，因此会消除冗余的排序操作。

## 7.3.2 架构主要实现及分析

由于 Conclave 有新的重构项目 congregation，因此本书以 congregation 为主进行分析。congregation 的使用需要通过 Python 脚本构造一个查询分析工作流，构造工作流需要包含以下对象。

1）导入相关包：from congregation import create_column, lang, Assemble。

2）使用 Python 实现查询树构造的函数，函数必须返回查询树的根节点（例如，在 protocol( ) 函数中，由 create( ) 函数返回的对象）。

3）一个配置对象：指定后端计算引擎的 JSON 文件对象。

4）一个 Assemble( ) 对象，它的 generate_and_dispatch( ) 函数以协议和配置作为参数。一个简单的工作流的构造代码如下。

```
import sys
import json
from congregation import create_column, lang, Assemble

def protocol():
```

```
# 3 columns for party 1
a = create_column("a", "INTEGER")
b = create_column("b", "INTEGER")
c = create_column("c", "INTEGER")
# 3 columns for party 2
d = create_column("d", "INTEGER")
e = create_column("e", "INTEGER")
f = create_column("f", "INTEGER")
# 3 columns for party 3
g = create_column("g", "INTEGER")
h = create_column("h", "INTEGER")
i = create_column("i", "INTEGER")

# create all input relations
rel_one = lang.create("in1", [a, b, c], {1})
rel_two = lang.create("in2", [d, e, f], {2})
rel_three = lang.create("in3", [g, h, i], {3})

# concatenate input relations
cc = lang.concat([rel_one, rel_two, rel_three], "cc")
agg = lang.aggregate(cc, "agg", ["b"], "a", "sum")
mult = lang.multiply(agg, "mult", "a", [7])

# reveal output to parties 1, 2, and 3
lang.collect(mult, {1, 2, 3})
# return the workflow's root nodes
return {rel_one, rel_two, rel_three}

cfg = json.loads(open(sys.argv[1], "r").read())
cfg["jiff"]["jiff_lib_path"] = sys.argv[2]
a = Assemble()
a.generate_and_dispatch(protocol,cfg)
```

以上工作流协议在 3 个参与节点的 3 个不同机器上，每个节点有自己的输入数据：in1. csv、in2.csv 和 in3.csv。每个输入文件包含 3 个列。rel_one 对应的输入文件格式如下。

```
a,b,c
1,2,3
4,5,6
7,8,9
```

由于每个 create( ) 函数都没有提供 input_path 参数，因此将按照配置文件的输入路径确定。例如，如果 rel_one 对应的 party1 的 data_path 路径为/tmp/data，那么将默认 rel_one 数据集地址为/tmp/data/in1.csv。同样，也可以手动指定 input_path：rel_one = create("in1"，[a, b, c]，{1}，input_path="/home/me/my_input.csv")。每个参与方也可以分别指定输入文件路径。在列创建过程中，可手动标记可信方集合或明文集合，如 a = create_column ("a"，"INTEGER"，trust_set={1,2}，plaintext_set={1})。这将创建由 party1 作为数据明文持有方但可以明文暴露给可信方 party2 的列（如聚合操作可使用混合协议进行优化）。

在数据集创建过程中，也可以通过持有方集合标记为明文持有或多方秘密持有，上面的例子为各方明文持有不同明文数据集，若需要定义秘密共享数据集，则可进行如下定义：

```
a = create_column("a", "INTEGER")
b = create_column("b", "INTEGER")
c = create_column("c", "INTEGER")

rel_one = create("in1", [a, b, c], {1, 2, 3})
```

这将创建由 party1、party2、party3 共同持有的秘密共享数据集。

1. 参数配置

在完成协议创建后，框架需要对应的配置信息才能启动工作流，并将协议进行编译和分发。一个 congregation 配置示例如下。

```
{
  "general": {
    "workflow_name": "demo",
    "pid": 1,
    "all_pids": [1, 2, 3],
    "data_path": "party_one/data/",
    "code_path": "party_one/code/",
    "delimiter": ",",
    "use_floats": false
  },
  "network": {
    "parties": [
      "1:localhost:9001",
      "2:localhost:9002",
      "3:localhost:9003"
    ]
  },
  "jiff": {
    "jiff_lib_path":"",
    "server_ip": "0.0.0.0",
    "server_port": 9004,
    "server_pid": 1,
    "zp": 16777729,
    "extensions": {
      "fixed_point": {
        "use": false,
        "decimal_digits": 1,
        "integer_digits": 1
      },
      "negative_number": {
        "use": false
      },
      "big_number": {
        "use": false
      }
    }
  }
}
```

主要的配置参数如下。

（1）general

1）workflow_name：工作流名称。它不是关键值，但会用于写入生成的代码到文件时的命名。

2）pid：当前参与方 ID，必须为整数。

3）all_pids：所有参与方的 ID。

4）data_path：用于存储 job 输出的目录路径。如果 input_path 没有在 lang.create( ) 中指定，那么输入数据也被认为存储在该目录中。

5）code_path：一个本地目录路径，用于写入生成的代码。它可以和 data_path 相同。如果未指定，它将会使用/tmp/code/。

6）delimiter：由于 congregation 可用于处理 CSV 文件，因此默认分隔符为 "，"，也可指定其他分隔符。

7）use_floats：它将告诉 congregation 是否在处理本地任务时强制转换输入数据为浮点型或整型。该参数将在后续版本中移除。

（2）network

parties：每个参与方的 IP 地址和端口。注意上面的例子，其中有三个参与方 1、2、3，相应地，每个字符串的格式为" <PID>：<IP>：<PORT>"。

（3）JIFF

1）jiff_lib_path：由于 JIFF 在 npm 中不可用，因此 congregation 需要显式指定用户 JIFF 文件地址。

2）server_ip：JIFF 服务器的 IP 地址。congregation 支持已有的 JIFF 服务器，也允许计算方在工作流中需要时再启动。在后续场景中，这个值将简化为 IP 地址。注意，需要使用与 network.parties 列表中不同的 server_port 值。

3）server_port：JIFF 服务器监听的端口。

4）zp：MPC 计算过程中使用的素数。除非需要处理非常大的浮点数，否则可以忽略该参数。一个好的素数应大于 16777729。当 MPC 计算获得的结果普遍出现错误时，可能是 zp 太小导致的。若需要在不同的工作流中选择不同的 zp，则可以参考开源 JIFF 库的 demo 部分。

5）extensions。

① fixed_point。

- use：布尔类型，用于指示是否使用 JIFF 定点扩展。这个扩展可使输入和输出以固定小数点位数表达。注意，工作流涉及明文数据，这个标志将触发是否在输入数据中进行扩展（无论数据是否为整数或小数）。对于工作流输入为秘密分割数据的，这个标志必须匹配 JIFF 使用时的其他参数。

- decimal_digits：数据计算时的小数点位数。注意，大的小数点位数通常需要一个大的 zp 值。

- integer_digits：数据计算时的整数位个数。

② negative_number。

use：布尔类型，用于指示是否使用负数扩展。该扩展可以使 JIFF 计算负数。

③ big_number。

use：布尔类型，用于指示 JIFF 是否使用大数值扩展。这个扩展使 JIFF 可以处理超大数值。这个扩展依赖 fixed_point 和 negative_number 扩展。

在完成协议配置后，即可通过 generate_and_dispatch 启动工作流。工作流由 Conclave 框架对协议进行自动编译获得 DAG 图，进行 DAG 优化和切分后生成后端执行操作来获得最终结果。该框架的运行依赖于多个模块，下文将进行介绍。

**2. lang**

lang（congregation/lang/*）是一个面向用户的类 SQL 前端组件，包含用于构建工作流的关系函数。从用户视角来看，lang 的每个函数就是一个 SQL 查询算子（操作符）。从开发视角来看，每个查询返回一个 Node 对象，且互相之间可以连接形成 DAG 对象。上述内容将在后续部分详述。

在实现上，lang 模块按照操作符的操作数个数分为 unary、nary、binary，其入参通常包含输入节点、输出关系名称、操作数相关参数，最终返回需要创建的操作符 Node 对象。一个典型的一元操作符（计数聚合）的创建函数如下。

```python
def aggregate_count(
        input_op_node:OpNode,
        name: str,
        group_col_names: [list, None],
        count_col_name: [str, None] = "__COUNT__"
):

    in_rel = input_op_node.out_rel
    in_cols = in_rel.columns
    group_cols, out_group_cols = construct_group_cols(in_cols, group_col_names)
    count_col = Column(name, count_col_name, len(group_cols), "INTEGER", set(), set())

    min_trust = min_trust_with_from_cols(group_cols)
    min_pt = min_pt_set_from_cols(group_cols)
    out_rel_cols = out_group_cols + [count_col]

    for c in out_rel_cols:
        c.plaintext = min_pt
        c.trust_with = min_trust

    out_rel = Relation(name, out_rel_cols, copy.copy(in_rel.stored_with))
    out_rel.update_columns()
    op =AggregateCount(out_rel, input_op_node, group_cols, count_col)
    input_op_node.children.add(op)
    return op
```

如上面代码所示，计数聚合根据输入节点关系的列、分组列名参数重构分组列和计数列，重新计算分组列的安全标记，并将分组列和计数列作为该节点的输出列。然后，将输出关系名、输出列、数据持有方作为节点输出关系，最终实例化 AggregateCount 节点，并添加为输入节点的子节点。

一个典型的二元操作符，其参数需要包含输入的左、右两个节点及其对应输入的列，如

join 操作的方法所示。

```
def join(left_input_node:OpNode, right_input_node: OpNode, name: str,
        left_col_names: list, right_col_names: list):

    if len(left_col_names) != len(right_col_names):
        raise Exception(
            f"Unequal number of left and right join cols passed to join():"
            f"\nLeft cols: {len(left_col_names)}"
            f"\nRight cols: {len(right_col_names)}"
        )

    left_in_rel = left_input_node.out_rel
    right_in_rel = right_input_node.out_rel

    left_join_cols = [find(left_in_rel.columns, col_name) for col_name in left_col_names]
    check_cols_for_missing_entries(left_join_cols, left_in_rel.name)
    right_join_cols = [find(right_in_rel.columns, col_name) for col_name in right_col_names]
    check_cols_for_missing_entries(right_join_cols, right_in_rel.name)

    out_key_cols = []
    for i in range(len(left_join_cols)):
        col_from_left = copy.copy(left_join_cols[i])
        col_from_right = copy.copy(right_join_cols[i])

        min_trust_set = col_from_left.trust_with.intersection(col_from_right.trust_with)
        min_plaintext_set = col_from_left.plaintext.intersection(col_from_right.plaintext)
        if left_join_cols[i].type_str != right_join_cols[i].type_str:
            raise Exception(
                f"Can't do join between columns of different type: \n"
                f"LEFT COL: {left_join_cols[i].type_str}\n"
                f"RIGHT COL: {right_join_cols[i].type_str}\n")

        out_key_cols.append(
            Column(name, left_join_cols[i].name, i, copy.copy(left_join_cols[i].type_str),
min_trust_set, min_plaintext_set))

    start_idx = len(out_key_cols)
    continue_idx = len(left_in_rel.columns)
    left_non_key_data = \
        non_key_cols_from_rel(name, start_idx, left_in_rel.columns, [lcol.idx for lcol in
left_join_cols])
    left_non_key_cols = [Column(*d) for d in left_non_key_data]
    right_non_key_data = \
        non_key_cols_from_rel(name, continue_idx, right_in_rel.columns, [rcol.idx for rcol
in right_join_cols])
    right_non_key_cols = [Column(*d) for d in right_non_key_data]

    out_rel_cols = out_key_cols + left_non_key_cols + right_non_key_cols
    out_stored_with = stored_with_from_rels([left_in_rel, right_in_rel])
    out_rel = Relation(name, out_rel_cols, out_stored_with)
```

```
    out_rel.update_columns()

    op = Join(out_rel, left_input_node, right_input_node, left_join_cols, right_join_cols)
    left_input_node.children.add(op)
    right_input_node.children.add(op)


    return op
```

如上面代码所示，获取 join 操作的左、右节点对应的输入列以作为关联列（key 列），计算关联列的安全标记，判断双方关联列的类型是否相同，然后取出非 key 的数据列，与关联列（key 列）组合以作为输出关系，计算该数据集的所有持有方，最后将输出关系，左、右输入节点，以及左、右 join 关联列作为参数来实例化 Join 节点，并将该操作符添加为左、右节点的子节点。

一个典型的 N 元操作符，如 concat 操作符，输入一个操作符节点列表、输出关系名称和列的重命名，最终返回一个 Concat 节点，实现如下。

```
def concat(input_op_nodes: list, name: str, column_names: [list, None] = None):

    _concat_check_for_errors(input_op_nodes, column_names)

    in_rels = [in_node.out_rel for in_node in input_op_nodes]
    all_trust_sets = resolve_trust_sets_from_rels(in_rels)
    all_plaintext_sets = resolve_plaintext_sets_from_rels(in_rels)

    out_rel_cols = copy.deepcopy(in_rels[0].columns)
    for (i, col) in enumerate(out_rel_cols):
        if column_names is not None:
            col.name = column_names[i]
        col.trust_with = all_trust_sets[i]
        col.plaintext= all_plaintext_sets[i]

    out_stored_with = stored_with_from_rels(in_rels)

    out_rel = Relation(name, out_rel_cols, out_stored_with)
    out_rel.update_columns()

    op =Concat(out_rel, input_op_nodes)
    for input_op_node in input_op_nodes:
        input_op_node.children.add(op)

    return op
```

如上面代码所示，取出每个输入节点的输出关系以作为当前节点的输入关系列表，计算 Concat 输入节点的所有列的安全标记，结合输出关系名称实例化输出关系对象，根据输出关系和输入节点列表实例化 Concat 节点，并将该节点作为所有输入节点的子节点。

### 3. dag

dag（congregation/dag/＊）模块可被前端调用，用于编译器构建 DAG 图。它包含高级的 DAG 类和各种可互相连接形成 DAG 图的 Node 类。考虑本节开头例子中的查询树构造函数，输入了三个数据集 rel_one、rel_two 和 rel_three，分别由参与方 1、2、3 持有。查询树构造函数首先将三个数据集垂直拼接，然后对列 $a$ 按照列 $b$ 进行分组聚合，并将聚合结果乘以一个标量 7，最后返回给各参与方。从这个操作序列中，congregation 将会生成一个 DAG 对象，如图 7-8 中的输入 DAG 所示，每个节点代表一个应用于输入关系的操作，每个边代表对应的一些输出关系。对于 congregation，一个关系就是一个二维数组。在图 7-8 中，每个节点可以被认为先接收输入关系再执行操作，最后产生输出关系。另外，边的命名根据工作流中的代码而定。

**4. comp**

congregation 根据工作流生成的 DAG 推理出可以优化的部分。comp（congregation/comp/ ＊）模块负责执行编译优化，以及插入其他被 part 和 codegen 模块生成的内部操作节点。

（1）编译优化

在以上例子中，可以在本地节点先进行聚合再提交到 MPC，这样可以进行加速，因为输入数据可能存在较大的情况。comp 的第一个阶段（PushDown comp/push_down.py）将识别这个优化并重构 DAG 图，如图 7-8 中的优化 DAG 所示，在该 DAG 中，可以看到前面的单个聚合操作被切分为两个独立的聚合操作，一个在本地运行，另一个将输入数据聚合后放在 MPC 运行。类似的操作都将在这个阶段执行。在 PushDown 阶段之后，congregation 将使用同样的逻辑对 MPC 边界进行上推。在图 7-8 中，aggregate_mpc 输出关系节点被传递到 multiply 操作符，由于乘法操作的可逆性，congregation 将重写该节点的信任关系，并在 MPC 外部由本地节点独立执行。

（2）编译内部节点

多个编译阶段都需要将内部节点插入 DAG。首先是 InsertCloseOps 和 InsertOpenOps 两个阶段，插入 Close 和 Open 节点到 DAG 图以作为 part 模块的标记，part 模块负责将 DAG 切分为本地工作流和 MPC 工作流。另外两个阶段是 InsertReadOps 和 InsertStoreOps，用于创建文件 IO 操作。根据上面的例子，四个阶段一起产生，如图 7-8 中的 Internal Operators Inserted 对应的 DAG 图所示，该 DAG 图为编译优化后的最终 DAG 图，将作为后续 DAG 图切分的输入。

在框架实现上，一个 DAG 图以 protocol 输出的根节点作为输入，根据预定步骤通过遍历 DAG 图进行优化，预定优化步骤代码如下。

```
def compile_dag(d: Dag):

    steps = [
        PushDown(),
        PushUp(),
        InsertCloseOps(),
        InsertOpenOps(),
        InsertReadOps(),
        InsertStoreOps()
    ]
    for s in steps:
        s.rewrite(d)
```

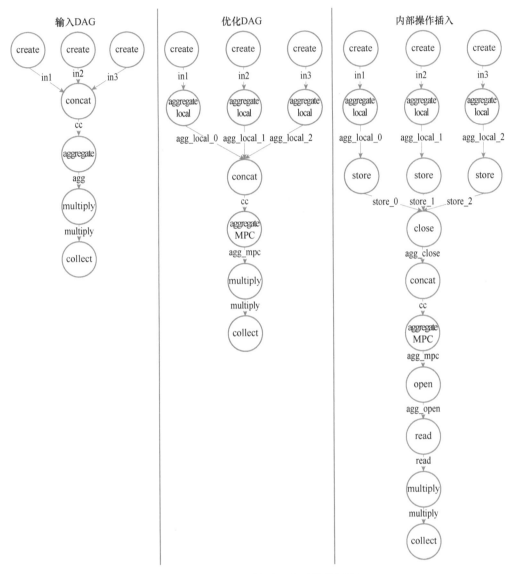

● 图 7-8　DAG 图构造及编译优化过程

如上面代码所示，每个步骤（step）都是一个继承 DAG 重写类（DagRewriter）的实例。一个 DAG 重写类首先对 DAG 图进行拓扑排序，然后遍历每个节点，由其子类完成不同节点的优化。子类进行的主要优化即上述的编译优化和编译内部节点，我们主要分析边界下推和边界下推的 DAG 重写类。对于边界下推，如典型的平均聚合操作，其实现代码如下。

```
def _rewrite_aggregate_mean(self, node:AggregateMean):
    parent = next(iter(node.parents))
    if parent.requires_mpc():
        if isinstance(parent, Concat) and parent.is_upper_boundary():
            split_agg_mean(node, parent)
            # node.parent is now AggregateSumCountCol
```

```
        push_parent_op_node_down(parent, node.parent)
        self._update_bottom_node(parent)
```

　　如上面代码所示，若聚合操作的父节点为 Concat 节点，那么通过 split_agg_mean 函数在当前节点（node）和父节点（parent）之间插入了一个 SumCount，用于在本地同时聚合统计计数和统计求和，再调用 push_parent_op_node_down 函数将 SumCount 和 Concat 的位置互换，使 MPC 边界进行了下推。split_agg_mean 函数的实现代码如下。

```
def split_agg_mean(node: AggregateMean, parent: Concat):
    if not len(node.children) <= 1:
        print("WARN: Can't split aggregate for children > 1.")
        return
    node.with_count_col = True
    clone = AggregateSumCountCol.from_existing_agg(node)
    clone.parents = set()
    clone.children = set()
    insert_between(parent, node, clone)
```

　　如上面代码所示，先通过当前节点构造一个 AggregateSumCountCol 节点，再将它插入 Concat 节点和 AggregateMean 节点之间。push_parent_op_node_down 为边界下推常用方法，主要代码如下。

```
def push_parent_op_node_down(top_node:OpNode, bottom_node: OpNode):
    if not len(bottom_node.children) >= 1:
        print("TODO: PushOpNode down for children > 1.")
        return

    child = next(iter(bottom_node.children), None)
    remove_between(top_node, child, bottom_node)
    top_node_parents = copy.copy(top_node.get_sorted_parents())

    for idx, top_node_parent in enumerate(top_node_parents):
        node_to_insert = copy.deepcopy(bottom_node)     ### 复制了一个 bottom_node
        node_to_insert.out_rel.rename(f"{node_to_insert.out_rel.name}_{str(idx)}")
        node_to_insert.parents = set()
        node_to_insert.children = set()
        insert_between(top_node_parent, top_node, node_to_insert)
        node_to_insert.update_stored_with()
        node_to_insert.update_out_rel_cols()
    top_node.update_out_rel_cols()
```

　　如上面代码所示，其主要流程为先将父节点（Concat）与当前节点（当前例中的 Aggregate-SumCountCol）的子节点（AggregateMean）进行连接，将当前节点变为"孤儿"节点，再将 AggregateSumCountCol 节点分别复制并按照节点 ID 重命名输出关系，然后插入 Concat 节点的所有父节点与 Concat 节点中间，这样 Concat 节点的每个父节点都拥有不同的 AggregateSumCountCol 节点的子节点实例，而 Concat 节点拼接了多个 AggregateSumCountCol 节点的输出关系以作为共享的 MPC 输入关系，最后所有节点更新其输出关系和节点持有方。这样便实现了各方在本地进行预先聚合，缩小数据规模，在 Concat 节点之后，通过 MPC 对更小规模的数据进行二次聚合。

对于边界上推, 可重写 DAG 类, 主要用于优化乘法、除法、投影、排序、方差、标准差等操作中的可逆计算部分。一个公用的一元操作的重写实现如下。

```
def _rewrite_unary_default(node:UnaryOpNode):
    par = next(iter(node.parents))
    if node.is_reversible() and node.is_lower_boundary() and not par.is_root():
        temp_sw = copy.copy(node.out_rel.stored_with)
        flat_sw = [{s} for c in temp_sw for s in c]
        sw_to_set = set().union(*flat_sw)
        node.out_rel.stored_with = copy.copy(flat_sw)
        node.out_rel.assign_new_plaintext(copy.copy(sw_to_set))
        node.out_rel.assign_new_trust(copy.copy(sw_to_set))

        par.out_rel.assign_new_plaintext(copy.copy(sw_to_set))
        par.out_rel.assign_new_trust(copy.copy(sw_to_set))
```

如上面代码所示, 如果一个操作为可逆一元操作且处于 MPC 边界下方, 且父节点为非根节点, 则将当前节点的共同数据持有方作为其父节点的输出关系 (即当前节点的输入关系) 的明文和可信安全标记。由于节点是否需要 MPC 执行的判定条件为该节点所有输入关系的所有列是否存在公共的明文和可信安全标记, 而当前节点为一元操作且其输入关系的所有列被赋予相同的明文和可信安全标记, 因此等价于将该节点转换为明文计算节点, 实现了 MPC 边界的上推。

编译过程插入的内部节点主要用于数据的导入和导出, 逻辑较为简单, 不再赘述。

**5. part**

part (congregation/part/ * ) 模块负责将 DAG 图转换为本地或 MPC 执行的子 DAG 图。切分算法较为简单, 首先遍历 DAG 图以查找 Open 和 Close 节点, 然后从切分点中返回所有子 DAG 图。因此, 最终的子 DAG 图被切分为三部分 (见图 7-9): 第一部分为三个各自执行的本地子 DAG 图 (local_0、local_1、local_2), 用于读取不同的输入数据; 第二部分为一个三方共享的 MPC 子图 (mpc_0), 用于 MPC 模式下的安全聚合; 第三部分为一个三方共享的明文乘法及结果输出子图 (local_3)。现在, 每个子 DAG 图代表一个 job, 属于更大工作流的一部分。更具体地, part 将会生成如下工作流。

```
partition = [
    (local_0, "python"),
    (local_1, "python"),
    (local_2, "python"),
    (mpc_0, "jiff"),
    (local_3, "python")
]
```

下一步, codegen 模块将迭代这个 job 列表, 然后转换每个子 DAG 图为各计算节点可实际执行的代码。

在实现层面, congregation 主要通过启发式搜索, 通过根节点对 DAG 图中的节点进行遍历, 找到与当前根节点有不同 MPC 标记的节点以作为下一个子 DAG 图的候选根节点, 并将候选根节点与当前子 DAG 图进行分离, 直到不存在候选根节点为止, 主要代码可参考 congregation/part/heuristic_part.py。

**6. codegen**

codegen (congregation/codegen/ * ) 模块负责生成特定的后端计算代码。这个模块被设计成

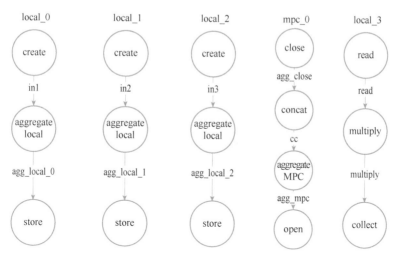

●图 7-9　被切分的子 DAG 图

插件式的，因此可以容易地添加新的后端。若需要写一个新的后端，则仅需要添加另外一个 co-degen 模块，如下。

```
├codegen
 -codegen.py
 ├jiff
 ├python
 ├<新的后端代码>
```

新的后端类需要被定义为 CodeGen 类的子类。只需要将子类的方法进行实现，新的后端就可以在 congregation 系统中使用。

CodeGen 类包含了 congregation 的所有配置信息、当前需要执行的子 DAG 图和 job 名称等，其代码生成过程为首先对子 DAG 图进行拓扑排序，然后遍历子 DAG 图各个节点，找到当前节点类型对应的代码生成函数，该函数通常会读取不同后端的代码模板，根据当前操作节点的输入关系参数、操作数、输出名等生成对应的执行代码，最后由子类根据其后端情况生成其执行配置、辅助脚本，配合执行代码完成对应的计算。

当以 Python 为后端时，以生成平均聚合节点的代码为例：

```
def _generate_aggregate_mean(self, node:AggregateMean):
    group_cols_idx = [c.idx for c in node.group_cols]
    return f"\n{self.space}{node.out_rel.name} = " \
        f"aggregate_mean({node.get_in_rel().name}, {group_cols_idx}, {node.agg_col.idx})"
```

即直接调用 libs 下的 aggregate_mean 函数进行计算，且函数输入参数为当前节点的输入关系名称、分组列索引、聚合列索引。生成的代码将按照 templates/top_level.tmp 模板进行渲染以生成可执行的 Python 脚本。

当以 JIFF 为后端时，其生成平均聚合节点的代码：

```
def _generate_aggregate_mean(self, node:AggregateMean):

    if len(node.group_cols) > 1:
        raise Exception("Multiple key columns for aggregation in JIFF not yet implemented.")

    template = open(f"{self.templates_dir}/mpc/methods/agg_mean.tmpl").read()
    data = {
        "OUT_REL": node.out_rel.name,
        "IN_REL": node.get_in_rel().name,
        "KEY_COL": "null" if len(node.group_cols) == 0 else [n.idxfor n in node.group_cols][0],
        "AGG_COL": node.agg_col.idx,
        "COUNT_COL": 1 if node.with_count_col else 0
    }

    return pystache.render(template, data)
```

该后端生成代码通过读取 agg_mean.tmpl 模板并将节点计算相关参数作为模板变量值来进行渲染。该模板内容如下。

```
let {{{OUT_REL}}}_result =
await methods.aggregateMean({{{IN_REL}}}, {{{IN_REL}}}_keep_rows, {{{KEY_COL}}}, {{{AGG_
COL}}}, {{{COUNT_COL}}}, jiffInstance);
let {{{OUT_REL}}} = {{{OUT_REL}}}_result[0];
let {{{OUT_REL}}}_keep_rows = {{{OUT_REL}}}_result[1];
```

如上面代码所示，模板中的 OUT_REL、IN_REL、AGG_COL 等模板变量将被替换为对应的 node.out_rel.name、node.get_in_rel( ).name、node.agg_col.idx 的内存实际值。另外，由于 JIFF 作为 MPC 框架，除 DAG 图的计算节点生成以外，还需要按照当前后端配置信息对服务端启动、客户端启动、辅助脚本、MPC 通用脚本等代码进行生成。

### 7. dispatch

dispatch（congregation/dispatch/＊）模块负责取出 job 对象和运行代码。job 对象是对代码目录、存储信息和 PIDs，以及后端指定的特定 job 元数据的简单封装。对于多方共同运行的 jobs（如 JIFF jobs），分发模块执行同步协议（由 net 模块提供的方法）来确保各参与方完成准备并一起启动，或等待 JIFF 服务器同时可用。开发者也可以根据 net 模块自由地编写自定义协议。和 codegen 模块一样，每个计算后端需要自己专用的 Dispatch 类。增加一个新的 dispatcher 的方法和 codegen 的例子类似，如下。

```
|- dispatch
  - dispatcher.py
  |- jiff.py
  |- python.py
  |- <新的 dispatcher>
```

### 8. net

net（congregation/net/＊）模块通过 Peer 类和各种 dispatcher 交互。Peer 类包含用于构造更复杂协议的发送不同类型消息的基础方法。已经实现的消息类型定义在 net/messages/下的 python 文件列表中，这个文件列表在有新的计算后端时可进行扩展。需要注意的是，对于任何新的消息类型的添加，必须同时在 net/handler.py 中指定一个特殊 handler。

在 congregation 中，Peer 类实例初始化时通过 asyncio.get_event_loop（）创建 TCP 服务协程，并在 assemble（下部分将介绍）的 setup_peer（）中通过调用 connect_to_others 函数连接到其他计算方，其代码实现如下。

```python
def connect_to_others(self):
    to_wait_on = []
    for other_pid in self.parties.keys():
        if other_pid < self.pid:
            print(f"Will connect to {other_pid}")
            conn =asyncio.ensure_future(
                self._create_connection(
                    lambda: CongregationProtocol(self),
                    self.parties[other_pid]["host"],
                    self.parties[other_pid]["port"]
                )
            )
            self.peer_connections[other_pid] = conn
            conn.add_done_callback(partial(self.send_iam))
            to_wait_on.append(conn)
        elif other_pid > self.pid:
            print(f"Will wait for {other_pid} to connect.")
            connection_made = asyncio.Future()
            self.peer_connections[other_pid] = connection_made
            to_wait_on.append(connection_made)
        else:
            # self
            continue

    self.loop.run_until_complete(asyncio.gather(* to_wait_on))
    for pid in self.peer_connections.keys():
        completed_future = self.peer_connections[pid]
        self.peer_connections[pid] = completed_future.result()[0]
```

如上面代码所示，其连接策略为将 PID 较大的一方作为客户端，连接 PID 较小的一方，若当前连接为客户端，则通过 asyncio 创建_create_connection 协程异步返回的连接并增加连接成功后向服务端发送 IAM 消息的回调函数，通知服务端当前连接的客户端的 PID。若当前连接为服务端，则通过 asyncio.Future（）创建一个异步结果对象，并和需要等待的 PID 建立映射。

loop 对象持续收集，直到以上异步返回对象均完成为止，若当前连接为客户端，则_create_connection 返回（transport，CongregationProtocol）元组，取出连接成功的对象 transport 并设置到 peer_connections 对应服务端 PID 映射值，若当前连接为服务端，则在接收到 IAM 消息后，通过 Handler 类中的 handle_iam_msg 获取客户端 PID，并将客户端连接对象 transport，即当前实例组成的（transport，handler）元组，作为异步执行结果返回给 Peer，Peer 取出连接对象 transport，同时设置 peer_connections 对应客户端 PID 映射值。

### 9. assemble

assemble（congregation/assemble/ *）模块为 congregation 工作流提供单入口启动（Assemble.generate_and_dispatch（）），其目的是独立控制协议步骤，允许开发者在调试或测试工作流期

间调用单个模块。

上文介绍的每个模块都可在 assemble 中按照如下方式被调用。

```
* compile()
* partition()
* generate_code()
* generate_jobs()
* setup_peer()
* dispatch_jobs()
```

### 7.3.3　Conclave 的安装

congregation 的安装需要 Python（版本大于或等于 3.8）、Node 和 JIFF 库（git@ github. com：multiparty/jiff.git）。建议使用 Python 虚拟环境安装 congregation 依赖及运行，步骤如下。

```
> cd congregation
> python3 -mvenv venv
> sourcevenv/bin/activate
(venv) > pip install -r requirements.txt
export PYTHONPATH= $PYTHONPATH:<path/to/congregation>
```

然后进行 Node 的安装。对于使用 macOS 系统的计算机，可直接使用 brew install Node 命令安装 Node，然后安装 npm 并运行 npm config set registry http：//registry.npm.taobao.org/命令来加速 npm 库的安装。安装 JIFF 库时只需要进入 JIFF 项目根目录并运行 npm install 命令，将在根目录中生成 node_modules 目录。

congregation 同样支持将 Obliv-C（git@ github.com：samee/obliv-c.git）作为后端，不过需要将 Conclave 中的 Obliv-C 相关代码进行移植以作为新的后端，根据 congregation 对聚合操作的类定义修改部分 CodeGen 子类代码，修改 assemble 相关代码以增加对 Obliv-C 的支持即可。对于 Obliv-C 的安装，可参考其项目中的 README 文档，首先安装系统依赖，然后初始化 OPAM 环境和安装相关依赖，最后编译即可运行。

### 7.3.4　JIFF 作为后端的 MPC 框架运行

首先，在以 JIFF 作为后端运行时，打开三个终端，分别进入它们的 demo/plaintext 目录，该目录是 Conclave 提供的一个默认演示项目。然后，在 party1 节点中，可看到./party_one/config.json 配置文件，其内容如 7.3.2 节中的配置所示，party2 和 party3 的 config.json 的内容与 party1 节点的 config.json 大部分一致，主要的差异体现在 general 下的 pid、data_path 和 code_path 上。最后，设置 Python 环境变量，并运行 demo.py，如下所示。

```
> cd congregation
> export PYTHONPATH='/Users/xx/xx/xx/congregation'
> python demo.py party_one/config.json /Users/xx/xx/xx/jiff
Will wait for 2 to connect.
Will wait for 3 to connect.
Server connection made from: ('127.0.0.1', 54751)
```

```
IAMMsg received from 2
Server connection made from: ('127.0.0.1', 54769)
IAMMsg received from 3
Successfully partitioned DAG into 5 jobs after 5 iterations.
Running python job at party_one/code//demo-python-job-1/workflow.py
Sending ConfigMsg to 2
Sending ConfigMsg to 3
ConfigMsg received from party 3 for JIFF job.
Sending AckMsg to party 3 for receipt of ConfigMsg for JIFF job.
ConfigMsg received from party 2 for JIFF job.
Sending AckMsg to party 2 for receipt of ConfigMsg for JIFF job.
AckMsg of type CONFIG received from party 2 for JIFF job.
AckMsg of type CONFIG received from party 3 for JIFF job.
Dispatching Jiff server for job demo-jiff-job-3
Jiff server launched with PID 29077
Sending ReadyMsg to 2
Sending ReadyMsg to 3
Running jiff job at party_one/code//demo-jiff-job-3/party.js
Running python job at party_three/code//demo-python-job-4/workflow.py
```

从运行生成的日志和代码可见，Conclave 框架将该 workflow 切分为 5 个 job，分别对应 3 个读取数据的 Python job、1 个 JIFF 的 MPC 聚合 job、1 个 Python 乘法及数据输出的 job，最终聚合结果在 mult_collect.csv 中。

## 7.3.5 Obliv-C 作为后端的 MPC 框架运行

由于 Obliv-C 目前只支持两方的 MPC 运算，因此，在 protocol 里面，可以修改为仅考虑 party0 和 party1 的数据进行聚合，然后在配置文件的 network 中，也修改为两个参与方，并加入如下配置。

```
"oblivc": {
    "available": 1,
    "oc_path": "/data/projects/obliv-c/bin/oblivc",
    "ip_port": "0.0.0.0:10003"
}
```

运行后，生成的 Obliv-C 主要执行代码在 party_one/code/demo-oblivc-job-2/workflow-oc.c 中，生成的 protocol 代码如下。

```
void protocol(void *args)
{
    protocolIo *io = (protocolIo *) args;

    intermediateMat agg_0;
    matToObliv(&io->in, 1, &agg_0);
    intermediateMat agg_1;
    matToObliv(&io->in, 2, &agg_1);

    intermediateMat cc;
    concat(&agg_0, &agg_1, &cc);
```

```
    intermediateMat agg_obl;
    agg(&cc, &agg_obl, 0, 1, 0);
    revealResult(&agg_obl, 0, io);
}
```

如上面代码所示，Obliv-C 通过 matToObliv 读取本地一次聚合的数据，将数据转换为不经意数据结构的矩阵，然后通过 concat 函数将双方矩阵进行拼接，调用 agg 函数进行二次聚合，最后将聚合结果揭秘为明文，用于后续本地 Python 的乘法和输出。

# 参 考 文 献

［1］ LINDELL Y. Secure Multiparty Computation（MPC）［M/OL］.（2020）.［2023-02-09］. https：//eprint. iacr. org/2020/300. pdf.

［2］ 隐私计算联盟. 隐私计算通信应用研究报告（2022 年）［R/OL］.（2022）.［2023-05-13］. https：//mp. weixin. qq. com/s？__biz=MzkwNjE4ODkxNg==&mid=2247488748&idx=1&sn=c077759ea95a60067ec-32346953bbf2b&scene=21.

［3］ ANDREA CORBELLINI. Elliptic Curve Cryptography：a gentle introduction.［EB/OL］.（2015-05-17）［2023-05-13］. https：//andrea. corbellini. name/2015/05/17/elliptic-curve-cryptography-a-gentle-introduction.

［4］ BRAKERSKI Z, GENTRY C, VAIKUNTANATHAN V. Fully Homomorphic Encryption without Bootstrapping ［J］. Cryptology ePrint Archive, 2011：277［2023-05-13］. http：//eprint. iacr. org/2011/277.

［5］ FAN Junfeng, VERCAUTEREN F. Somewhat Practical Fully Homomorphic Encryption［J］. Cryptology ePrint Archive2012：144［2022-03-19］. http：//eprint. iacr. org/2012/144. pdf.

［6］ ODED GOLDREICH, SHAFI GOLDWASSER, SILVIO MICALI. How to construct random functions［J］. Journal of the ACM（JACM）, 1986, 33（4）：792-807.

［7］ CHEON J H, KIM A, KIM M, et al. Homomorphic Encryption for Arithmetic of Approximate Numbers ［J］. Cryptology ePrint Archive, 2016：421［2022-03-19］. https：//eprint. iacr. org/2016/421. pdf.

［8］ LIU Y, FAN T, CHEN T, et al. FATE：An Industrial Grade Platform for Collaborative Learning With Data Protection［J］. The Journal of Machine Learning Research, 2021, 22（1）：10320-10325.

［9］ VERBRAEKEN J, WOLTING M, KATZY J, et al. A Survey on Distributed Machine Learning［J/OL］. ACM Computing Surveys, 2021, 53（2）：1-33.

［10］ FederatedAI/FATE［CP/OL］. Federated AI Ecosystem, 2023［2022-02-09］. https：//github. com/FederatedAI/FATE.

［11］ HARDY S, HENECKA W, IVEY-LAW H, et al. Private federated learning on vertically partitioned data via entity resolution and additively homomorphic encryption［J/OL］. arXiv, 2017：1711. 10677,［2022-02-09］.

［12］ CHEN W, MA G, FAN T, et al. SecureBoost+：A High Performance Gradient Boosting Tree Framework for Large Scale Vertical Federated Learning［J/OL］. arXiv, 2021：2110. 10927.［2022-02-09］.

［13］ ISHAI Y, KILIAN J, NISSIM K, et al. Extending Oblivious Transfers Efficiently［M/OL］. Advances in Cryptology. 2003, 2729：145-161［2022-02-09］.

［14］ KOLESNIKOV V, KUMARESAN R. Improved OT Extension for Transferring Short Secrets［M/OL］Advances in Cryptology. 2013：8043：54-70［2022-02-09］.

［15］ CHOU T, ORLANDI C. The Simplest Protocol for Oblivious Transfer［M/OL］. Progress in Cryptology, 2015：40-58［2022-02-09］.

［16］ KOLESNIKOV V, KUMARESAN R, ROSULEK M, et al. Efficient Batched Oblivious PRF with Applications to Private Set Intersection［C/OL］. Vienna Austria：ACM. 2016.

［17］ ASHAROV G, LINDELL Y, SCHNEIDER T, et al. More efficient oblivious transfer and extensions for faster secure computation［C/OL］. Proceedings of the 2013 ACM SIGSAC conference on Computer & communications security. 2013.

［18］ FENGD, YANG K. Concretely efficient secure multi-party computation protocols：survey and more［J/OL］. Security and Safety, 2022, 1：2021001.

［19］ KOLESNIKOV V, MATANIA N, PINKAS B, et al. Practical Multi-party Private Set Intersection from Symmetric-Key Techniques ［C/OL］. Proceedings of the 2017 ACM SIGSAC Conference on Computer and Communications Security. Dallas Texas USA：ACM, 2017.

［20］ GOOS G, HARTMANIS J, VAN LEEUWEN J, et al. Two Party RSA Key Generation ［C/OL］. WIENER M. Advances in Cryptology. Berlin, Heidelberg：Springer Berlin Heidelberg, 1999.

［21］ NAOR M, PINKAS B. Oblivious transfer and polynomial evaluation ［C/OL］. Proceedings of the thirty-first annual ACM symposium on Theory of Computing. Atlanta Georgia USA：ACM, 1999.

［22］ MOHASSEL P, RINDAL P. ABY 3：A Mixed Protocol Framework for Machine Learning ［C/OL］. Proceedings of the 2018 ACM SIGSAC Conference on Computer and Communications Security. Toronto Canada：ACM, 2018.

［23］ KNOTT B, VENKATARAMAN S, HANNUN A, et al. CrypTen：Secure Multi-Party Computation Meets Machine Learning ［J/OL］. arXiv, 2020：2109.00984.

［24］ PINKAS B, SCHNEIDER T, TKACHENKO O, et al. Efficient Circuit-Based PSI with Linear Communication ［C/OL］. Advances in Cryptology, 2019.

［25］ DAVIDSON A, PESTANA G, CELI S. FrodoPIR：Simple, Scalable, Single-Server Private Information Retrieval ［J/OL］. Cryptology ePrint Archive, 2022：981 ［2023-01-30］. https：//eprint.iacr.org/2022/981.pdf.

［26］ BATER J, ELLIOTT G, EGGEN C, et al. SMCQL：Secure Querying for Federated Databases ［J/OL］. arXiv, 2017：1606.06808 ［2022-02-09］.

［27］ VOLGUSHEV N, SCHWARZKOPF M, GETCHELL B, et al. Conclave：secure multi-party computation on big data ［C/OL］. Proceedings of the Fourteenth EuroSys Conference 2019, 2019.